普通高等教育仪器类“十三五”规划教材

虚拟仪器技术

主　编　徐耀松　付　华　刘伟玲

副主编　王雨虹　王丹丹　卢万杰

電子工業出版社

Publishing House of Electronics Industry

北京·BEIJING

内 容 简 介

本书介绍了基于 LabVIEW 的虚拟仪器技术，全书分为 13 章。第 1 章介绍虚拟仪器技术的基本概念及 LabVIEW 软件功能，第 2 章介绍 LabVIEW 软件前面板构成及设计方法，第 3 章介绍 LabVIEW 的编程环境，第 4 章介绍 LabVIEW 中的数据类型及其操作方法，第 5 章介绍 LabVIEW 软件中程序流程和结构的实现方法，第 6 章介绍 LabVIEW 中波形的显示方法，第 7 章介绍文件的类型、数据格式及其输入/输出操作方法，第 8 章介绍数据采集系统的概念及 LabVIEW 中实现数据采集的编程方法，第 9 章介绍 LabVIEW 软件中进行信号处理的方法，第 10 章介绍 LabVIEW 软件中进行操作系统功能调用的方法，第 11 章介绍 LabVIEW 软件中实现串行通信、网络通信、DataSocket 通信及远程面板的方法，第 12 章介绍 LabVIEW 软件中常用的通知器、队列、信号量、集合点、事件发生及首次调用等功能的操作方法，第 13 章介绍 LabVIEW 软件程序生成规范。每章章末附有一定数量的习题，主要用以检验、理解基本概念和熟练软件编程方法。

本书可作为高校自动化、电气工程和测控技术等专业本科学生的教材，也可供研究生及相关科技人员学习参考。

图书在版编目（CIP）数据

虚拟仪器技术 / 徐耀松，付华，刘伟玲主编. 一北京：电子工业出版社，2018.8
普通高等教育仪器类“十三五”规划教材
ISBN 978-7-121-34361-2

Ⅰ. ①虚…　Ⅱ. ①徐…　②付…　③刘…　Ⅲ. ①虚拟仪表－高等学校－教材　Ⅳ. ①TH86

中国版本图书馆 CIP 数据核字（2018）第 122928 号

策划编辑：赵玉山
责任编辑：刘真平
印　　刷：北京七彩京通数码快印有限公司
装　　订：北京七彩京通数码快印有限公司
出版发行：电子工业出版社
　　　　　北京市海淀区万寿路 173 信箱　邮编　100036
开　　本：787×1 092　1/16　印张：13.75　字数：352 千字
版　　次：2018 年 8 月第 1 版
印　　次：2023 年 7 月第 3 次印刷
定　　价：36.00 元

凡所购买电子工业出版社图书有缺损问题，请向购买书店调换。若书店售缺，请与本社发行部联系，联系及邮购电话：（010）88254888，88258888。

质量投诉请发邮件至 zlts@phei.com.cn，盗版侵权举报请发邮件至 dbqq@phei.com.cn。

本书咨询联系方式：zhaoys@phei.com.cn。

前　　言

虚拟仪器是现代计算机技术与仪器技术完美结合的产物，利用高性能的模块化硬件，结合高效灵活的软件来完成各种测试、测量和自动化的应用。LabVIEW 是美国国家仪器公司推出的应用程序开发环境，配合高效的数据采集设备，可以快速构建虚拟测控系统，还可以开发应用程序并能生成程序安装包，它正逐渐得到广泛应用，国内外高等学校的工科专业一般都开设相关课程。本书结合目前教学和工程实际，基于虚拟仪器技术的概念，详细介绍了 LabVIEW 软件的设计方法。

本书分为 13 章。第 1 章介绍了虚拟仪器技术的基本含义，然后介绍了 LabVIEW 软件的基本功能及应用形式。第 2 章介绍了 LabVIEW 软件前面板设计方法，包括软件中常用的前面板设计工具及操作方式。第 3 章介绍了 LabVIEW 中编程的流程。第 4 章介绍了 LabVIEW 中的数据表达方法，主要包括数值型、字符串型、布尔型、枚举型、数组、簇等数据类型及其常用的处理函数。第 5 章介绍了 LabVIEW 中实现程序控制的方法与函数功能，主要包括循环结构、条件结构、顺序结构、事件结构等。第 6 章介绍了波形显示方法，主要包括波形图表显示、波形图显示、XY 图显示、强度图显示、数字波形显示及三维图显示工具及使用方法。第 7 章介绍了 LabVIEW 中对文件的操作方法，包括常见文件类型及特点、文件输入/输出函数的使用方法、常见文件类型及其操作方法等内容。第 8 章介绍了数据采集系统的基本概念及 LabVIEW 中进行数据采集系统设计的流程与方法。第 9 章介绍了测试信号处理的基本方法及在 LabVIEW 中实现信号处理的常用函数与使用方法。第 10 章介绍了 LabVIEW 调用操作系统功能的方法，主要包括读/写系统注册表、配置 ODBC 数据源、输入设备控制、调用动态链接库、实现 ActiveX 及执行系统命令等功能。第 11 章介绍了 LabVIEW 软件中实现串行通信、网络通信、DataSocket 通信及远程面板的方法。第 12 章介绍了 LabVIEW 软件中常用的通知器、队列、信号量、集合点、事件发生及首次调用等功能的操作方法，实现同步数据传递的功能。第 13 章介绍了 LabVIEW 软件进行程序发布的方法，主要包括独立应用程序的创建、Windows 安装程序的创建方法、打包库发布的创建方法、源代码发布的创建方法、共享库的创建方法、压缩文件的创建方法及.NET 互操作程序集的创建方法。

本书循序渐进地介绍了 LabVIEW 软件的使用方法，内容上注重与工程实践的联系，知识点的安排从入门到提高，从技巧到实际应用，循序渐进，讲解深入透彻，符合初学者从入门到灵活应用的过程。采用二维码技术，对相关知识点及程序内容进行扩充，可以通过扫描二维码，学习对相关知识点的更多辅助介绍。

本书由徐耀松、付华、刘伟玲主编。其中，第 2、3 章由徐耀松执笔，第 1 章由付华执笔；第 5、6、10、12、13 章由刘伟玲执笔；第 9 章由王雨虹执笔；第 4 章由王丹丹和卢万杰共同执笔，第 7、8、11 章由杨泽青执笔。全书的写作思路由付华教授提出，由付华和徐耀松统稿。此外，王治国、梁漪、谭亮、刘超（女）、才志君、徐永文、韩冰、宋宇超、李威、张鹤馨、任莹莹、刘超（男）、司南楠、陈东、谢鸿、郭玉雯、于田、曹坦坦、孟繁东、赵珊影等也参加了本书的编写工作。在此，向对本书的完成给予了热情帮助的同行们表示感谢。

由于作者的水平有限，加上时间仓促，书中的错误和不妥之处，敬请读者批评指正。

编　者

2018 年 2 月

目　录

第1章 虚拟仪器技术及LabVIEW

本章知识点：

- 虚拟仪器的基本概念
- 虚拟仪器的特点与组成
- LabVIEW 软件的功能

基本要求：

- 掌握虚拟仪器的概念
- 掌握 LabVIEW 软件的功能及其特点

能力培养目标：

通过本章的学习，掌握虚拟仪器技术的概念，明确虚拟仪器的功能、特点、组成及分类，理解虚拟仪器技术的实现方法，理解 LabVIEW 软件的功能及其在虚拟仪器技术中的地位，认识并加强对 LabVIEW 软件开发环境的学习。

1.1 虚拟仪器系统概述

虚拟仪器技术（Virtual Instrument，VI）利用高性能的模块化硬件，结合高效灵活的软件来完成各种测试、测量和自动化的应用。

1.1.1 虚拟仪器的概念

虚拟仪器的概念是由美国国家仪器公司（National Instruments，NI）提出来的，虚拟仪器本质上是虚拟现实的一个方面的应用结果，也就是说，虚拟仪器是一种功能意义上的仪器，它充分利用计算机系统强大的数据处理能力，在基本硬件的支持下，利用软件完成数据的采集、控制、数据分析与处理及测试结果的显示等，通过软、硬件的配合来实现传统仪器的各种功能，大大地突破了传统仪器在数据处理、显示、传送、存储等方面的限制，使用户可以方便地对仪器进行维护、扩展与升级。

虚拟仪器是基于计算机的仪器，就是在通用计算机上加上一组软件和硬件，使得使用者在操作这台计算机时，就像在操作一台自己设计的专用的传统电子仪器。在虚拟仪器系统中，硬件仅仅是为了实现信号的输入、输出，软件才是整个仪器系统的关键。任何一个使用者都可以通过修改软件的方法，很方便地改变、增减仪器系统的功能与规模，所以有了“软件就是仪器”之说。

虚拟仪器功能模块划分如图 1-1 所示。

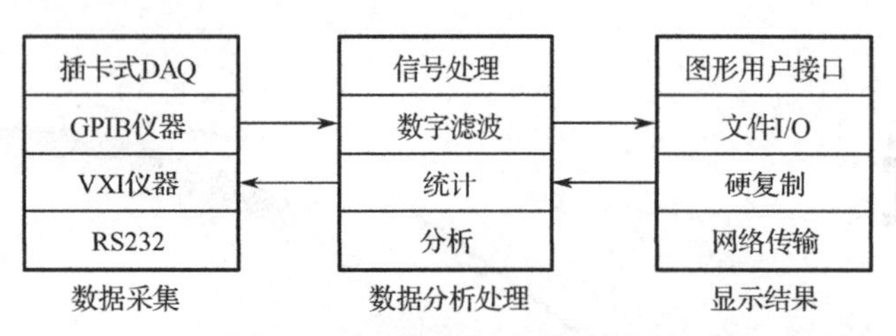

图 1-1 虚拟仪器功能模块划分

虚拟仪器的概念及其软、硬件结构

1.1.2 虚拟仪器的特点

虚拟仪器由硬件平台和软件两部分组成。其中硬件平台又由计算机和硬件接口设备两部分组成。

与传统仪器相比虚拟仪器具有以下 3 个特点。

1. 不强调物理上的实现形式

虚拟仪器通过软件功能来实现数据采集与控制、数据处理与分析及数据的显示这 3 部分的物理功能。它充分利用计算机系统强大的数据处理能力，在基本硬件的支持下，利用软件完成数据的采集、控制、数据分析和处理及测试结果的显示等，通过软、硬件的配合来实现传统仪器的各种功能。

2. 在系统内实现软、硬件资源共享

虚拟仪器的最大特点是将计算机资源与仪器硬件、DSP 技术相结合，在系统内共享软、硬件资源。它打破了以往由厂家定义仪器功能的模式，而变成由用户自己定义仪器功能。使用相同的硬件系统，通过不同的软件编程，就可实现功能完全不同的测量仪器。

3. 图形化的软件面板

虚拟仪器没有常规仪器的控制面板，而是利用计算机强大的图形环境，采用可视化的图形编程语言和平台，以在计算机屏幕上建立图形化的软面板来替代常规的传统仪器面板。软面板上具有与实际仪器相似的旋钮、开关、指示灯及其他控制部件。在操作时，用户通过鼠标或键盘操作软面板，来检验仪器的通信和操作。

虚拟仪器的前世今生

除上述特点之外，与传统仪器相比，虚拟仪器还有如下几个方面的优势。

(1) 虚拟仪器用户可以根据自己的需要灵活地定义仪器的功能，通过不同功能模块的组合可构成多种仪器，而不必受限于仪器厂商提供的特定功能。

(2) 虚拟仪器将所有的仪器控制信息均集中在软件模块中，可以采用多种方式显示采集的数据、分析的结果和控制过程。这种对关键部分的转移进一步增加了虚拟仪器的灵活性。

(3) 由于虚拟仪器关键在于软件，硬件的局限性较小，因此与其他仪器设备连接比较容易实现。而且虚拟仪器可以方便地与网络、外设及其他应用连接，还可利用网络进行多用户数据共享。

(4) 虚拟仪器可实时、直接地对数据进行编辑，也可通过计算机总线将数据传输到存储器或打印机。这样做一方面解决了数据的传输问题，另一方面充分利用了计算机的存储能力，从而使虚拟仪器具有几乎无限的数据记录容量。

（5）虚拟仪器利用计算机强大的图形用户界面（GUI），用计算机直接读数。根据工程的实际需要，使用人员可以通过软件编程或采用现有分析软件，实时、直接地对测试数据进行各种分析与处理。

（6）虚拟仪器价格低，而且其基于软件的体系结构还大大节省了开发和维护费用。

虚拟仪器与传统仪器的比较详见表 1-1。

表 1-1　虚拟仪器与传统仪器的比较

项　目	传 统 仪 器	虚 拟 仪 器
中心环节	关键是硬件	关键是软件
开发维护费用	开发与维护费用高	开发与维护费用低
技术更新周期	技术更新周期长（慢，5～10 年）	技术更新周期短（快，1～2 年）
性能/价格比	价格昂贵	价格低，并且可重用性与可配置性强
仪器定义	厂商定义仪器功能	用户定义仪器功能
功能设定	仪器的功能、规模均已固定	系统功能和规模可通过软件修改和增减
开放性	封闭的系统，与其他设备连接受限	基于计算机的开放系统，可方便地同外设、网络及其他设备连接
应用情况	多为实验室拥有	个人可以拥有一个实验室

1.1.3　虚拟仪器的组成

按照虚拟仪器的组成划分，它可以分为计算机、应用软件和仪器硬件 3 个部分。

计算机：提供虚拟仪器通用平台、数据存储、显示等。

仪器硬件：获取被测信号，产生激励信号等。

应用软件：控制数据采集、控制、分析、处理和显示等，是虚拟仪器的关键。

虚拟仪器由硬件设备与接口、设备驱动软件和虚拟仪器面板组成。其中，硬件设备与接口可以是各种以 PC 为基础的内置功能插卡、通用接口总线接口卡、串行口、VXI 总线仪器接口等设备，或者是其他各种可程控的外置测试设备，设备驱动软件是直接控制各种硬件接口的驱动程序，虚拟仪器通过底层设备驱动软件与真实的仪器系统进行通信，并以虚拟仪器面板的形式在计算机屏幕上显示与真实仪器面板操作元素相对应的各种控件。用户用鼠标操作虚拟仪器的面板就如同操作仪器一样真实与方便。

1.1.4　虚拟仪器的分类

随着微机的发展和采用总线方式的不同，虚拟仪器可分为以下 5 种类型。

1）数据采集卡式 DAQ（PC 总线——插卡型虚拟仪器）

这种方式借助于插入计算机内的数据采集卡与专用的软件相结合，充分利用计算机的总线、机箱、电源及软件的便利，但是受 PC 机箱和总线限制，且有电源功率不足、机箱内部的噪声电平较高、插槽数目也不多、插槽尺寸比较小、机箱内无屏蔽等缺点。另外，ISA 总线的虚拟仪器已被淘汰，PCI 总线的虚拟仪器价格比较昂贵。

2）并行接口虚拟仪器

通过计算机并行口连接测试装置，把仪器硬件集成在一个采集盒内。仪器软件装在计算机上，通常可以完成各种测量测试仪器的功能，可以组成数字存储示波器、频谱分析仪、逻辑分析仪、任意波形发生器、频率计、数字万用表、功率计、程控稳压电源、数据记录仪、数据采集器。典型产品有美国 LINK 公司的 DSO-2XXX 系列虚拟仪器，其最大好处是可以与笔记本电脑相连，方便野外作业，又可与台式 PC 相连，实现台式和便携式两用，非常方便。由于其价格低廉、用途广泛，特别适合研发部门和各种教学实验室应用。

3）GPIB 虚拟仪器

GPIB 技术是 IEEE488 标准的虚拟仪器早期的发展阶段。它的出现使电子测量独立的单台手工操作向大规模自动测试系统发展，典型的 GPIB 系统由一台 PC、一块 GPIB 接口卡和若干台 BPIB 形式的仪器通过 GPIB 电缆连接而成。在标准情况下，一块 GPIB 接口可带多达 14 台仪器，电缆长度可达 40m。GPIB 技术可用计算机实现对仪器的操作和控制，替代传统的人工操作方式，可以很方便地把多台仪器组合起来，形成自动测量系统。GPIB 测量系统的结构和命令简单，主要应用于台式仪器，适合精确度要求高但不要求对计算机进行高速传输的状况时应用。

4）VXI 虚拟仪器

VXI 总线是一种高速计算机总线 VME 总线在 VI 领域的扩展，它具有稳定的电源、强有力的冷却能力和严格的 RFI/EMI 屏蔽。由于它具有标准开放、结构紧凑、数据吞吐能力强、定时和同步精确、模块可重复利用、众多仪器厂家支持的优点，很快得到广泛的应用。经过多年的发展，VXI 系统的组建和使用越来越方便，尤其是组建大、中规模自动测量系统及对速度、精度要求高的场合，有其他仪器无法比拟的优势。然而，组建 VXI 总线要求有机箱、零槽管理器及嵌入式控制器，造价比较高。

5）PXI 虚拟仪器

PXI 总线方式是 PCI 总线内核技术增加了成熟的技术规范和要求，增加了多板同步触发总线的技术规范和要求形成的，以便用于相邻模块的高速通信。PXI 具有高度可扩展性，具有 8 个扩展槽，而台式 PCI 系统只有 3～4 个扩展槽。

1.2 LabVIEW 的编程环境简介

1.2.1 什么是 LabVIEW

LabVIEW 是 Laboratory Virtual Instrument Engineering Workbench 的缩写，是一个使用图形符号来编写程序的编程环境，以方框图的形式编制程序，运用的设备图标与科学家、工程师们习惯的大部分图标基本一致，这使得编程过程和思维过程非常相似。自 1986 年问世以来，世界各国的工程师和科学家们都已将 NI 公司 LabVIEW 图形化开发工具用于产品设计周期的各个环节，从而改善了产品质量，缩短了产品投放市场的时间，并提高了产品开发和生产效率。使用集成化的虚拟仪器环境与现实世界的信号相连，分析数据以获取实用信息，共享信息成果，有助于在较大范围内提高生产效率。虚拟仪器提供的各种工具能满足我们任何项目的需要。

由于采用图形化编程方式，LabVIEW 不同于传统的使用文本方式编程的编程语言，如 C、C++或 Java。然而，LabVIEW 还不仅仅是一种编程语言，它还是为科学家和工程师设计的一种编程开发环境和运行系统，编程只是工程技术人员工作的一部分。LabVIEW 开发环境可以运行在 Windows、Mac 或 Linux 系统的计算机上，用 LabVIEW 编写的应用程序也可以运行在上述系统上，还可以在 Microsoft Pocket PC、Microsoft Windows CE、Palm OS 等多种嵌入式平台上运行，包括 FPGA、DSP 和微处理器。

通过使用 LabVIEW 功能强大的图形编程语言能够成倍地提高效率，也称为 G（Graphical Programing Language）语言。使用传统的编程语言需要花费几周甚至几个月才能编写的程序，用 LabVIEW 只需几个小时就可完成。因为 LabVIEW 是专门为测量、数据分析并提交结果而设计的。

与标准的实验室仪器相比，LabVIEW 提供了更大的灵活性。用户虽然不是仪器的生产者，却可以定义仪器的功能。使用计算机、插入式硬件和 LabVIEW 共同组成一个可完全配置的虚拟仪器，来完成用户的任务。使用 LabVIEW，用户可以根据需要创建所需的任何类型的虚拟仪器，其成本只是传统仪器的一小部分。当需求变化时，可以在软件上修改虚拟仪器。

LabVIEW 是一个功能强大的仿真工具，常用于从外部数据源获取数据，并拥有众多与这些功能实现相关的专用 VI。例如，LabVIEW 能够控制插卡式数据采集或数据采集设备采集或产生的模拟信号和数字信号。

LabVIEW 应用程序改进了许多工业上的操作，包括任何一类的工程和过程控制到生物学、农学、心理学、化学、物理学和教学活动等。比如，在航空领域，军用喷气式飞机对地面维护人员和社区都带来高强度的噪声。因此，美国空军研究实验室利用 LabVIEW 软件的灵活性，对喷气引擎中发出的噪声进行特征提取和映射，定制监控与数据验证功能。

使用 NI LabVIEW 软件和 PXI 硬件完成飞机喷流噪声测量如图 1-2 所示。

图 1-2 使用 NI LabVIEW 软件和 PXI 硬件完成飞机喷流噪声测量

1.2.2 数据流的概念

由于 LabVIEW 不是基于文本的编程语言，其代码不能“逐行执行”。LabVIEW 的运行基于数据流的原理，一个函数只有收到必要的数据后才可以运行。管理程序执行的规则称为数据流。简单地说，只有当其所有输入端子的数据全部到达时才执行，当其执行完毕，节点提供的数据送到所有的输出端子，并立即从源端子传递到目的端子。数据流对应于执行文本程序的控制流方法，控制流按指令编写的顺序执行。传统执行流程是指令驱动的，而数据流是数据驱动的或是依赖数据的。

文本编程中往往会涉及许多语法问题，在 LabVIEW 中就不用担心这样的问题，即使是某个地方出现了连接错误，软件也会明确地指出错误，而不是像文本编程语言那样模棱两可。基于这些特点，对于没有编程经验的人来说也是可以学会 LabVIEW 的。

1.2.3 LabVIEW 的工作环境

利用 LabVIEW 软件编写的虚拟仪器程序简称 VI（Virtual Instrument），一般每个 VI 都由 3

个主要部分组成：前面板、程序框图和图标。

1．前面板

前面板是 VI 的交互式用户界面，它模拟了物理仪器的前面板。前面板包含旋钮、按钮、图形及其他控件（输入控件）和显示控件（输出控件），而且通过编辑，可以使用鼠标和键盘作为输入设备。图 1-3 所示为 VI 的交互式用户界面。

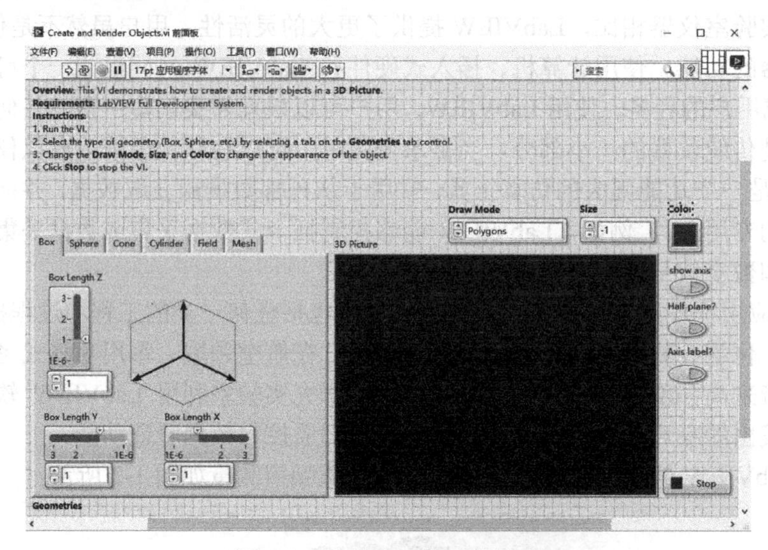

图 1-3　VI 的交互式用户界面

2．程序框图

程序框图是 VI 的源代码，由 LabVIEW 的图形化编程即 G 语言构成。程序框图是可执行的程序。程序框图由低级 VI、内置函数、常量和程序执行控制结构等组成，用连线将合适的对象连接起来定义它们之间的数据流。前面板上的对象对应于框图上的终端，这样数据就可以从用户传递到程序，再回传给用户。图 1-4 所示为前面板对应的程序框图。

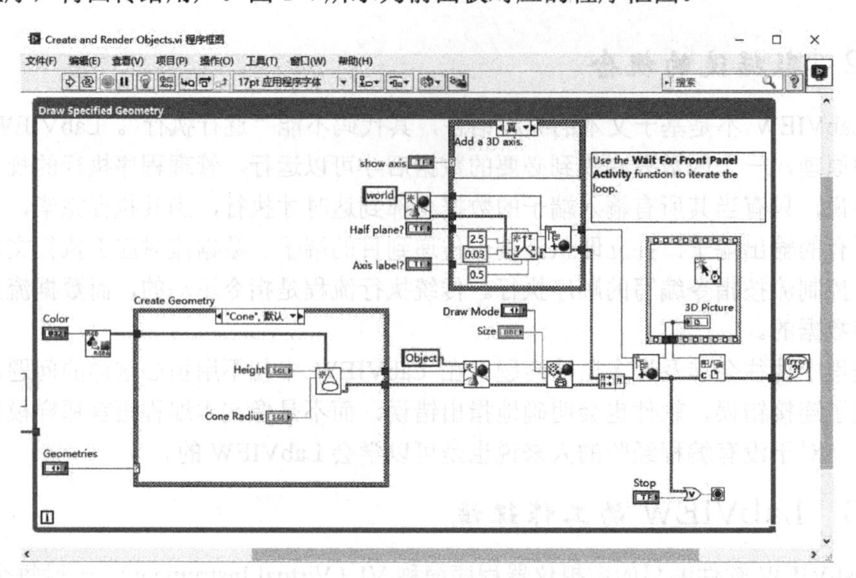

图 1-4　图 1-3 所对应的程序框图

3. 图标

在编写 LabVIEW 应用程序时，往往需要在一个主程序中调用多个子程序，那么为了实现 VI 之间的调用，VI 就必须有连接器图标。被另一个 VI 所使用的 VI 称为子 VI，也可以称为子程序。图标是 VI 的图形表示，会在另外的 VI 框图中作为一个对象使用，连接器用于从其他框图中连接数据到当前 VI。连接器定义了 VI 的输入和输出，类似于子程序的参数。

1.2.4 LabVIEW 自带编程示例

LabVIEW 软件提供了很多可执行示例，这有助于学习编程技术并了解完成通用硬件输入/输出和数据处理任务的应用程序。下面以 LabVIEW“帮助”中自带的示例来演示 LabVIEW 的操作方法。

首先，打开 LabVIEW 软件，单击工具栏中的“帮助”按钮，选择“查找范例”，如图 1-5 所示。

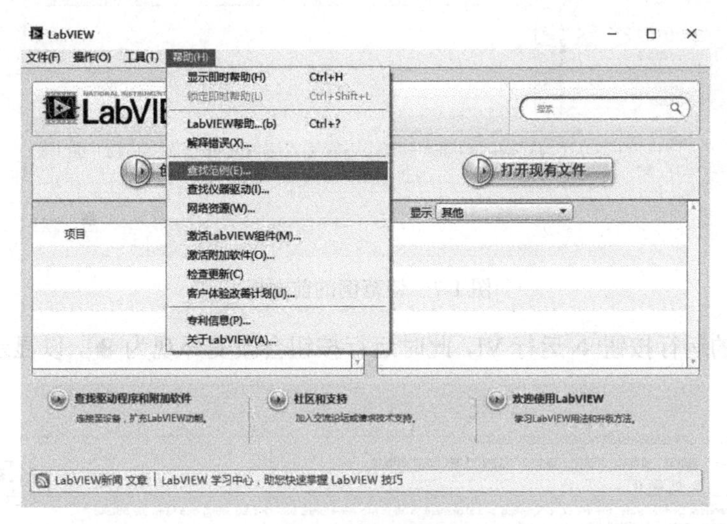

图 1-5　查找范例

选择“基础”→“波形”→“Align and Subtract two Waveforms”这个范例，如图 1-6 所示。

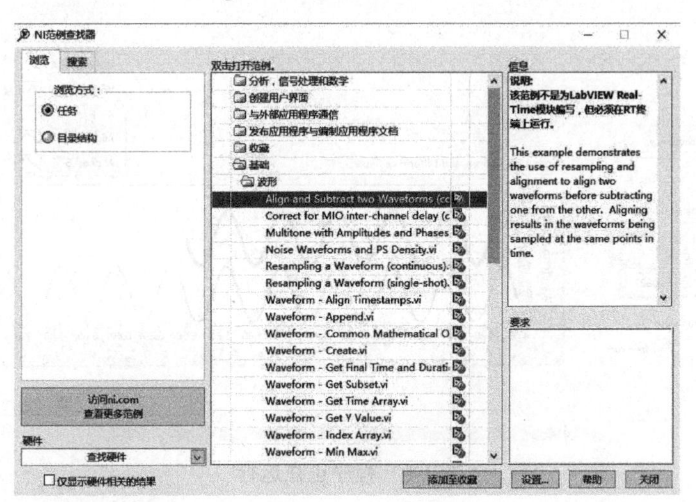

图 1-6　范例

该范例演示了两个波形之间如何使用重采样和对准，以调整两个波形在相同的时间点采样的波形的对准结果。

双击打开，会看到如图 1-7 所示的 VI。

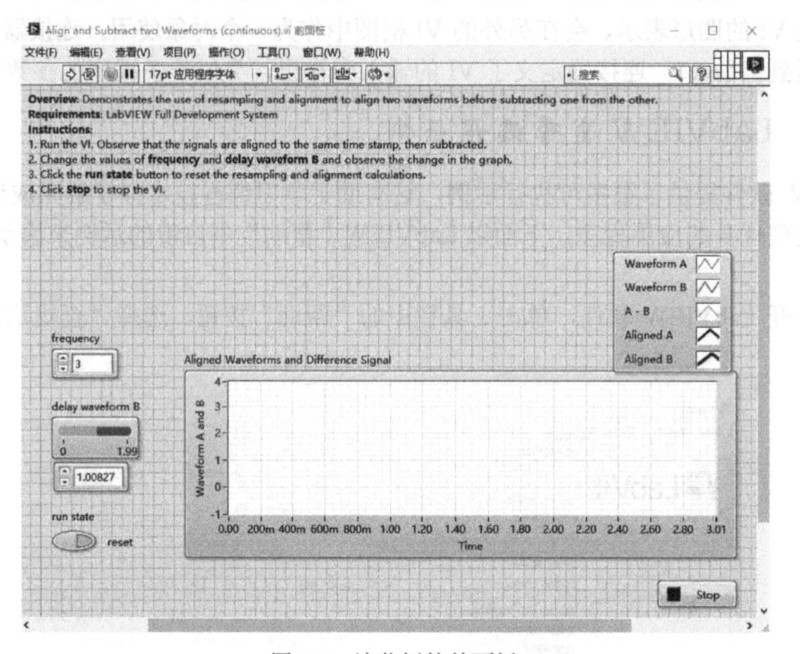

图 1-7　该范例的前面板

单击左上角的运行按钮运行 VI，此时运行按钮会改变外观为，以显示程序正在运行，如图 1-8 所示。

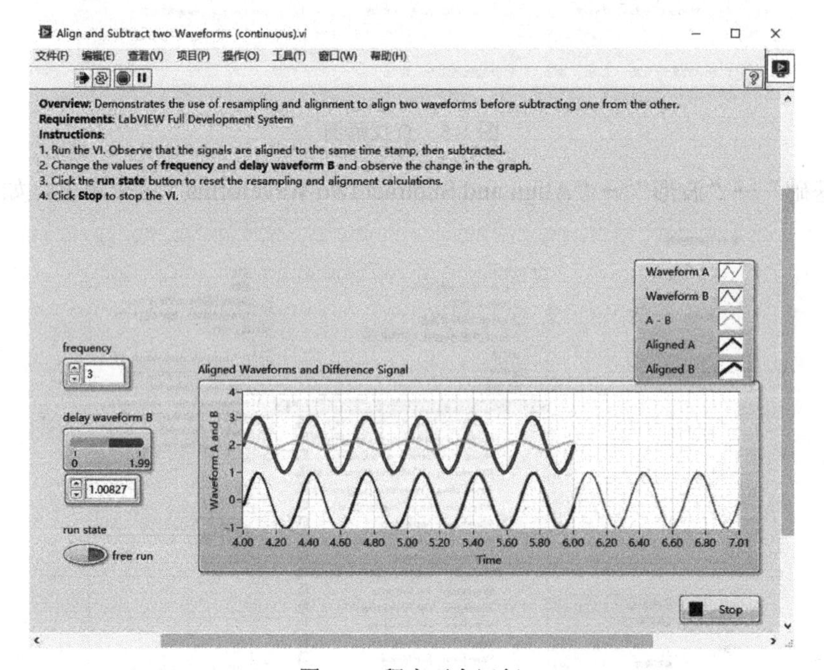

图 1-8　程序正在运行

此时工具条中的其他按钮也会改变外观（或消失），因为某些按钮只在 VI 运行时才是可用的（比如中断按钮），有些按钮只在 VI 不运行时才是可用的（比如用于编辑的按钮）。工具条中的中断按钮变为激活状态时，可以单击它中断程序执行。

图 1-9 显示了该范例的程序框图，不需要了解框图中的所有元件，后面会讲到它们。

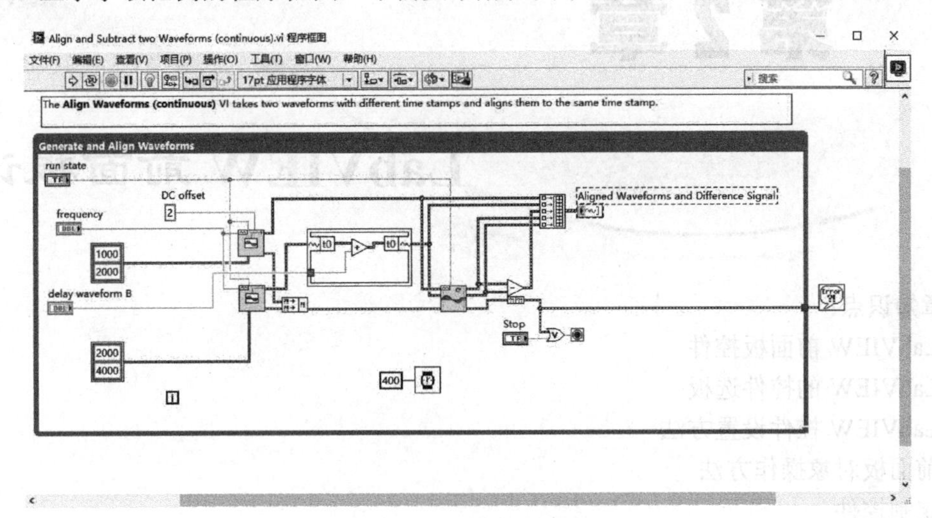

图 1-9　完整的程序框图

最后，在文件（file）菜单下选择关闭（close）关闭 VI，不要对 VI 做任何修改。

通过这个范例可以了解 LabVIEW 软件的基本编程环境。

习题

1．什么是虚拟仪器技术？可以应用到什么场合？

2．LabVIEW 软件与虚拟仪器技术之间有何关系？

3．什么是数据流编程方法？有什么特点？

4．LabVIEW 软件工作环境的特点与常用的代码编写语言环境有何区别？

5．如何在 LabVIEW 中查找范例？

第 2 章

LabVIEW 前面板设计

本章知识点：

- LabVIEW 前面板控件
- LabVIEW 的控件选板
- LabVIEW 控件设置方法
- 前面板对象操作方法
- 定制控件

基本要求：

- 掌握前面板控件的常用操作方法
- 掌握控件选板中常用控件的使用方法
- 掌握前面板对象的操作方法及定制控件的实现

能力培养目标：

通过本章的学习，掌握 LabVIEW 软件前面板设计中常用的控件及其操作方法，熟悉对控件的设置方法，能够进行定制控件的操作，培养前面板界面的设计及操作能力。

前面板是程序与用户交流的窗口，一个设计良好的前面板可以给用户带来友好的感觉。前面板主要由输入和输出控件构成，本章主要介绍前面板控件的外观等细节。

2.1 LabVIEW 前面板控件概述

2.1.1 LabVIEW 控件类型

启动 LabVIEW，在新建条目下选择 VI，首先打开前面板，作为用户输入/输出数据的一个平台，也可以说是用户接口，它是不可缺少的。前面板控件中有些是用户用来向程序中输入数据的，这些控件称作输入控件或控制件；另一些则是程序向用户输出运行结果的，这些控件称作显示控件或显示件。输入控件和显示控件的数据流方向刚好相反。输入控件的端口边框比显示控件的端口边框粗，而且输入控件的接线端在右侧，显示控件的接线端在左侧。有些控件在模板上有输入控件和显示控件两种类型，而有些控件比较常用哪种类型就会给出哪种类型，但是控制件和显示件放在前面板上以后是可以互相转换的。转换的方法很简单，在控件或其端口的右键快捷菜单中选择转换为显示控件（或输入控件）即可。若转换之后连线断开，或者无法运行，则说明该控件只能用作输入/显示控件。

2.1.2 LabVIEW 控件选板

设计前面板所用的全部控件都在控件模板中，在面板中按下鼠标右键可以弹出临时的控件选板，在控件选板上按下固定键，就可以把该控件选板固定在前面板上；或者单击菜单栏中的“查看”→“控件选板”，可以打开固定的控件选板。控件选板的几种显示方式如图 2-1 所示。

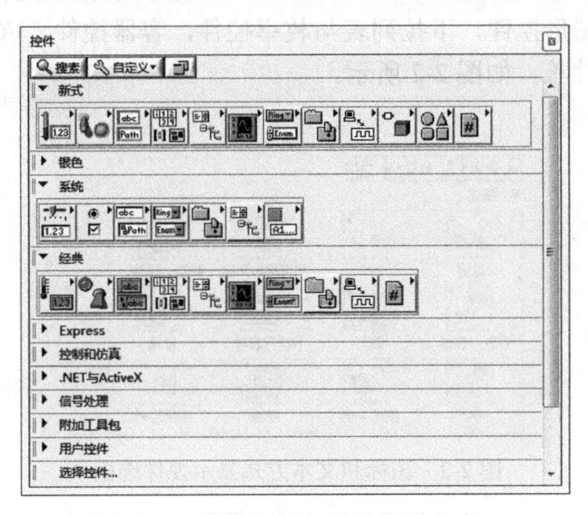

图 2-1　控件选板的几种显示方式

控件的种类有数值输入控件（如滑动杆和旋钮）、数值显示控件（如仪表和量表、图表）、布尔控件（如按钮和开关）、字符串、路径、数组、簇、列表框、树形控件、表格、下拉列表控件、枚举控件和容器控件等。

前面板控件有新式、经典和系统 3 种样式。

选择“文件”→“VI 属性”，从“类别”列表中选择编辑器选项改变控件的样式。然后右击接线端，从弹出的快捷菜单中选择“创建”→“输入控件”或“创建”→“显示控件”，创建出的控件的样式就会产生相应的改变。选择“工具”→“选项”，从列表中选择前面板，可以改变控件样式。如通过右键单击接线端，再从快捷菜单中选择“创建”→“输入控件”或“创建”→“显示控件”而创建控件时，新建控件的样式就会产生相应的改变。

1．新式及经典控件

许多前面板对象具有高彩外观。为了获取对象的最佳外观，显示器最低应设置为 16 色位。

位于新式面板上的控件也有相应的低彩对象。经典选板上的控件适于创建在 256 色和 15 色显示器上显示的 VI。

2．系统控件

位于系统选板上的系统控件可用在用户创建的对话框中。系统控件专为在对话框中使用而特别设计，包括下拉列表和旋转控件、数值滑动杆、进度条、滚动条、列表框、表格、字符串和路径控件、选项卡控件、树形控件、按钮、复选框、单选按钮和自动匹配父对象背景色的不透明标签等。这些控件仅在外观上与前面板控件不同，这些控件的颜色与为系统设置的颜色相同。

在不同的 VI 运行平台上，系统控件的外观也不同。在不同的平台上运行 VI 时，系统控件将改变颜色和外观，与该平台的标准对话框控件匹配。

2.2 LabVIEW 控件选板详细分类

LabVIEW 控件选板中包含数值控件，布尔控件，字符串与路径控件，数组、矩阵与簇控件，列表、表格和簇控件，图形控件，下拉列表与枚举控件，容器控件，I/O 控件，变体与类控件，修饰控件和引用句柄控件等，如图 2-2 所示。

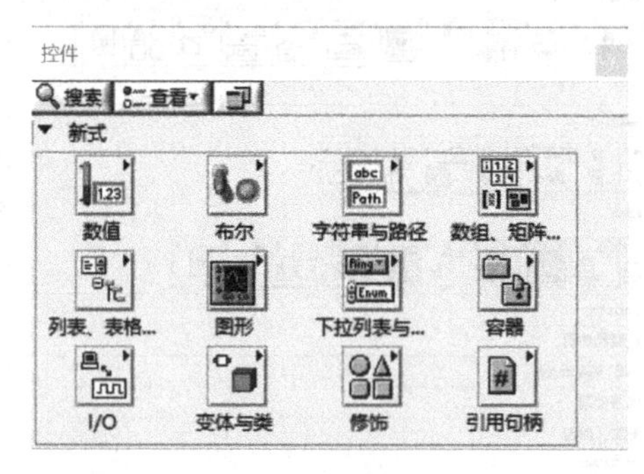

图 2-2 图标和文本方式显示控件选板

2.2.1 数值控件

数值控件是输入和显示数值数据的最简单方式。对这些前面板对象可在水平方向上调整大小，以显示更多的数。

为数值控件输入一个新的数值时，工具栏上会出现确定输入按钮，提醒用户只有按下回车键，或在数字显示框外单击鼠标，或单击确定输入按钮时，新数值才会替换旧数值。VI 运行时，LabVIEW 将一直处于等待状态，直到用户进行上述某一操作从而确认新数值。例如，将数字显示框中的数值改为 135 时，VI 不会接收 1 或 13，而是接收完整的 135。

默认状态下，LabVIEW 的数字显示和存储与计算器类似。数值控件一般最多显示 6 位数字，超过 6 位则自动转换为以科学计数法表示。右击数值对象，从快捷菜单中选择显示格式，打开数值属性对话框的显示格式选项卡，从中可配置 LabVIEW 在切换到科学计数法之前所显示的数字位数，图 2-3 所示为数值控件子选板。

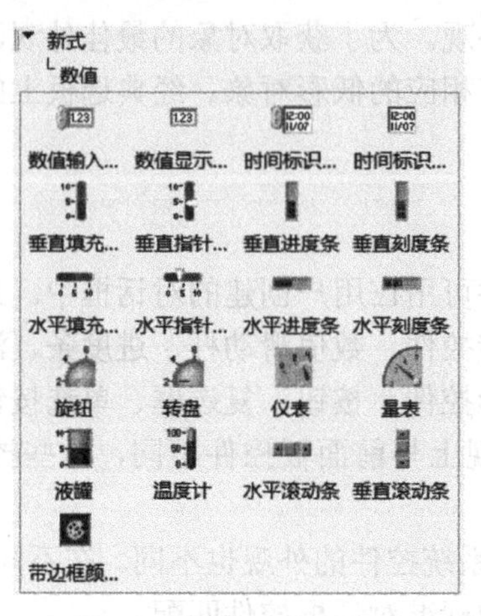

图 2-3 数值控件子选板

1．打开和固定控件选板

打开控件选板的最基本方式当然是使用菜单，控件选板、函数选板都位于“查看”菜单中。也可以采用前面介绍的方法，右击前面板任意位置，弹出控件选板，选择完成后，弹出的控件选板会自动关闭。单击控件选板左上角的图钉按钮，可以使选中的控件类别固定显示，始终处于打开状态。这种情况适用于创建多个类型相似但外观不同的控件。用图钉按钮固定显示，是 LabVIEW 常用基本操作，函数面板中也有作用相同的图钉按钮。

2．数值控件的组成和显示方式

数值输入控件对象由一些基本对象元素组成，这些元素包括增量按钮、减量按钮、数字文本框、标签、标题、单位标签和基数等。基数指的是进制形式，可以是十进制、十六进制、八进制、二进制。基数不同，不过是数值的表现形式不同，它所代表的值是相同的。数值输入控件的基数默认是不显示的，可以在它的快捷菜单上选择“显示”→“基数”项来确定是否显示。常规语言中对一个数用不同的进制显示需要由编程实现，非常复杂，而在 LabVIEW 中只需选择相应的进制。这充分说明了如果数值控件的基数处于显示状态，单击基数标记（数值左侧），可以自由选择十进制、十六进制、八进制、二进制和 SI 符号。如果是整型数，那么这些数值都可以选择；如果是双精度数等，则只能选择十进制和 SI 符号。另外，LabVIEW 可以自动判断哪些是可以显示其他进制的，哪些是不能显示的。选择 SI 符号，会以字母的形式显示比较大或者非常小的数值。例如，10^3 用 K 表示，10^6 用 M 表示，10^9 用 G 表示，10^{-3} 用 m 表示，10^{-6} 用 u 表示，10^{-9} 用 n 表示等。

2.2.2　布尔控件

布尔控件属于常用控件，其使用极其频繁。与常规语言的布尔型控件不同，LabVIEW 提供了功能各异的布尔型控件，极大地方便了用户。不仅如此，LabVIEW 在 DSC 组件（需要单独进行安装）中也提供了大量的布尔型控件，如管路、阀门等。

开关型控件在工业领域是非常重要的。比如各类开关、按钮、继电器等，从物理描述上来看都是布尔型，只有“开”和“关”两种状态。在编程语言中一般使用“真”和“假”描述，这样更具有普遍性。

1．布尔型控件

LabVIEW 的布尔数据类型占用一个字节，而不是位。一个字节从二进制的角度上看是由 8 个位组成的，一个字节实际上可以表示 8 个真假状态。

目前，几乎所有的编程语言都采用整数来表示布尔量。虽然字节相对于位来说占用的空间比较大，但是它是各种编程语言支持的基本数据类型，运算速度很快。

2．LabVIEW 布尔控件的机械动作属性

布尔控件用于输入并显示布尔值（TRUE/FALSE）。图 2-4 所示为布尔控件子选板。布尔控件可用于创建按钮、开关和指示灯。

所有的控件属性都是通过快捷菜单和属性对话框进行设置的。布尔控件的标签、标题、可见性、是否开启、说明、快捷键配置等通用属性与数值型控件非常类似。

除了上述的通用属性外，LabVIEW 的布尔型控件还有一个特别的属性——机械动作属性。机械动作属性是布尔型控件特有的，也是常规编程语言中不存在的属性。LabVIEW 布尔控件的

机械动作共分成6种，根本区别在于转换生效的瞬间和 LabVIEW 读取控件的时刻。

通过在布尔控件右键快捷菜单中选择“机械动作”，可以选择6种不同的机械动作，还可以直接预览实际效果，如图2-5所示。

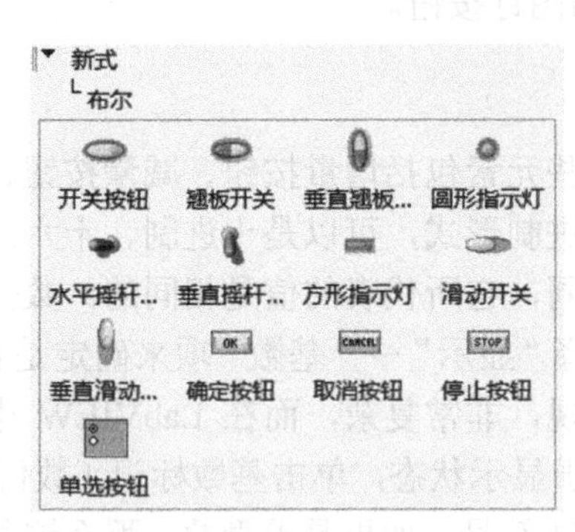

图2-4 布尔控件子选板

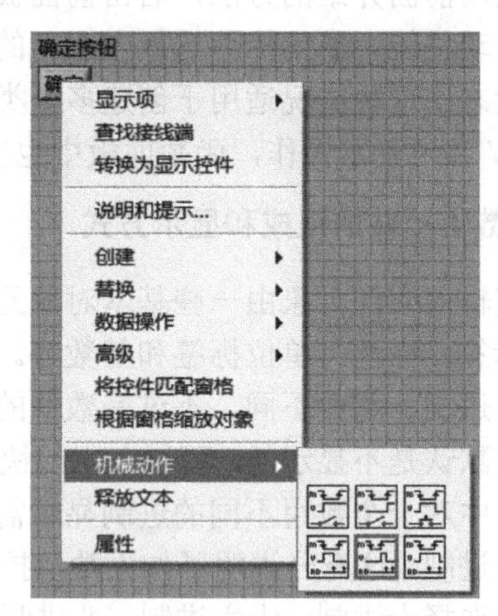

图2-5 布尔控件的机械动作

1）单击时转换

这种机械动作相当于机械开关。鼠标单击后，立即改变状态，并保持改变的状态，改变的时刻是鼠标单击的时刻。再次单击后，恢复原来状态，与 VI 是否读取控件无关。

2）释放时转换

当鼠标按键释放后，立即改变状态。改变的时刻是鼠标按键释放的时刻。再次单击并释放鼠标按键时，恢复原来状态，与 VI 是否读取控件无关。

3）单击时转换保持到鼠标释放

这种机械动作相当于机械按钮。鼠标单击时控件状态立即改变，鼠标按键释放后立即恢复，保持时间取决于单击和释放之间的时间间隔。

4）单击时触发

这种机械动作中，鼠标单击控件后立即改变状态。何时恢复原来状态，取决于 VI 何时在单击后读取控件，与鼠标按键何时释放无关。如果在鼠标按键释放之前读取控件，按下的鼠标不再继续起作用，控件的值已经恢复到原来状态。如果在 VI 读取控件之前释放鼠标按键，改变的状态保持不变，直至 VI 读取。简而言之，改变的时刻等于鼠标按下的时刻，保持的时间取决于 VI 何时读取。

5）释放时触发

这种机械动作同“单击时触发”类似，差别在于改变的时刻是鼠标按键释放的时刻，何时恢复取决于 VI 何时读取控件。

6）保持触发直至鼠标释放

这种机械动作中，鼠标按键按下时立即触发，改变控件值。鼠标按键释放或者 VI 读取，这两个条件中任何一个满足，立即恢复原来状态。到底是鼠标释放还是 VI 读取触发的，取决于它们发生的先后次序。

2.2.3 字符串与路径控件

字符串与路径控件子选板如图 2-6 所示。

字符串控件是字符串数据的容器，字符串控件的值属性是字符串。如同其他类型控件一样，LabVIEW 的字符串控件也分为输入控件和显示控件。输入控件的值可以由用户通过鼠标或者键盘来改变，而显示控件则不允许用户直接输入，只能通过数据流的方式显示字符串信息。路径控件用于输入或返回文件或目录的地址。

在字符串控件右键快捷菜单中可以选择字符串内容的显示形式，如图 2-7 所示。

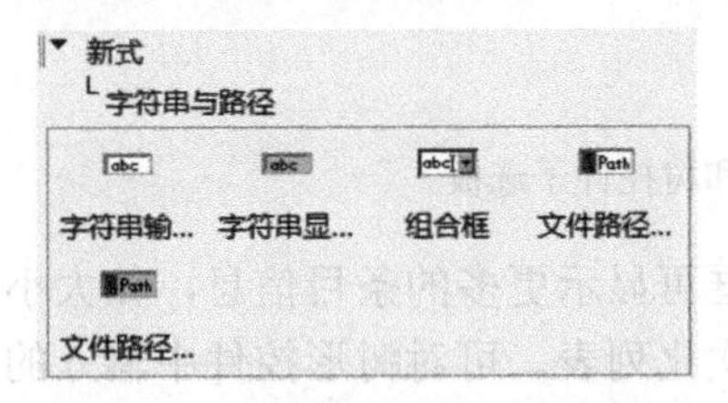

图 2-6 字符串与路径控件子选板

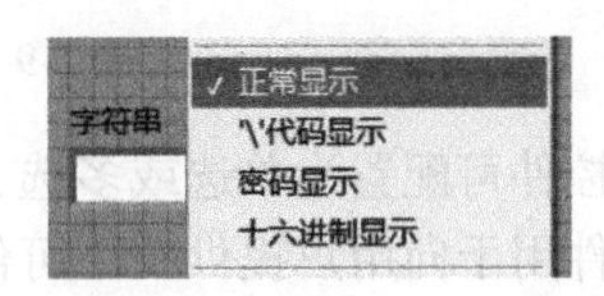

图 2-7 字符串显示形式

1）正常显示

以字符的方式显示字符串数据，这是字符串默认的显示方式。对于不可显示的字符，则显示乱码。可显示字符也可称作可打印字符。

2）'\' 代码显示

不可显示的字符以反斜杠加 ASCII 十六进制的方式显示。对于回车、换行、空格等特殊字符，则采用反斜杠加特殊字符的方式显示。

3）密码显示

选择密码显示方式时，用户输入的字符在输入字符串控件中显示为星号，一般常用于登录对话框。此时输入的真实内容是字符，类似于正常模式，只是显示为星号而已。字符串控件支持复制、粘贴命令，如果在密码显示状态下选择复制，则复制的是星号，而不是星号代表的字符。

4）十六进制显示

以十六进制数值方式显示字符串，这种方式在通信和文件操作中经常会遇到。

路径控件与字符串控件的工作原理类似，路径控件用于输入或返回文件或目录的地址。LabVIEW 会根据用户使用操作平台的标准句法将路径按一定格式处理。

2.2.4 数组、矩阵与簇控件

数组、矩阵与簇控件可用来创建数组、矩阵与簇。数组是同一类型数据元素的集合；簇将不同类型的数据元素归为一组；矩阵是若干行列实数或复数数据的集合，用于线性代数等数学操作。数组、矩阵与簇控件子选板如图 2-8 所示。

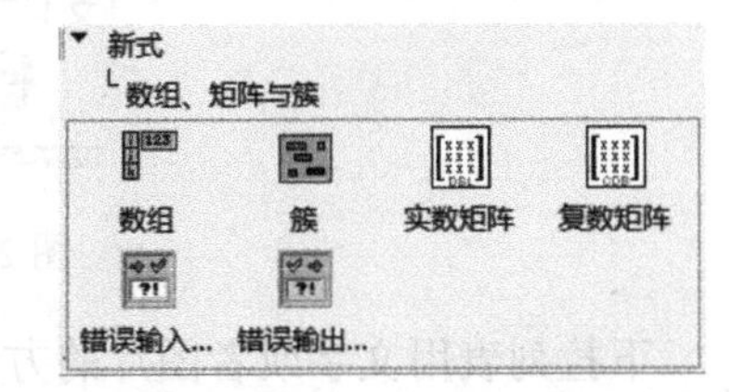

图 2-8 数组、矩阵与簇控件子选板

2.2.5 列表、表格和树控件

列表、表格和树控件子选板如图 2-9 所示。图中列表框、树形和表格等控件用于给用户提供一个选项列表。

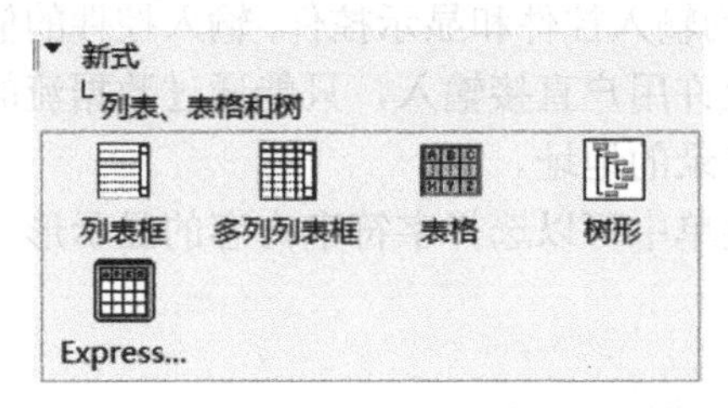

图 2-9　列表、表格和树控件子选板

列表框控件可配置为单选或多选。多列列表框可显示更多的条目信息，如大小和创建日期等。树形控件用于向用户提供一个可供选择的层次化列表。可对树形控件中输入的各个项进行组织，分为若干组项或若干组节点。

2.2.6 图形控件

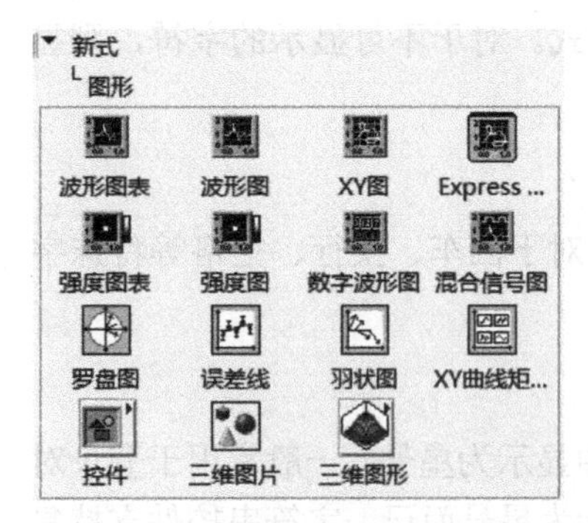

图 2-10　图形控件子选板

图形控件可用于以图形和图表的形式绘制数值数据，其中包括波形图表、波形图、XY 图、ExpressXY 图、强度图表、强度图、数字波形图、混合信号图、罗盘图、误差线、羽状图、XY 曲线矩阵、控件、三维图片和三维图形。图形控件子选板如图 2-10 所示。

2.2.7 下拉列表与枚举控件

下拉列表与枚举控件子选板如图 2-11 所示，从它包含的数据类型来说，属于数值控件。它们都是用文本的方式表示数值。下拉列表有多种表现形式，包括文本下拉列表、菜单下拉列表、图片下拉列表，以及文本与图片下拉列表。菜单下拉列表和文本下拉列表中，文字的输入可以通过快捷菜单中的“编辑”项进行。更简单的方法则是调用属性对话框，然后在“编辑”项属性页中设置。

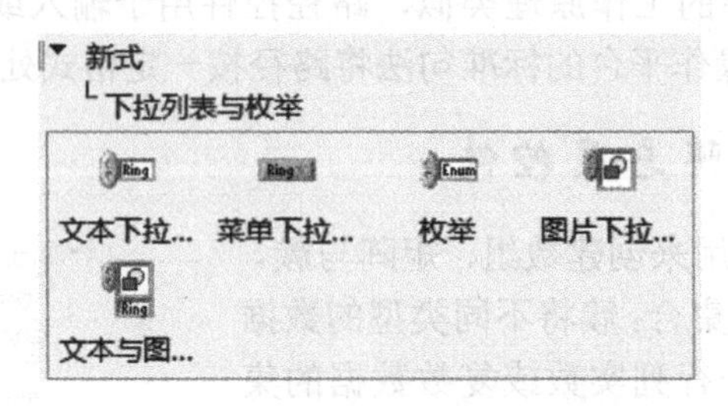

图 2-11　下拉列表与枚举控件子选板

下拉列表用文字或者图片的方式表示数字。数字可以是整型数，也可以是浮点数；既可以是有序的，比如从 0 开始递增的整型数，也可以是无序的，由用户自定义它代表的数字。图片下拉列表和文本与图片下拉列表只能通过快捷菜单编辑。选择合适的项目后，可以从剪切板导入图片，也可以从文件夹中直接拖动图片到图片下拉列表。文本与图片下拉列表中的文字，则是通过工具按钮中的“编辑文本”按钮添加的。

下拉列表上的各项，可以设置为启用或者禁用。如果设置为禁用，则该选择项目用灰色显示，不允许选择。下拉列表另外一个特有属性是“是否允许运行时有未定义值”，默认是未勾选的。未勾选的情况下，只能选择设计好的条目。勾选后，将自动增添一个其他项。勾选该项，列表框边上将出现一个数字框。在框中修改数字并回车，列表框将采用用户输入的新数值。

枚举控件与下拉列表控件非常相似，用于向用户提供一个可供选择的项列表。枚举控件只能代表整数，而且是有序、自动分配的。其中自定义枚举控件非常重要，广泛用于状态机中。枚举控件类似于文本或菜单下拉列表控件，但是枚举控件的数据类型包括控件中所有项的数值和字符串标签的相关信息，下拉列表控件则为数值型控件。

2.2.8　容器控件

容器控件可用来组合各种控件，或在当前 VI 的前面板上显示另一个 VI 的前面板，如图 2-12 所示。

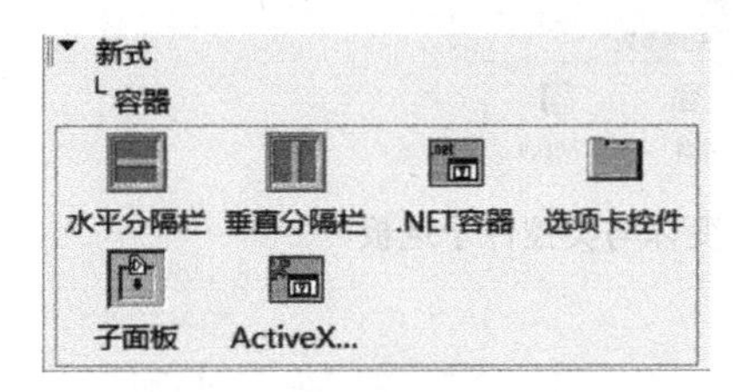

图 2-12　容器控件子选板

选项卡控件用于将前面板的输入控件和显示控件重叠放置在一个较小的区域内，它由选项卡和选项卡标签组成。可将前面板对象放置在选项卡控件的每一个选项卡中，并将选项卡标签作为显示不同页的选择器。

子面板控件用于在当前 VI 的前面板上显示另一个 VI 的前面板。

2.2.9　I/O 控件

I/O 控件可将所配置的 DAQ 通道名称、VISA 资源名称和 IVI 逻辑名称传递至 I/O VI，与仪器或 DAQ 设备进行通信。I/O 控件子选板如图 2-13 所示。

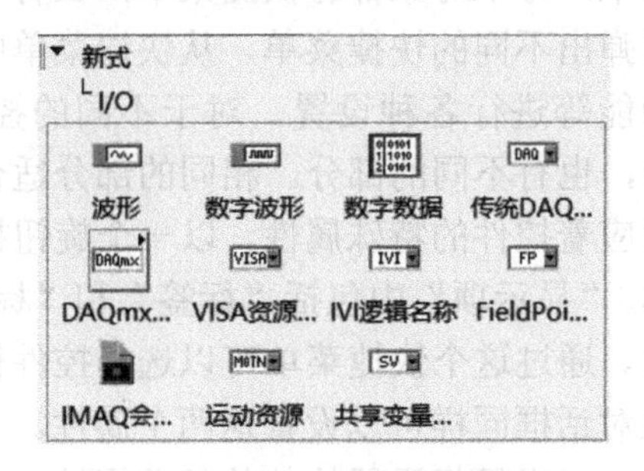

图 2-13　I/O 控件子选板

2.2.10　引用句柄控件

引用句柄控件子选板如图 2-14 所示，用于对文件、目录、设备和网络连接等进行操作。其中控件引用句柄用于将前面板对象信息传送给子 VI。

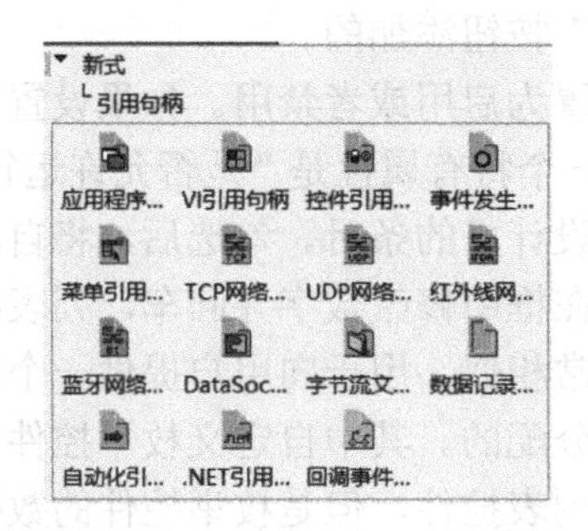

图 2-14 引用句柄控件子选板

2.2.11 变体与类控件

变体与类控件子选板如图 2-15 所示，用来与变体和类数据进行交互。

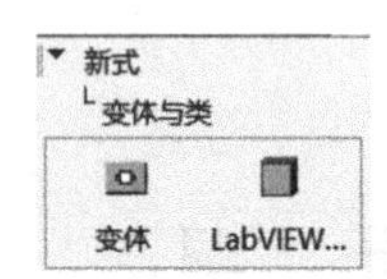

图 2-15 变体与类控件子选板

LabVIEW 控件的妙用

2.3 控件设置

2.3.1 快捷菜单

所有 LabVIEW 对象都有相关的快捷菜单，也叫即时菜单、弹出菜单或右键菜单。创建 VI 时，可使用快捷菜单上的选项改变前面板和程序框图上对象的外观或运行方式。在某个控件上右击，会弹出如图 2-16 所示的快捷菜单。快捷菜单是 LabVIEW 程序设计中的重要工具，在前面板和程序框图中，每个对象都有快捷菜单，在有些对象的不同位置右击，还可以弹出不同的快捷菜单。从快捷菜单中可以对控件的外观、类型和功能等进行各种设置。对于不同的控件，快捷菜单既有相同的部分，也有不同的部分。相同的部分适合所有的控件，而不同的部分对应着控件的特殊属性。以一个旋钮控件为例看一下控件的快捷菜单。“显示项”中包括“标签”和“标题”，这是控件的通用基本属性。通过这个快捷菜单可以选择控件标签及标题是否可见，通过属性对话框同样可以设置这两个属性。

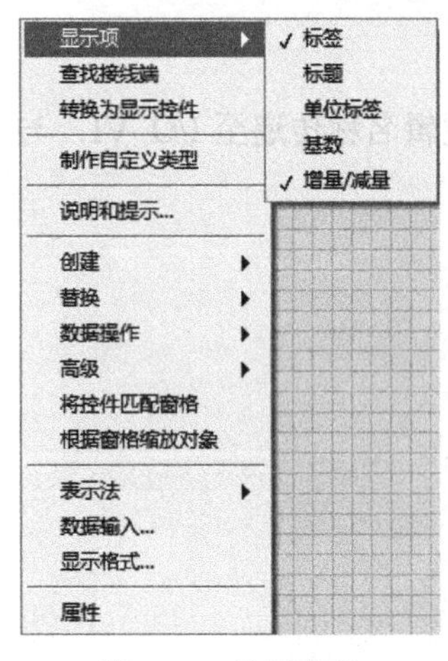

图 2-16 快捷菜单

如果只想设置控件的部分属性，直接用快捷菜单比较方便。下列选项是所有输入控件和显示控件共有的菜单项。

（1）显示项——列出对象可显示或隐藏的部分，如名称标签和标题。

（2）查找接线端——高亮显示控件在程序框图上的接线端。该菜单项适用于在复杂的程序框图上查找某个对象。

（3）转换为显示控件和转换为输入控件——将当前对象转换为输入控件或显示控件。

（4）说明和提示——显示输入和查看有关对象使用的说明及提示的对话框。

（5）创建——创建用于通过编程控制对象各种属性的局部变量、引用、属性节点或调用节点。

（6）替换——替换前面板对象为另一个输入控件或显示控件而不会丢失此前为对象所配置的值。

（7）数据操作——包含以下全部或部分数据编辑选项：

- 重新初始化为默认值——设置控件使用默认值。也可使用重新初始化为默认值方法通过编程将控件重新初始化为其默认值。
- 当前值设置为默认值——将控件和常量的当前值设置为默认值。也可使用默认值：通过编程将前面板上所有控件的当前值设为默认值。
- 剪切数据、复制数据和粘贴数据——剪切、复制或粘贴前面板对象的内容。

（8）高级——包含以下全部或部分高级编辑选项：

- 快捷键——指定控件的键盘快捷方式，使用户无须鼠标即可浏览前面板。
- 同步显示——显示每个更新。该功能用于显示动画。也可使用同步显示属性，通过编程设置该选项。
- 自定义——显示控件编辑器窗口以自定义前面板对象。
- 运行时快捷菜单——包含一个用于禁用或自定义当前控件运行时快捷菜单的子菜单。
- 隐藏输入控件或隐藏显示控件——隐藏前面板对象的显示。如需使用某个隐藏的对象，右击程序框图接线端，从快捷菜单中选择显示输入控件或显示显示控件。
- 启用状态——指定对象的状态，可以是启用、禁用或禁用并变灰。

2.3.2　属性对话框

属性是对象特有的参数。对LabVIEW控件进行属性设置的方法是在控件弹出的快捷菜单上选择最下面的“属性”选项，打开属性设置对话框。数值控件的属性对话框如图2-17所示，从中可以对各项属性进行设置，使之满足程序的需要。

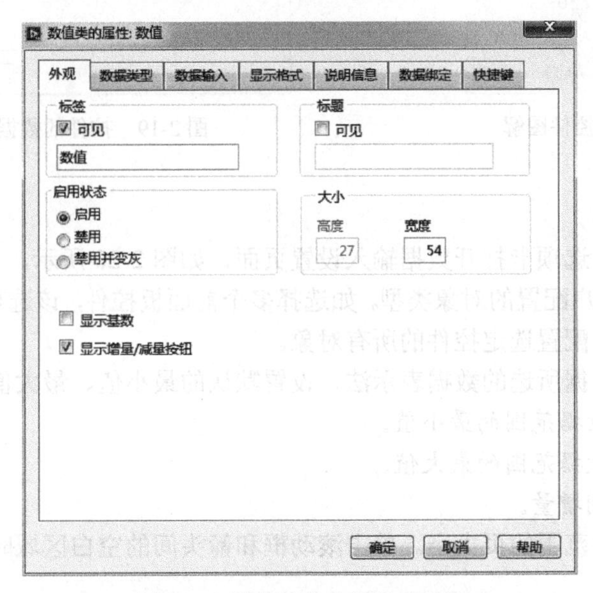

图2-17　数值控件的属性对话框

1. 外观设置

属性对话框的第 1 页标签为控件外观。标签默认为可见，由于它是一个数值控件的属性，所以标签名为“数值”，而标题默认为不可见，其文本并未赋默认值。

标签是一个对象的标识，用户可在前面板和程序框图中通过标签识别对象，程序中也是通过标签引用对象。而标题只是对象的一个描述，它不影响对象的名称，也不出现在程序框图中。在程序动态设置中，对标签只能设置为可读，无法对它进行修改，而对标题文本可以修改和读取。

启用状态有 3 个选项，分别为“启用”、“禁用”、“禁用并变灰”，默认设置为“启用”。大小选项中可以设置控件对象的高度和宽度，以像素为单位。

显示基数用来显示对象的基数，使用基数改变数据的格式（如十进制、十六进制、八进制、二进制或 SI 符号）。当选择显示基数后，前面板控件样式稍微有变化，图 2-18 所示为显示基数的控件图，其中增量/减量按钮用于改变该对象的值。

2. 数据类型

单击属性对话框中的“数据类型”选项卡打开数据类型设置页面，单击表示法图标可以弹出一个表示法选择框，从中可以为该控件设置其他的表示法，如图 2-19 所示。

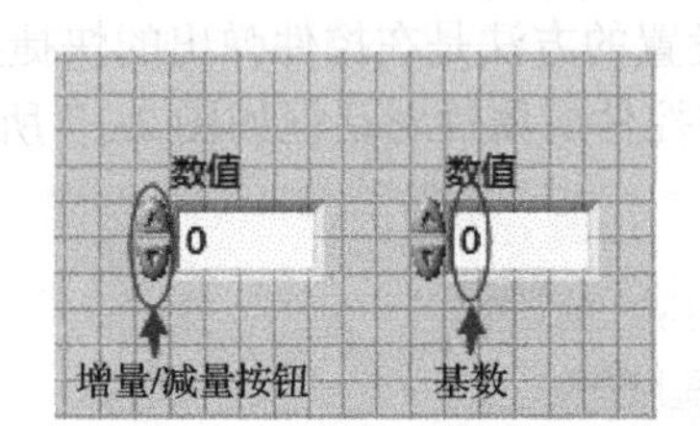

图 2-18　数值控件图解

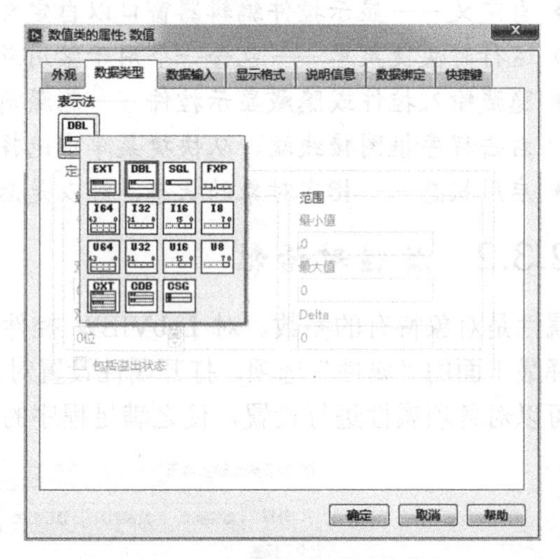

图 2-19　控件的数据类型属性

3. 数据输入

单击“数据输入”选项卡打开数据输入设置页面，如图 2-20 所示。

当前对象：显示用户配置的对象类型。如选择多个前面板控件，该选项可列出对象的类型。可从列表中选择类型，配置选定控件的所有对象。

使用默认界限：依据所选的数据表示法，设置默认的最小值、最大值和增量。

- 最小值：设置数据范围的最小值。
- 最大值：设置数据范围的最大值。
- 增量：设置强制增量。

页大小：设置滚动范围的页大小。单击滚动框和箭头间的空白区域时，滚动条值将根据页大小而改变。

图 2-20　控件的数据输入属性

对超出界限的值的响应：设置当用户输入的数值超出设定的数据范围时处理数值的方式。有效值包括忽略和强制。

- 忽略：LabVIEW 并不改变或标志无效的值。
- 强制：LabVIEW 将值强制到最近的值。

例如，最小值为 3，最大值为 10，增量为 2，则有效值为 3、5、7、9 和 10。LabVIEW 将把 0 强制到 3，把 6 强制到 7，把 100 强制到 10。

4．显示格式

单击属性页面的“显示格式”选项卡打开显示格式设置页面，如图 2-21 所示。

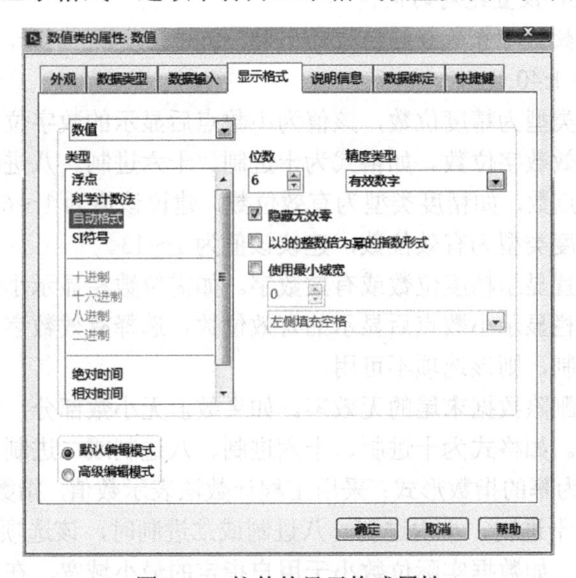

图 2-21　控件的显示格式属性

1）当前对象

显示用户配置的对象类型。

2）编辑模式

设置使用页的默认视图或格式代码的编辑格式和精度。格式代码（格式说明符或百分号代码）用于指定在 LabVIEW 中显示数字的格式。

3）默认编辑模式

包含以下一些选项。

（1）类型：数值对象的类型。

- 浮点：显示浮点计数法的数值对象。
- 科学计数法：显示科学计数法的数值对象。例如，浮点计数法表示的 60 相当于科学计数法的 6E+1，E 代表 10 的指数幂。
- 自动格式：按照 LabVIEW 指定的适当数据格式显示数值对象。LabVIEW 将依据数字格式选择科学计数法或浮点计数法。
- SI 符号：显示数值对象的 SI 表示法，在数值之后显示测量单位。例如，浮点计数法表示的 6000 相当于 SI 表示法的 6K。
- 十进制：显示十进制格式的数值对象。
- 十六进制：显示十六进制格式的数值对象，有效位为 0~F。例如，浮点计数法表示的 60 相当于十六进制的 3c。如数值对象的表示法为浮点型，则该选项不可用。
- 八进制：显示八进制格式的数值对象，有效位为 0~7。例如，浮点计数法表示的 60 相当于八进制的 74。如数值对象的表示法为浮点型，则该选项不可用。
- 二进制：显示二进制格式的数值对象，有效位为 0 和 1。例如，浮点计数法表示的 60 相当于二进制的 111100。如数值对象的表示法为浮点型，则该选项不可用。
- 绝对时间：显示数值对象，即自通用时间 1904 年 1 月 1 日 12:00 am 经过的秒数。只能通过时间标识控件设置绝对时间。
- 相对时间：显示数值对象从 0 起经过的小时、分钟及秒数。例如，浮点计数法表示的 100 相当于相对时间 1:40。

（2）位数：如精度类型为精度位数，该值为小数点后显示的数字位数。如精度类型为有效数字，该值为显示的有效数字位数。如格式为十进制、十六进制、八进制或二进制，则该选项不可用。对于单精度浮点数，如精度类型为有效位数，建议该值为 1～6。对于双精度浮点数和扩展精度浮点数，如精度类型为有效位数，建议该值为 1～13。

（3）精度类型：设置显示精度位数或有效数字。如需位数栏显示小数点后显示的位数，选择精度位数。如需位数栏显示小数点后显示的有效位数，选择有效数字。如格式为十进制、十六进制、八进制或二进制，则该选项不可用。

（4）隐藏无效零：删除数据末尾的无效零。如果数值无小数部分，该选项会将有效数字精度之外的数值强制为零。如格式为十进制、十六进制、八进制或二进制，则该选项不可用。

（5）以 3 的整数倍为幂的指数形式：采用工程计数法表示数值，指数幂始终为 3 的整数倍。格式为浮点、SI 符号、十进制、十六进制、八进制或二进制时，该选项有效。

（6）使用最小域宽：如数据实际位数小于用户指定的最小域宽，在数据左端或右端将用空格或零来填补多余的空间。勾选该复选框可设置最小域宽和填充。

- 最小域宽：所需数据字段宽度。
- 填充：设置在左端或右端填充空格或零。
- 时间类型：设置控件中时间显示的格式。自定义时间格式，使用该对话框中配置的时间格式。系统时间格式，使用操作系统的时间格式。选择不显示时间，可避免在控件中显示时间。

- AM/PM：设置使用带 AM/PM 符号的 12 小时制或 24 小时制。
- 时分秒：设置显示小时和分钟，或显示小时、分钟和秒。
- 位数：如选择 HH:MM:SS，该字段将表示秒值小数点后的显示位数。

4）高级编辑模式

通过下列选项可使用格式代码指定格式和精度。

（1）格式字符串：用于格式化数值数据的格式代码。

（2）合法：表明格式字符串的格式是否合法。

（3）还原：如格式字符串存在格式错误，单击该按钮可将格式字符串恢复到上一个合法的格式。

（4）格式代码类型：设置数值格式代码列表中显示的格式代码类型。

（5）数值格式代码：显示用于格式字符串中的格式代码。双击格式代码可将其插入格式化字符串。

（6）插入格式字符串：插入所选格式代码至格式字符串。

5. 说明信息

单击属性页面的“说明信息”选项卡打开说明信息设置页面，如图 2-22 所示。

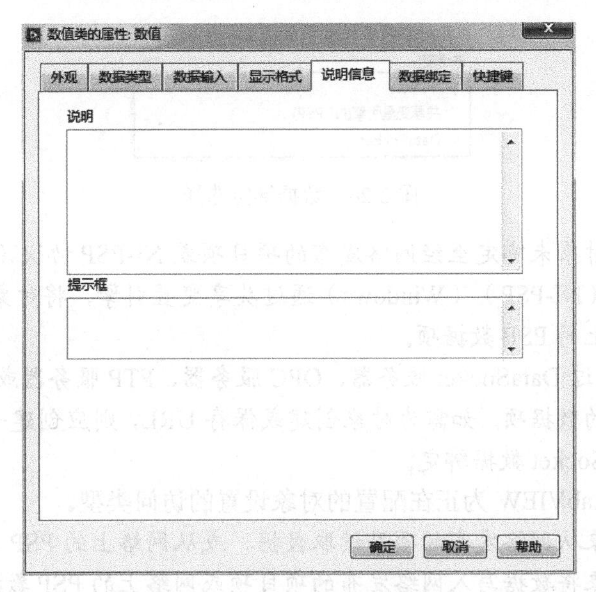

图 2-22 控件的说明信息属性

可为函数选板上的 VI 和函数输入说明信息，但是只可在对话框中查看提示和说明。即时帮助窗口中不显示说明信息。可对说明中的文本进行格式化，使其在即时帮助窗口中以粗体显示。如需在即时帮助窗口中显示回车，必须使用两个回车进行分段。在 VI 运行过程中，光标移到对象上时显示对象的简要说明。

6. 数据绑定

单击“数据绑定”选项卡打开数据绑定设置页面，如图 2-23 所示。

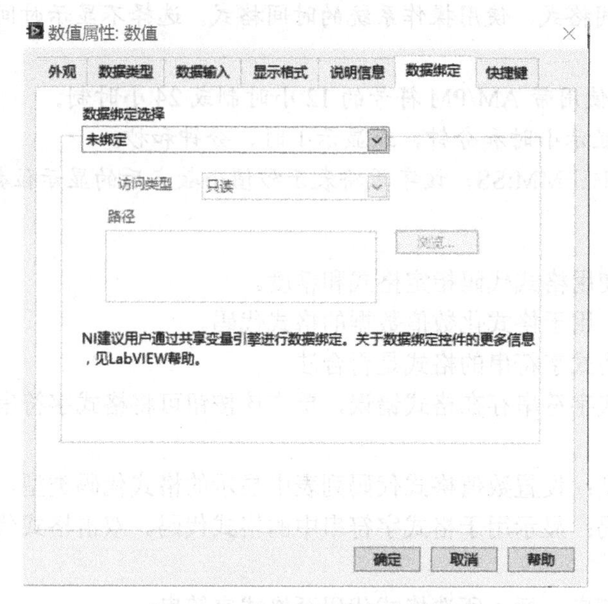

图 2-23　控件的数据绑定属性

该选项卡用于将前面板对象绑定至网络发布项目项及网络上的 PSP 数据项。

数据绑定选择：指定用于绑定对象的服务器，如图 2-24 所示。

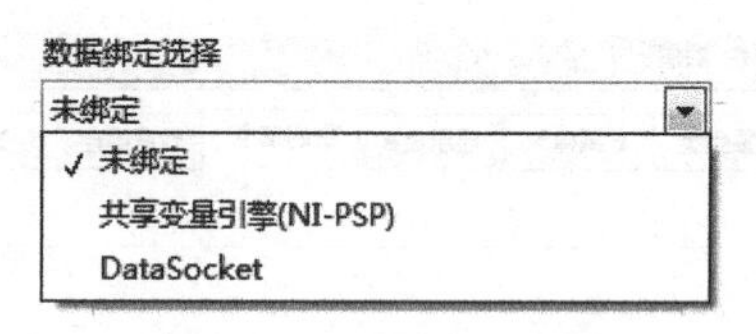

图 2-24　数据绑定选择

- 未绑定：指定对象未绑定至经网络发布的项目项或 NI-PSP 协议（PSP）数据项。
- 共享变量引擎（NI-PSP）:（Windows）通过共享变置引擎，将对象绑定至经网络发布的项目项或网络上的 PSP 数据项。
- DataSocket: 通过 DataSocket 服务器、OPC 服务器、FTP 服务器或 Web 服务器，将对象绑定至网络上的数据项。如需为对象创建或保存 URL，则应创建一个共享变量，无须使用前面板 DataSocket 数据绑定。

访问类型：指定 LabVIEW 为正在配置的对象设置的访问类型。

- 只读：指定对象从网络发布的项目读取数据，或从网络上的 PSP 数据项读取数据。
- 只写：指定对象将数据写入网络发布的项目项或网络上的 PSP 数据。
- 读/写：指定对象从网络发布项目读取数据，向网络上 PSP 数据项写入数据。

路径：指定与当前配置的共享变量绑定的共享变量或数据项的路径。

浏览：显示文件对话框或选择源项对话框，浏览并选择用于绑定对象的共享变量或数据项。单击按钮时打开的对话框由数据绑定选择栏中选定的值决定。

7. 快捷键

单击“快捷键”选项卡打开快捷键设置界面，如图 2-25 所示。

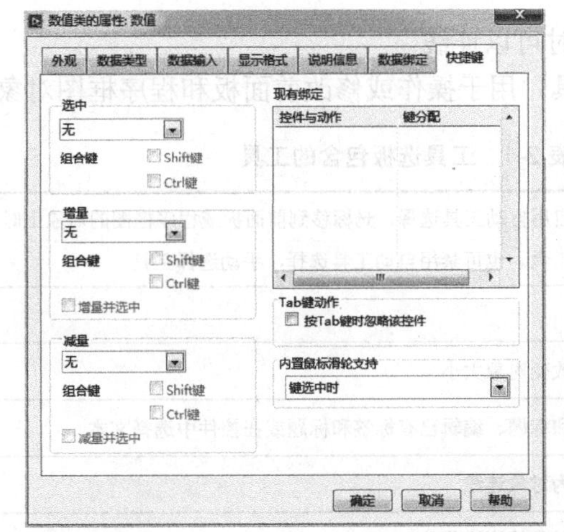

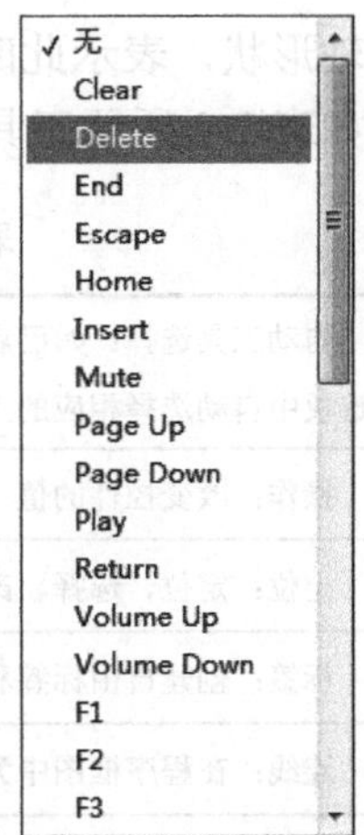

图 2-25　控件的快捷键属性

选中：指定该控件的快捷键。可以选择的快捷键如图 2-25 右图所示。

有些键盘和系统可能不支持 Clear、End、Home、Mute、Page Up、Page Down、Play、Volume Up、Volume Down 及 F13～F24 功能键，只有功能键没有被配置为 Expose 快捷键，功能键的键盘快捷键才有效。在 Mac OS 上，LabVIEW 不支持 Volume Up、Volume Down 和功能键 F15～F24 作为快捷键。

- Shift 键：选择 Shift 键作为按键分配的修饰键。
- Ctrl 键：选择 Ctrl 键作为按键分配的修饰键。

只有 F1、F2……快捷键才可以选择 Shift 和 Ctrl 修饰键。

增量：为该控件分配增量快捷键。

增量并选中：将增量快捷键设置为该控件的选中键。

减量：为该控件分配减量快捷键。

减量并选中：将减量快捷键设置为该控件的选中键。

切换：为该控件分配切换快捷键。

切换并选中：将切换快捷键设置为该控件的选中键。

现有绑定：列出已有的按键分配。如选择列表框中的现有按键分配，LabVIEW 将把该按键分配指定给当前控件，并删除此前的按键分配。

Tab 键动作：控制定位至控件时 Tab 键的动作。

- 按 Tab 键时忽略该控件：使用 Tab 键进行键选择时，忽略该控件。

2.4　工具选板

在前面板和程序框图中都可以使用工具选板，如图 2-26 所示。

利用工具选板中不同的工具可以操作、编辑或修饰前面板和程序框图中选定的对象，也可以用来调试程序。当从工具选板中选择一种工具后，鼠标指针就会变成与该工具相应的形状。如果使用选板最顶端的自动选择工具（Automatic Tool Selection），当光标在前面板或程序框图中移动到相应位置时，会自动从选板中选择相应的工具。例如，当移动到连线端子上时，

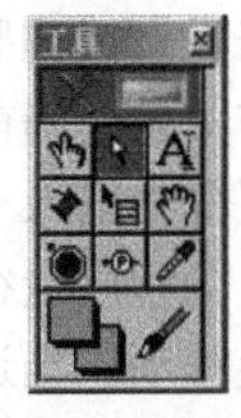

图 2-26　工具选板

光标会自动变为线轴形状，表示此时可以连线。

工具选板包含如表 2-1 所示工具，用于操作或修改前面板和程序框图对象。

表 2-1 工具选板包含的工具

	自动工具选择：如已启用自动工具选择，光标移到前面板或程序框图的对象上时，LabVIEW 将从工具选板中自动选择相应的工具。也可禁用自动工具选择，手动选择工具
	操作：改变控件的值
	定位：定位、选择、改变对象大小
	标签：创建自由标签和标题、编辑已有标签和标题或在控件中选择文本
	连线：在程序框图中为对象连线
	对象快捷菜单：打开对象的快捷菜单
	滚动：在不使用滚动条的情况下滚动窗口
	断点：在 VI、函数、节点、连线、结构或（MathScript RT 模块）MathScript 节点的脚本行上设置断点，使程序在断点处停止
	探针：在连线或（MathScript RT 模块）MathScript 节点上创建探针。使用探针工具可查看产生问题或意外结果的 VI 中的即时值
	获取颜色：通过上色工具复制用于粘贴的颜色
	上色：设置前景色和背景色

2.5 前面板对象的操作

2.5.1 焦点

前面板的控件有一些特殊的操作可以帮助程序更方便地完成。比如，在系统登录界面程序中，往往是程序一旦开始运行，就可以马上输入密码，而不需要先手动选择密码框输入。在 LabVIEW 中，焦点可以帮助完成这样的程序操作。

前面板控件有一个逻辑上的顺序，按 Tab 键即按这个顺序自动选中对象，该顺序在此称为键盘焦点顺序，记录前面板数据时也是按键盘焦点顺序记录。键盘焦点顺序只与控件放进前面板的顺序有关，而与它在前面板上的位置无关。第 1 个放进前面板的控件键盘焦点值为 0，第 2 个为 1，依次类推。

为了说明焦点的作用，下面通过一个程序来示范。如图 2-27（a）所示，数值、字符串和停止在该程序中都是输入控件，在前面板中选择编辑菜单→设置 Tab 键顺序，通过光标单击控件来设置或调整每个控件的焦点顺序；如图 2-27（b）所示，每个控件都加了一个细线框，框的右下角是当前键盘焦点值，它左边的高亮度框用来给它指定新的键盘焦点值。在工具条单击设置框中输入一个数字，然后单击一个控件，这个控件即被赋予了这个数字的键盘焦点值。

当程序运行的时候，不断按下键盘中的 Tab 键，会看到一个细黑线的框在 3 个输入控件上轮换移动。当这个框移动到数值控件时，可以直接从键盘上输入数据，而不必再用鼠标光标去选中它；当这个框移动到字符串控件时，可以在键盘上写文字，也不必使用鼠标光标去选中它；

当这个框移动到“停止”按钮时，可以在键盘上按一下回车键，使程序停下来。

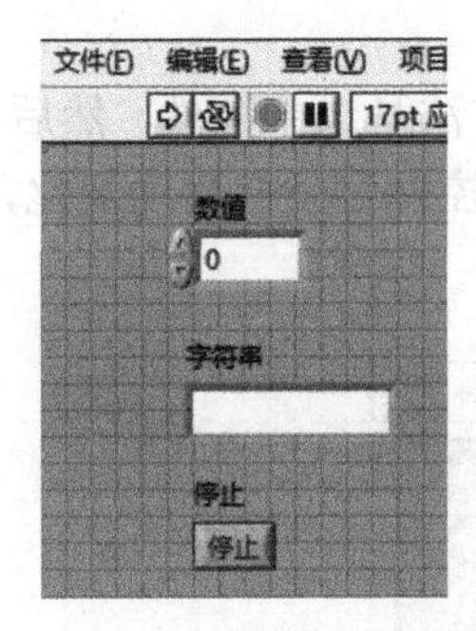

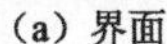
（a）界面

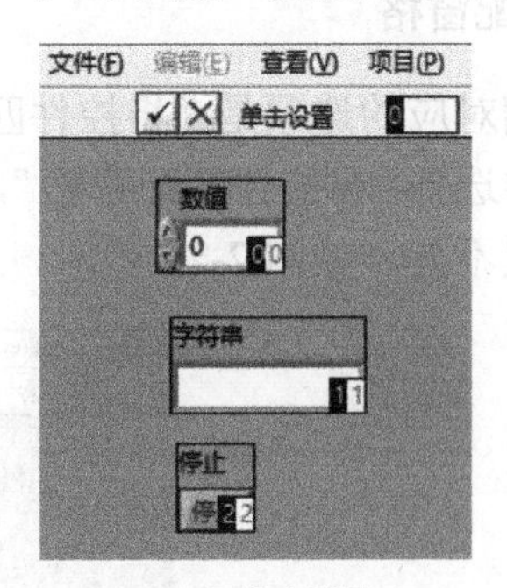

（b）焦点设置

图 2-27　控件的焦点

2.5.2　控件的布置

1．替换与删除控件

如果由于 VI 设计的修改，放在前面板上的控件不如另一个控件更符合程序设计要求，就需要进行控件的替换。替换的方法是在被替换的控件上弹出快捷菜单，在菜单上选择“替换”，此时会弹出另一个临时控件模板，在模板上找到用于替换的控件单击鼠标，它就会自动替换为该控件。

替换后的控件会尽可能多地保留原来控件的信息，如标签名、默认值、尺寸、颜色、数据流方向等，但是它保持自己的数据类型。如果替换的控件和原来的控件数据类型兼容，LabVIEW 会自动为新的控件连接原来的连线；如果数据类型不兼容，原来的连线会断开。

前面板上多余的控件如果需要删除，可以使用选择工具在需要删除的控件或它所在的程序框图上单击鼠标，待控件周围出现高亮度虚线框时按下 Delete 键即可。

2．改变控件大小

控件的默认大小往往不符合程序设计的要求，改变控件大小的方法非常简单。当定位/调整大小/选择工具移动到控件时，控件边缘就会出现圆形或方形的手柄，用光标拖动这些手柄就可以改变控件的大小。拖动矩形边缘中间的手柄可改变一个方向的大小，拖动角点的手柄可改变两个方向的尺寸。字符串控件在字符高度方向的尺寸不允许小于字符高度。

3．控件比例化

控件的大小可以自动随前面板的尺寸变化。使控件比例化的方法是选中控件，然后单击鼠标右键，在弹出的快捷菜单中选择“根据窗格缩放对象”，此时选中对象周围会出现细线，将这个控件围起来并将面板分为几个区域，如图 2-28 所示。

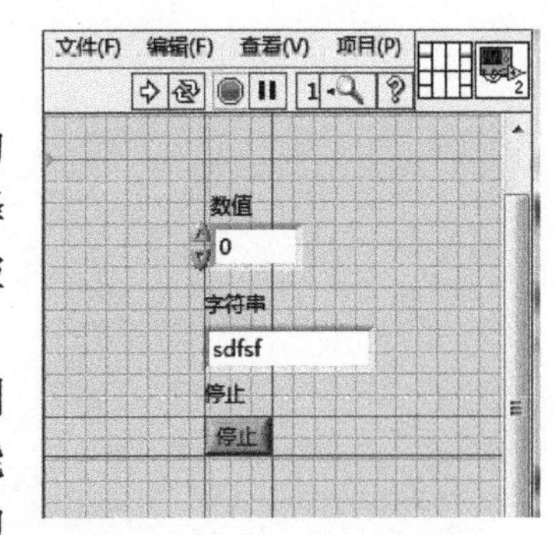

图 2-28　控件比例化显示

此时若按比例缩放前面板，比例化的控件就会随之按照比例缩放，但是当前面板恢复到原来尺寸时，比例化控件却不一定能准确恢复到原来的尺寸。比例化控件的缩放遵循控件尺寸变化的一般约定。比例化控件缩放时其他控件的相对位置不变。

4．将控件匹配窗格

与上面设置相对应的选项是“将控件匹配窗格”，方法是选中控件，然后单击鼠标右键，在弹出的快捷菜单中选择“将控件匹配窗格”，此时选中的控件大小会自动变化，占满整个前面板，其他控件相对位置不变，如图 2-29 所示。

图 2-29 控件匹配窗格

需要注意的是，若选择该选项，控件大小被改变后，则无法取消该选项并恢复到原来的尺寸，而只能利用光标来修改控件的尺寸。并且该选项选择完毕，再次右击该控件，会发现“根据窗格缩放对象”选项被选中。

5．文本设置

LabVIEW 的工具栏为用户提供了设置应用程序字体和颜色的工具，如图 2-30 所示。

17pt 应用程序字体

图 2-30 应用程序字体设置

使用 LabVIEW 默认字体和颜色，LabVIEW 使用相近字体替换不同平台的内置字体。如果选择了不同字体，而且计算机上没有该字体，LabVIEW 将用最接近的字体代替。LabVIEW 对颜色的处理方法与对字体的处理方法类似。如计算机上没有某种颜色，LabVIEW 就要用最接近的颜色替代。也可使用系统颜色，之前面板的外观与运行 VI 的任何计算机的系统颜色相匹配，图 2-31 所示为文本设置下拉框。

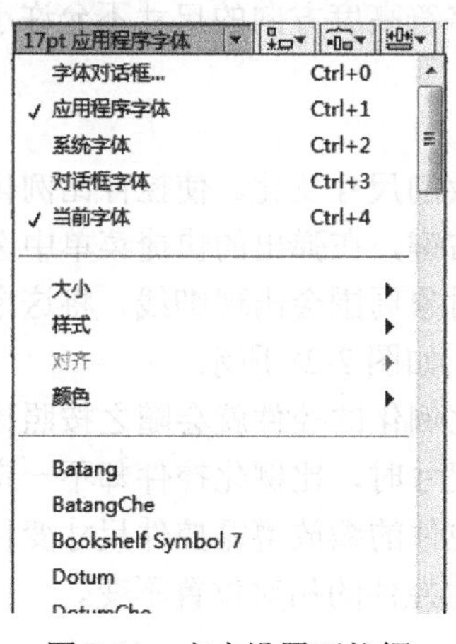

图 2-31 文本设置下拉框

6. 对象设置

1）对齐对象

根据轴对齐对象。单击该按钮会出现一个下拉框，从中可以选择对齐的方式，如图 2-32 所示，有 6 种对齐方式。

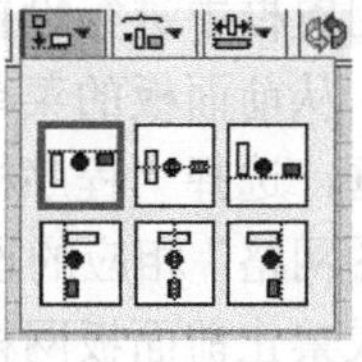

操作步骤如下：

（1）选中对齐的对象。

（2）在前面板或程序框图的工具栏上选择对齐对象下拉菜单。

（3）从以下选项中选择。

图 2-32　对齐对象菜单

上边缘：将所选对象的上边缘与最上方的对象对齐。

垂直中心：将对象以最上方和最下方对象的中间点为基准对齐。

下边缘：将所选对象的下边缘与最下方的对象对齐。

左边缘：将所选对象的左边缘与最左侧的对象对齐。

水平居中：将对象以最左侧和最右侧对象的中间点为基准对齐。

右边缘：将所选对象的右边缘与最右侧的对象对齐。

2）分布对象

均匀分布对象。单击该按钮会出现多种分布对象的选项，如图 2-33 所示。

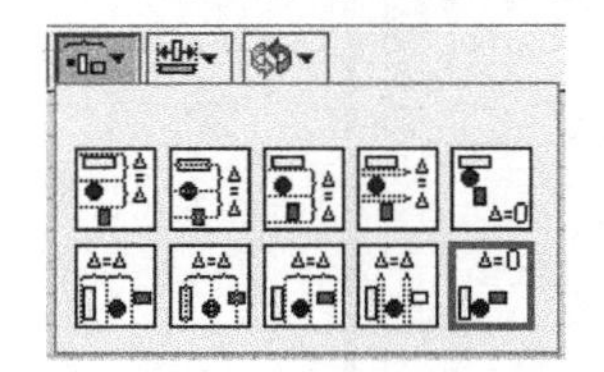

图 2-33　分布对象菜单

上边缘：分布选中对象，使对象的上边缘相隔距离一致。

垂直中心：分布选中对象，使对象的垂直中心相隔距离一致。

下边缘：分布选中对象，使对象的下边缘相隔距离一致。

垂直间距：分布选中对象，使对象的竖向间距一致。

垂直压缩：压缩选中对象，对象的上下边缘之间不留间隔。

左边缘：分布选中对象，使对象的左边缘相隔距离一致。

水平中心：分布选中对象，使对象的水平中心相隔距离一致。

右边缘：分布选中对象，使对象的右边缘相隔距离一致。

水平间距：分布选中对象，是对象的横向间距一致。

水平压缩：压缩选中对象，对象的左右边缘之间不留间隔。

3）重新排序

移动对象，调整其相对顺序。有多个对象相互重叠时，可选择重新排序下拉菜单，将某个对象置前或置后，如图 2-34 所示。

向前移动：将选定的对象向前移动一层。

向后移动：将选定的对象向后移动一层。

移至前面：将选定的对象移至顶层。

移至后面：将选定的对象移至底层。

4）整理程序框图

自动重新整理程序框图上的已有连线和对象，使布局更加合理。选择“工具”→“选项”，打开“选项”对话框，从“类别”列表中选择程序框图：整理。也可按下“Ctrl+U”组合键。

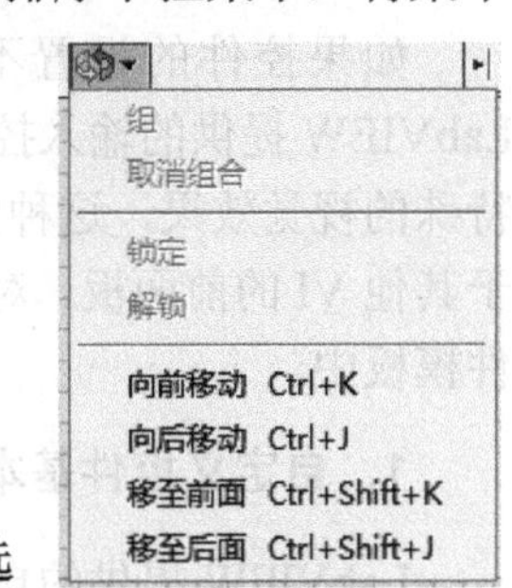

图 2-34　重排顺序菜单

7. 对齐网格

在前面板中，观察编辑状态下的前面板的网格线，当控件从选项卡拖动放入前面板时，会自动对齐网格线，移动这些控件也是一样，会沿着网格线移动。该选项可以在 LabVIEW 的选项配置框中进行设置或关闭。

LabVIEW 界面设计的风水

从前面板的菜单栏中选择“工具”→“选项”，打开“选项”对话框，选择“程序框图”对象，如图 2-35 所示，右边将出现“程序框图网格”相应的设置选项，从中可以显示或隐藏前面板的网格，启用或禁止前面板网格对齐等。

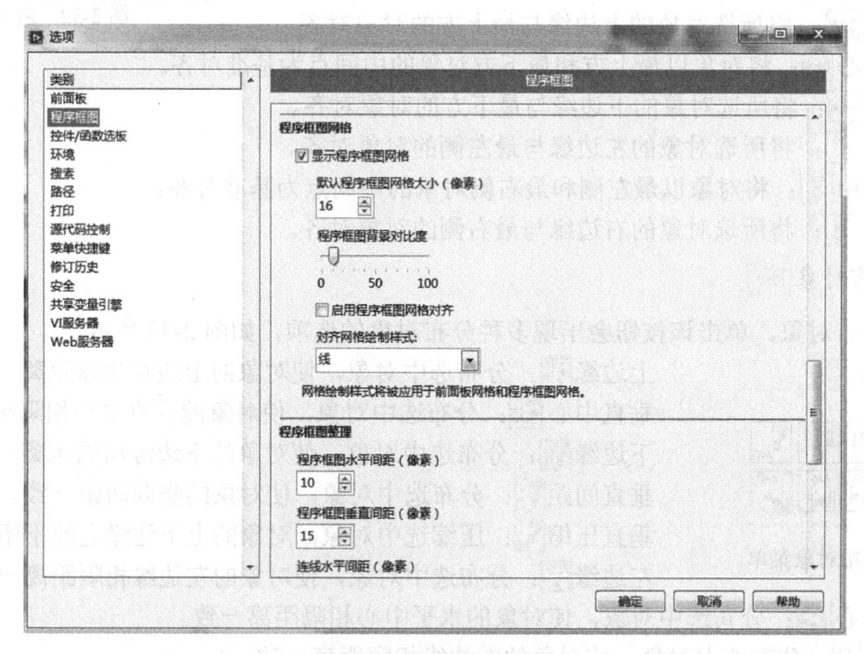

图 2-35　网格选项设置

2.6　定制控件

如果控件的设置不能满足使用的要求，也可以在当前控件的基础上自定义控件。对 LabVIEW 提供的输入控件和显示控件都可以进行个性化自定义，以形成丰富多彩的外观风格和特殊的视觉效果，这种定制又是对现有控件集合的扩展。用户定制好的控件还可以保存下来用于其他 VI 的前面板。对用户定制的控件也可以创建为一个图标，并添加到 LabVIEW 系统的控件模板中。

1. 自定义控件基本操作

LabVIEW 提供的自定义控件面板类似于 VI 的前面板，但是没有程序框图。打开自定义控件面板的方法有两种。

（1）在“文件”菜单中选择“新建...”菜单，在弹出的对话框中选择“其他文件”、“自定义控件”，打开自定义控件面板后再由控件面板向里面调用控件。

（2）在 VI 前面板上放置控件，右击该控件，选择快捷菜单中的“高级”→“自定义...”，可以打开该控件的自定义控件面板。

下面以仪表控件为例，自定义该控件。

在 VI 前面板上放置仪表控件，右击该控件，选择“高级”→“自定义...”，弹出仪表控件的自定义面板，如图 2-36 所示。

面板上有一个类似扳手的图标，表示当前处于编辑模式，此时只能进行一般的属性设置。单击这个图标后将变为镊子形状，即进入自定义控件模式，如图 2-37 所示。此时控件的各个部件即成为各自独立的部件，对每个部件进行的修改不会对其他部件造成影响。自定义模式显示了控件的所有部件，包括在编辑模式中隐藏的任何部件，如名称标签或数值控件上的基数。由于控件的各个部件相互脱离，因此在自定义模式下无法对控件的值进行操作或修改。

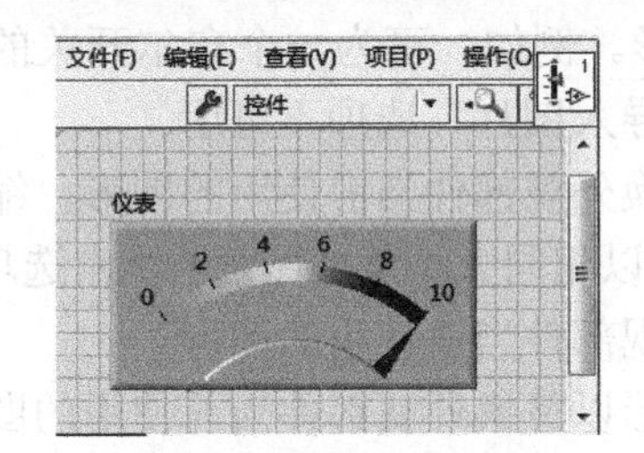

图 2-36　控件自定义窗口编辑模式

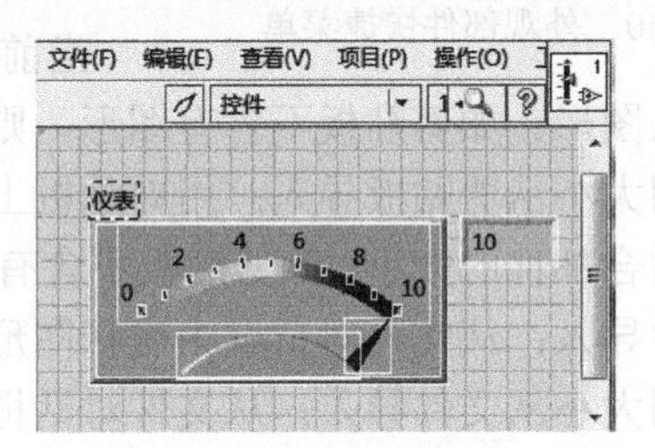

图 2-37　控件自定义窗口自定义模式

面板上的每个白色线框是原来控件的一个零件，可以分别进行编辑。右击数字显示件，替换为水平指针滑动杆，并调整到合适的大小，然后移动该滑动杆到底部，如图 2-38 所示。

单击镊子图标，使之转换为编辑模式，并保存该控件为仪表.Ctl。

创建一个新的 VI，打开控件选板，单击“选择控件”，在弹出的选框中选择“仪表.Ctl”，定义前后的仪表控件如图 2-39 所示。

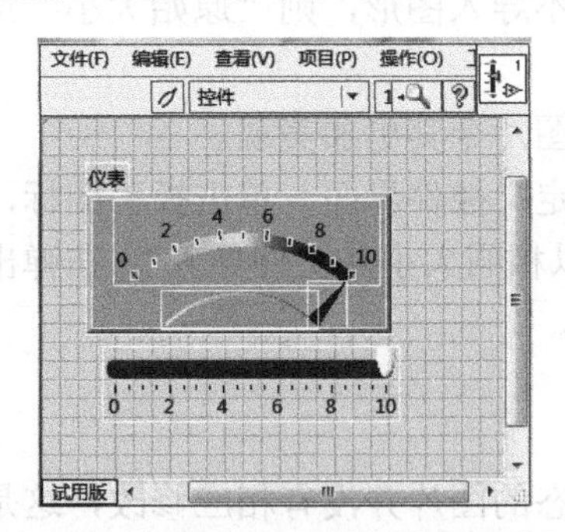

图 2-38　将数字显示件替换为滑动杆

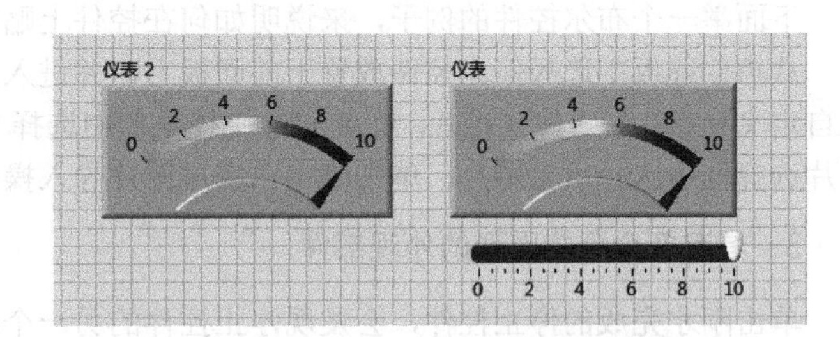

图 2-39　定义前后的仪表控件

2. 向自定义输入控件和显示控件添加外观部件

可使用控件编辑器窗口在编辑模式或自定义模式下向自定义控件添加图形、文本或修饰，如从剪贴板粘贴一个图形或一段文本，用标签工具创建一个标签，或从修饰选板选择一个修饰，则该操作对象便成为控件的一个新的修饰部件，并同控件一起出现在前面板上。在控件编辑器窗口中，可移动部件位置、调整部件大小、改变层叠次序或替换新的修饰部件。在前面板上使用自定义控件时，可对任何添加到控件上的修饰部件进行大小调整，但不能改变这些添加的修饰部件的位置。

自定义外观部件的模式快捷菜单项。外观部件可在不同场合显示单个或多个各自独立的图形。要自定义外观部件，应把控件编辑器窗口切换至自定义模式并右击需自定义的外观部件，外观部件快捷菜单中出现的选项取决于该外观部件的类型。

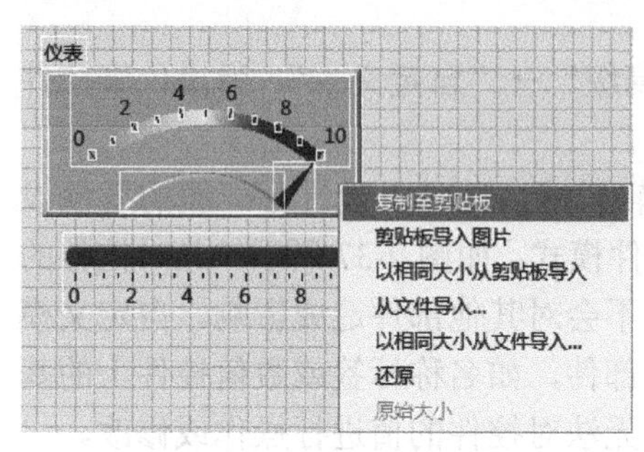

图 2-40 外观部件快捷菜单

具有单个图形的外观部件。在部件单元上右击，可以打开单个图形的外观部件快捷菜单，如图 2-40 所示。

具有单个图形的外观部件的快捷菜单包含以下几个选项。

复制至剪贴板：将部件的图形副本放置到剪贴板上。将一个图形复制到剪贴板后，右击一个部件，从快捷菜单中选择“剪贴板导入图片”，可将图形导入部件。

剪贴板导入图片：用剪贴板上的图形替换外观部件当前使用的图形。例如，可为一个布尔开关的打开或关闭状态导入图形。如剪贴板不含有图形，则“剪贴板导入图片”选项不可用。

以相同大小从剪贴板导入：用剪贴板上的图形替换外观部件当前使用的图形，缩放导入的图形使之适合部件的大小。如剪贴板不含有图形，则“以相同大小从剪贴板导入”选项不可用。

从文件导入：从文件对话框中选择图形以替换外观部件当前使用的图形。

以相同大小从文件导入：从文件对话框中选择图形以替换外观部件当前使用的图形，缩放导入的图形使之适合部件的大小。

还原：不改变部件的位置，将其还原到原来的外观。如在前面板上打开某个控件的控件编辑器窗口并对其部件进行改动，则从其快捷菜单中选择“还原”将还原该部件在前面板上的外观。如在控件编辑器窗口中打开自定义的控件，则“还原”选项不可用。

原始大小：将部件的图形恢复至其原始大小，便于从其他应用程序中导入图形并调整图形大小。有些从其他应用程序导入的图形经大小调整后显示的效果不如其原始图形好，此时需要将导入的图形恢复至其原始大小，以提高其显示的质量。如不导入图形，则“原始大小”选项不可用。

下面举一个布尔控件的例子，来说明如何在控件上贴上图片令其更加美观。

从控件选板中选择停止控件放置于前面板上，并进入自定义控件界面，单击扳手图标，进入自定义状态。右击停止图片，在弹出的快捷菜单中选择“以相同大小从文件导入”，在弹出的图片选择框中选择所需图片，单击确定，完成图片导入操作。

3. 具有多个相关图形的外观部件

单击刚才完成的停止控件，会发现停止控件的另一个状态的图片并没有相应修改，这是因为布尔控件的外观部件具有多个相关图形以表示不同的状态。布尔开关有 4 个不同的图形，第 1 个图形表示状态为 FALSE；第 2 个图形表示状态为 TRUE；第 3 个图形表示“释放时切换”的状态，即从 TRUE 到 FALSE 的过渡状态；第 4 个图形表示“释放时触发”的状态，即从 FALSE 到 TRUE 的过渡状态。当布尔控件处于“释放时切换”或“释放时触发”的状态时，布尔控件的值将在鼠标按钮被释放时改变。在单击鼠标按钮和释放鼠标按钮两个动作之间，布尔控件将显示作为过渡状态的第 3 或第 4 个图形。

对于具有多个相关图形的外观部件，其快捷菜单不仅包含了具有单个图形的外观部件的所有菜单选项，还包含了“图片项”的选项。从快捷菜单中选择“图片项”可显示一个外观部件名下所有的图形，如图 2-41 所示，当前图形外部围有深色边框，导入图形仅改变当前图形。如需为其他图形导入图形，应右击部件，从快捷菜单中选择“图片项”，从中选择需导入的新图形后将其导入。

选择下一个“图片项”，重复“以相同大小从文件导入”动作，可以编辑布尔控件的 4 个不同动作的图片，编辑完成后的效果如图 2-42 所示。

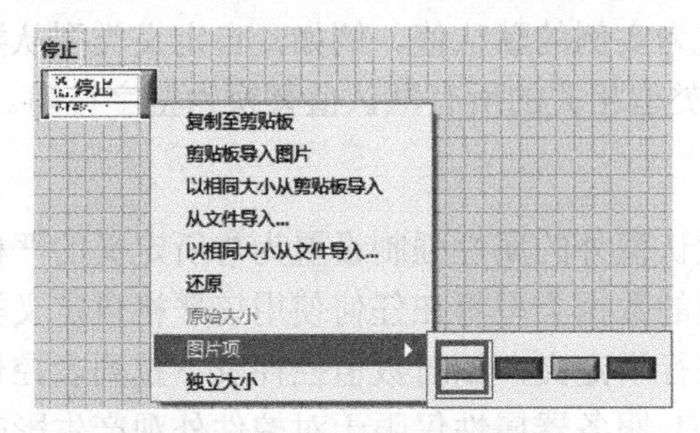

图 2-41　按“图片项”导入图片

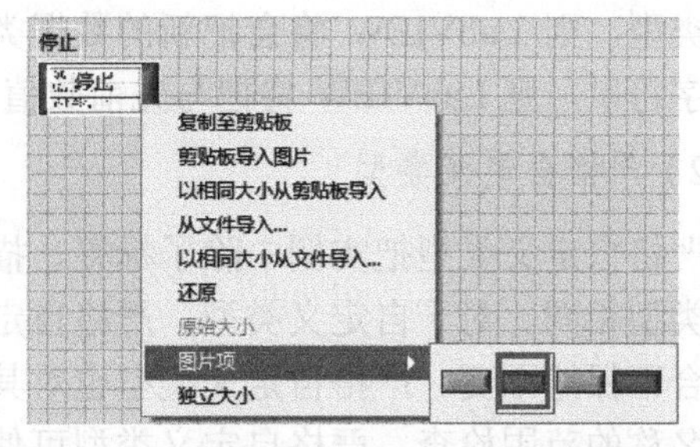

图 2-42　编辑 4 个不同动作图片后的控件

保存该控件，并用鼠标单击，可以观察 4 个不同动作对应的不同图片。

4．自定义类型和严格自定义类型

在 VI 中使用自定义输入控件或显示控件后，该 VI 中自定义控件的实例与所保存的控件间的连接将不复存在。自定义输入控件或显示控件的每个实例是一个独立的副本，因此改变自定义控件并不影响正在使用该自定义控件的 VI。如需使自定义输入控件或显示控件的实例与自定义输入控件或显示控件文件相连接，可将该自定义输入控件或显示控件另存为一个自定义类型或严格自定义类型。一个自定义类型或严格自定义类型的所有实例与其原始文件相连。

将自定义输入控件或显示控件另存为一个自定义类型或严格自定义类型后，对该自定义类型或严格自定义类型所做的任何数据类型改动，将对所有使用这些自定义类型或严格自定义类型的 VI 实例造成影响。与此同时，对严格自定义类型所做的外观改动也将影响前面板上该严格自定义类型的所有实例。

进入自定义类型和严格自定义类型控件的方式是在自定义控件页面单击输入控件下拉列表，从中选择“自定义类型”或“严格自定义类型”，如图 2-43 所示。

图 2-43　输入控件下拉列表

假如有一个控件在程序中会多次使用到，并且如果修改其中一个需要程序中应用到的该控件全部都修改时，应用自定义类型控件或严格自定义类型控件可以令程序编写更加方便。

1）自定义类型

自定义类型为自定义输入控件或显示控件的每个实例指定了正确的数据类型。如自定义类型的数据类型发生改变，则该自定义类型的所有实例将自动更新。换言之，在使用了该自定义类型的每个 VI 中，各实例的数据类型将改变。然而，由于自定义类型仅规定了数据类型，仅有数据类型那部分的值被更新，例如，数值控件中的数据范围便不是数据类型的一部分。因此，数值控件的自定义类型并不定义该自定义类型实例的数据范围。同时，由于下拉列表控件各选项的名称没有定义其数据类型，因此在自定义类型中对下拉列表控件中各选项的名称进行改动，将不会改变自定义类型实例中各项的名称。如在一个枚举型控件的自定义类型中改变其选项名称，由于选项名称也是枚举型控件数据类型的一部分，因此其实例将更新。自定义类型实例可拥有其唯一的标签、描述、默认值、大小和颜色等，或设定其风格为输入控件或显示控件，如滑动杆或旋钮。

如果改变一个自定义类型的数据类型，LabVIEW 将尽可能把该自定义类型实例的原有默认值转换为新的数据类型。如数据类型被改为一个不兼容的类型，数值控件被替换为字符控件，则 LabVIEW 将无法保留实例的默认值。如自定义类型的数据类型被改为其先前所无法兼容的数据类型，则 LabVIEW 将会把新的数据类型设置为实例的默认值。例如，自定义类型从数值改为字符串，则 LabVIEW 将把与先前数值型数据类型相关的所有默认值替换为空字符串。

2）严格自定义类型

严格自定义类型把实例中除了标签、描述和默认值外的属性强制设置为与所定义的严格自定义类型相同。对于自定义类型，严格自定义类型的数据类型将在任何使用该严格自定义类型的场合下保持不变。严格自定义类型也对其他值进行了定义，如对数值控件及下拉列表控件中控件名称的范围检查。严格自定义类型可使用的 VI 服务器属性仅限于对控件外观产生影响的属性，包括可见、禁用、键选中、闪烁、位置和边界等。

将实例与严格自定义类型移除连接，可阻止自定义类型实例进行自动更新。

5. XControl

1）XControl 简介

XControl 是 LabVIEW 8.0 及以上的版本才具有的新特性，它扩展了自定义控件的功能，允许用户以自定义控件的形式定义控件的功能。在此前的版本中，可以通过自定义控件（Type Defined/Strict Type Defined）修改控件的外观，但是无法修改控件的功能，大多数程序员采取的方式是在主程序中加入“各种事件”以满足特定的功能需求。例如，通常在选择测量对象后，需要选择某一个范围进行测量，而对电压和频率而言可选择的范围值是不同的，如图 2-44 所示。

当然，可以在主程序中设置“<类型>：Value Change”事件，当该事件被触发时，将不同的数组值赋给“范围”控件。但是，该功能实质上与整个程序的关联不大，只是涉及簇控件本身的元素改变。因此，可以将该功能直接封装在簇控件中，也就是说使得簇控件的本身就具备该功能。这就是 XControl 技术。XControl 的主要优点是可以把界面元素与相关的代码封装在一起，从而方便发布和重用这些界面组件。

XControl 实质上是一个控件（可以是显示控件，也可以是控制控件），只是这个控件的功能和外观都可以被自定义。在 LabVIEW 启动界面中，选择“新建…”→“更多”→“其他文件”→“XControl”，就可以生成一个 XControl 控件，如图 2-45 所示。可以看出，XControl 包含如下两个 VIs 和两个自定义控件。

- Data.ctl：定义 XControl 的数据类型。
- State.ctl：定义 XControl 的状态（可以封装内部的数据）。
- Facade.vi：定义 XControl 的外观和功能。
- Init.vi：定义 XControl 的初始状态。

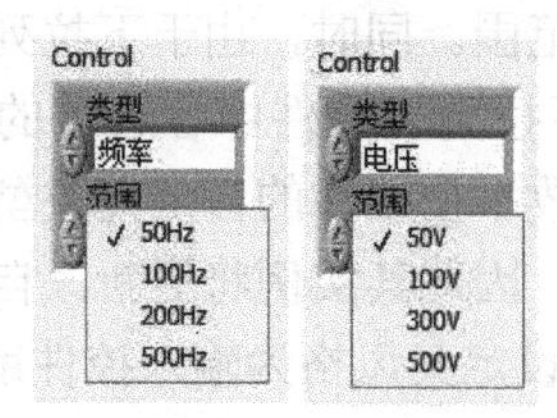

图 2-44 不同设置下不同的选择值

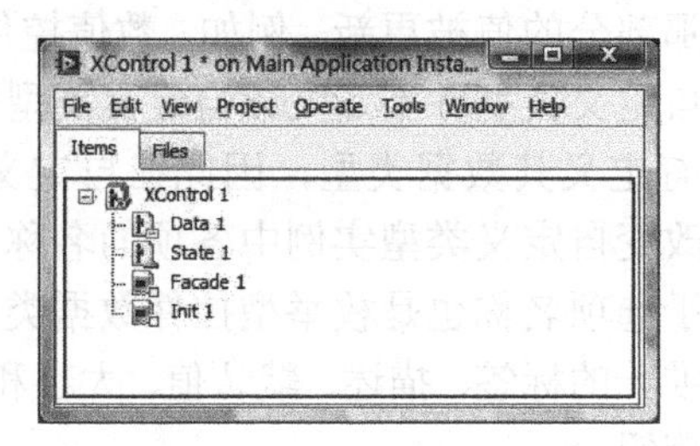

图 2-45 新建 XControl 控件

2）创建 XControl Method

XControl Method 允许用户通过编程配置，通过调用节点来调用 XControl Method。用户调用自定义的 XControl Method 后，LabVIEW 将调用 Facade VIV。如果由于调用了 XControl Method 而使显示状态发生改变，则 Facade VI 将更新显示状态，使 XControl 的 Facade 得到更新，此时，Facade VI 将生成显示状态更改事件。可以向 Facade VI 添加 LabVIEW 输入控件和显示控件以创建 XControl 的前面板。

合理布局界面

可以创建 XControl 的 Property，通过编程可以调用 Property 和 Method，这是 XControl 的一个优势所在，实现自定义控件的属性和方法节点。

习题

1．LabVIEW 软件前面板包括什么？
2．控件有几种类型？作用是什么？
3．LabVIEW 软件控件选板中都有什么控件？
4．LabVIEW 软件中数据表示形式的特点是什么？
5．查阅资料，了解簇的功能。
6．列表、表格和树控件的特点是什么？
7．图形控件的特点有哪些？
8．容器控件有哪些？作用是什么？
9．前面板中控件快捷菜单的内容都有哪些？不同控件是否有相同的快捷菜单？
10．工具选板的功能是什么？
11．如何使程序前面板的多个控件自动对齐？
12．如何定制 XControl 控件？

第3章 LabVIEW的编程环境

本章知识点：

- LabVIEW 项目管理器的功能
- LabVIEW 项目创建方法
- LabVIEW 编程环境的使用方法及编程过程

基本要求：

- 掌握 LabVIEW 软件中工程浏览器的作用及工程的创建过程
- 掌握 LabVIEW 编程的过程

能力培养目标：

通过本章的学习，掌握 LabVIEW 软件中工程的管理模式、工程浏览器的创建方法及其功能，掌握使用 LabVIEW 进行程序编制的过程及方法，培养对软件的熟练程度及编程能力。

3.1 创建 LabVIEW 项目

从 LabVIEW 8.0 版本开始添加了一个新的 LabVIEW 开发环境：LabVIEW Project Explorer，即项目浏览器，LabVIEW 图形化程序设计、开发和管理都可以借助于项目浏览器来进行。

采用项目浏览器具有如下优点：

（1）工程的树形结构表示程序中 VI 的调用层次关系，利用 VI 的快捷菜单可以查看到调用该 VI 的程序，以及该 VI 的子程序。

（2）在工程资源管理器的 File 页就可以直接调整文件存放的磁盘位置，而不必再另外打开操作系统提供的文件浏览器。

在 LabVIEW 中管理项目

（3）在工程资源管理器中集成源代码管理功能，不需要再使用源代码管理工具提供的界面了。（源代码管理工具是进行软件源代码版本控制的。大型软件开发通常需要这样的工具，用来记录每一次代码的修改、同时开发同一软件的不同版本、方便多人同时对同一段代码进行修改等。）

启动 LabVIEW 开发环境后，在菜单栏选择单击“文件”→“新建项目”。也可以在启动 LabVIEW 开发环境后，选择单击“新建”→“项目”。所创建的新的项目如图 3-1 所示。

项目浏览器以树状结构的形式分层显示出项目中的所有文件。一个项目浏览器窗口中包含一个项目，LabVIEW 将创建一个包含该项目中文件的引用、配置、构建和部署等信息的项目文件，项目浏览器窗口中项目根目录的标签包括该项目的文件名，如图 3-1 中的“未命名项目 1”。

一个项目中可以有若干终端和设备，默认的作为项目终端使用的是本地计算机“我的电脑”，可以在项目中添加其他各种可编程的设备，如 FPGA、DSP、PDA 等。在“我的电脑”上右击，在弹出的快捷菜单中选择“新建”→“新建…”命令建立这个项目的文件系统。

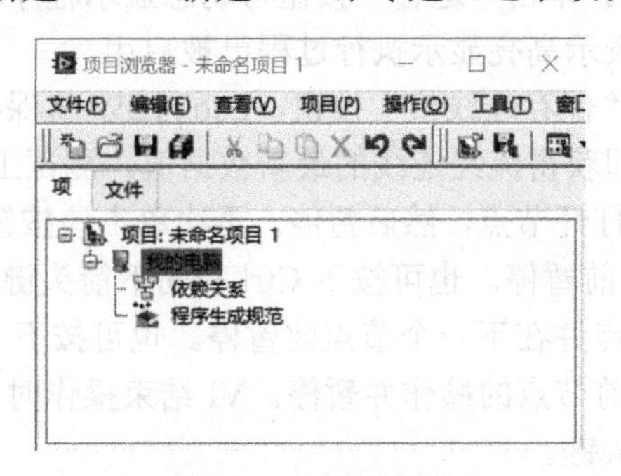

LabVIEW 模板和项目范例

图 3-1　项目浏览器

每个终端下都会自动生成“依赖关系”和“程序生成规范”项，“依赖关系”用于查看这个终端中的 VI 所用到的，但是不属于该项目的 VI；“程序生成规范”用来生成应用程序、安装程序、动态链接库（DLL）、源代码发布及 Zip 文件。

可以将 VI 从项目浏览器窗口中拖动到另一个已打开的 VI 的程序框图中作为子 VI 使用，也可以从一个打开的 VI 程序框图中将子 VI 拖动到项目浏览器窗口中，甚至可以将整个打开的 VI 拖动到项目浏览器窗口中。将打开的 VI 整体添加到项目浏览器中的方法是拖动 VI 的图标。

项目文件保存以后再打开“.lvproj”文件或项目中必须依赖项目的其他文件，就会打开项目浏览器窗口。

3.2　编程环境

LabVIEW 环境

3.2.1　程序执行工具条

首先介绍一下在程序执行及调试时常用的工具条。程序执行工具条如图 3-2 所示。

图 3-2　程序执行工具条

运行：运行 VI。如果需要 LabVIEW 可对 VI 进行编译。工具条上的“运行”按钮为白色实心箭头，表示 VI 可以运行，也表示 VI 创建连线板后可将其作为子 VI 使用。

：VI 运行时，如果是顶层 VI，“运行”按钮则如此显示，表明没有调用方，因此不是子 VI。

：如果运行的是子 VI，“运行”按钮则如此显示。

：创建或编辑 VI 时，如果 VI 存在错误，“运行”按钮将显示为如此断开形状。如果程序框图完成连线后“运行”按钮仍显示为断开，则 VI 是断开的，无法运行。

：连续运行。连续运行 VI 直至终止或暂停操作。

：中止运行。中止顶层的 VI 的操作。多个运行中的顶层 VI，使用当前 VI 时，按钮显示为灰色。也可使用中止 VI 方法，通过编程中止 VI 运行。

⏸：暂停或恢复执行。单击“暂停”按钮，程序框图中暂停执行的位置将高亮显示。再单击一次可继续运行 VI。运行暂停时，“暂停”按钮为红色。

💡：高亮显示执行过程。单击“运行”按钮可动态显示程序框图的执行过程。“高亮显示执行过程”按钮为黄色时，表示高亮显示执行过程已被启用。

保存数据值。单击“保存连线值”按钮，LabVIEW 将保存运行过程中的每个数据值，将探针放在连线上时，可立即获得流经连线的最新数据值。测试工具会影响 VI 的性能。

单步步入。功能是打开节点，然后暂停。再次单击该按钮，将进行第一个操作，然后在子 VI 或结构的下一个操作前暂停。也可按下 Ctrl 和向下箭头键。

单步步过。执行节点并在下一个节点前暂停。也可按下 Ctrl 和向右箭头键。

单步步出。结束当前节点的操作并暂停。VI 结束操作时，“单步步出”按钮将变为灰色，也可按下 Ctrl 和向上箭头键。

3.2.2 LabVIEW 编程过程

用 LabVIEW 编写程序与其他 Windows 环境下的可视化开发环境一样，程序的界面和代码是分离的。通过前面板设计程序界面以后，就可以在程序框图中编写程序，实现具体的功能。在前面板和程序框图之间进行切换的快捷键是“Ctrl+E”。

程序框图表示 LabVIEW 的程序代码，即可执行代码，程序框图主要由三个部分组成：端子、节点和连线。

图 3-3 所示为两个数相加的程序，程序框图看起来非常直观，而且很容易操作。

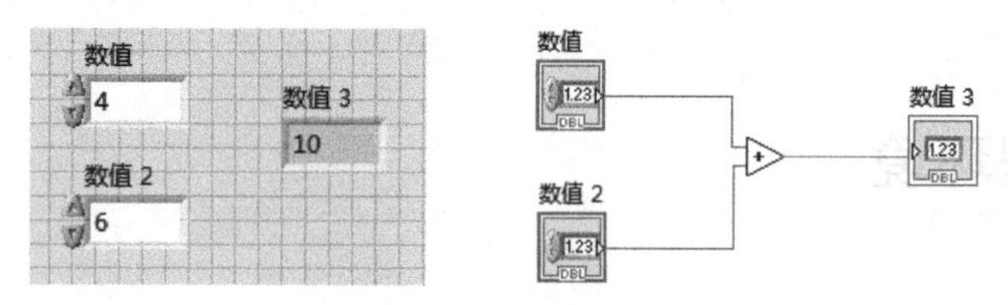

图 3-3　两个数相加的程序

编写图 3-3 所示的程序需要经过以下几个步骤：

（1）从前面板控件窗口的新式→数值子选项卡中选择“数值输入控件”放入前面板。打开程序框图，可以看到 LabVIEW 自动在框图中创建了对应的图标，名称为“数值”，然后用同样的方法创建“数值 2”，再从数值选项卡中选择“数值显示控件”放入前面板，在程序框图中会创建对应的图标“数值 3”。

（2）从程序框图的函数选项卡→函数→数值中选择加函数，放入程序框图中，利用连线工具将“数值”和“数值 2”与加函数的输入点相连，“数值 3”与加函数的输出点相连。

（3）保存该函数为 add.vi。

（4）在该 VI 前面板的输入控件“数值”和“数值 2”中分别输入两个数。

（5）单击菜单栏中的“运行”按钮，可以看到，输出控件“数值 3”的值为“数值”和“数值 2”的值相加的结果。

（6）在程序框图界面单击菜单栏中的“高亮执行”按钮，运行速度变慢，可以很清晰地看到数据流动的方向，两个输入的值沿着连线进入加函数的输入端子，经过计算，沿着输出连线到显示控件显示加值。

从程序框图中可以看到，输入控件和显示控件的外形不同，控件端子是粗边框，右侧带一个指向外部的箭头，而显示器是细边框，左侧有一个指向内部的箭头。控件的功能类似于输入数据源，而显示器的功能则类似于输出接收功能。

1．端子的显示方式

右击控件端子，在弹出的快捷菜单中选择“显示为图标”选项，可使控件端子以图标方式显示图标，显示方式的外框比较大，而且比较形象。如图 3-4 所示，上面的图标显示方式反映了端子对应的前面板控件类型，而下面关闭了图标显示方式则显得很整洁。在大程序中，一般会关闭图标显示方式，使得程序画面更为简洁利落。

图 3-4　图标和端子显示的控件

对于图 3-4 中的每个控件端子，可以单独设置，也可以在选项中一次性设置完成。打开菜单栏中的工具选项，单击程序框图条目，当选择以图标形式放置在前面板接线端时，所有放置的控件端子都将以图形的形式在显示框图中显示，如图 3-5 所示。

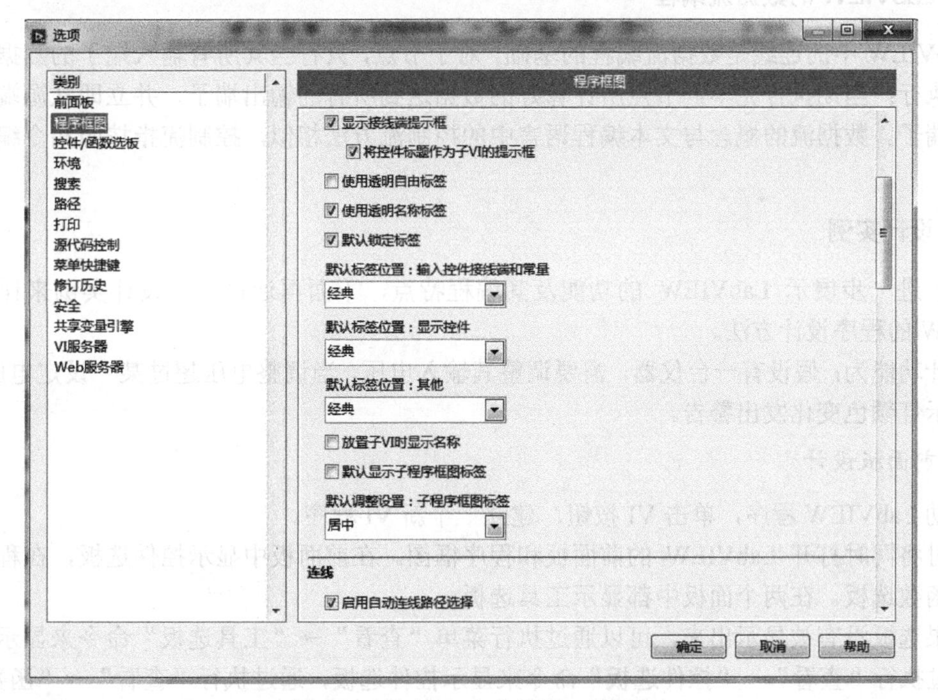

图 3-5　选项的“程序框图”设置框

2．节点

节点是程序执行元件形象化的名称，类似于标准编程语言中的语句、操作符函数和子程序。在前面的例子中，加函数就是一种节点，另外一种节点是可以重复执行或者有条件执行代码的节点，比如条件结构、循环结构，LabVIEW 也为编程者提供了方便的计算数学公式和表达式，如图 3-6 所示。这些节点的详细说明见后续章节。

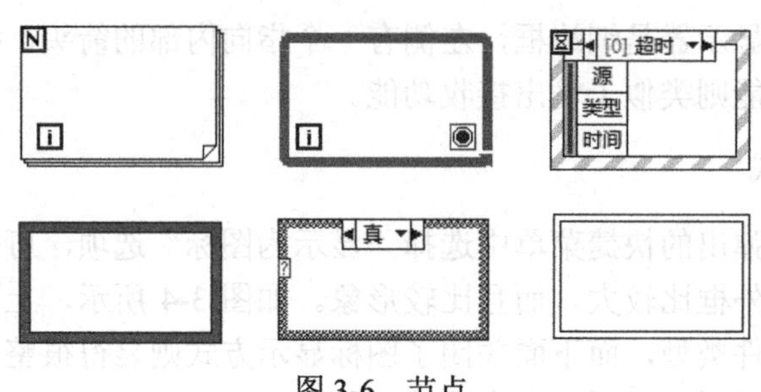

图 3-6 节点

3. 连线

LabVIEW 的特点是数据流编程，它并不是基于普通的文本编程，其代码并非按行计算执行。在上图的例子中，连接控件端子和节点由某一种特殊的连线连接，即连线是从源端子到目的端子的数据路径，将一个数据从一个源端子传递到一个或多个目的端子，这些连线类型是根据所连接的数据类型默认设置的。

连线可以有多个目的端子，但不能有多个源端子。

LabVIEW 中的连线根据所连接的数据类型而决定连线的样式和颜色。

4. LabVIEW 的数据流编程

LabVIEW 中的连线是数据流编程的基础，对于节点，只有当其所有输入端子的数据全部到达才能执行；当期执行完毕，节点所计算好的数据送到所有的输出端子，并立即从源端子传递到目的端子。数据流的概念与文本编程语言中的控制流方法相似，控制流指按照指令编写的顺序执行。

5. 设计实例

为了进一步展示 LabVIEW 的功能及其编程特点，下面再通过一个设计实例来详细介绍 LabVIEW 的程序设计方法。

设计功能为：假设有一台仪器，需要调整其输入电压，当调整电压超过某一设定电压值时，通过指示灯颜色变化发出警告。

1）前面板设计

启动 LabVIEW 程序，单击 VI 按钮，建立一个新 VI 程序。

这时将同时打开 LabVIEW 的前面板和程序框图。在前面板中显示控件选板，在程序框图中显示函数选板。在两个面板中都显示工具选板。

如果选板没有被显示出来，可以通过执行菜单“查看”→“工具选板”命令来显示工具选板，通过执行“查看”→“控件选板”命令来显示控件选板，通过执行“查看”→“函数选板”命令来显示函数选板；也可以在前面板的空白处右击，弹出控件选板。

输入控制和输出显示可以从控件选板的各个子选板中选取。

本例中，程序前面板中应有 1 个调压旋钮、1 个仪表、1 个指示灯及 1 个关闭按钮共 4 个控件。

（1）在前面板添加 1 个旋钮控件：控件→新式→数值→旋钮，标签改为“调压旋钮”。

（2）在前面板添加 1 个仪表控件：控件→新式→数值→仪表，标签改为“电压表”。

（3）在前面板添加 1 个指示灯控件：控件→新式→布尔→圆形指示灯，将标签改为“上限灯”。

（4）在前面板添加1个停止按钮控件：控件→新式→布尔→停止按钮，将标签改为“关闭”。

设计的程序前面板如图3-7所示。

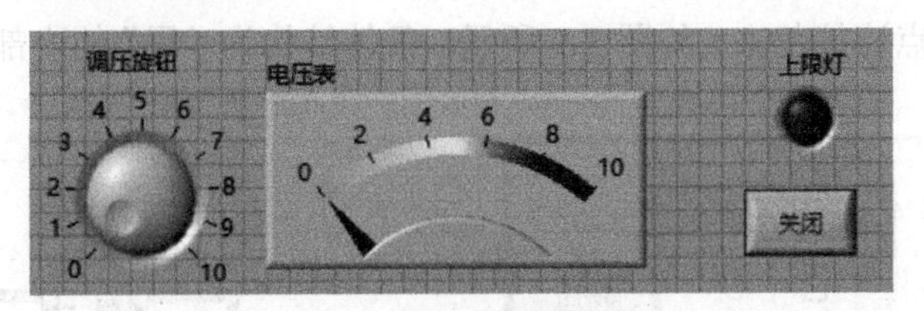

图3-7　程序前面板设计

2）程序设计

每一个程序前面板都对应着一段程序。在程序框图中进行编程，以控制和操纵定义在前面板上的输入和输出功能。

切换到程序框图设计面板，通过函数选板添加节点。

（1）添加1个循环结构：函数选板→编程→结构→While循环，按住鼠标左键拖出一个大小合适的框。

以下添加的节点放置在循环结构框架中。

（2）添加1个数值常数节点：函数选板→编程→数值→数值常量，默认值为0，将值改为8。

（3）添加1个比较节点：函数选板→编程→比较→大于等于?。

（4）添加1个条件结构：函数选板→编程→结构→条件结构，用鼠标左键拖出大小合适的框。

（5）在条件结构的“真”选项中添加1个数值常数节点：函数选板→编程→数值→数值常量，值为0。

（6）在条件结构的“真”选项中添加1个比较节点：函数选板→编程→比较→不等于0?。

（7）确保将调压旋钮图标、电压表图标、停止按钮图标放到While循环结构中，并将上限灯图标放入条件结构的True选项中。

添加的所有节点及其布置如图3-8所示。

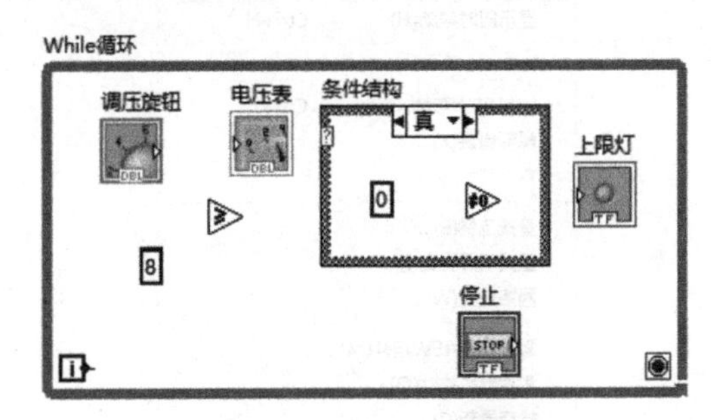

图3-8　节点及其布置

（8）通过条件结构上方的左右指向的箭头，将选项改为“假”，在“假”选项中，添加1个数值常数节点：函数选板→编程→数值→数值常量，修改值为1。

（9）在条件结构的“假”选项中添加1个比较节点：函数选板→编程→比较→不等于0?。

然后，使用工具选板中的连线工具，或者采用自动模式，将光标移动到节点的端口上，光标会自动变成连线工具。在需要连线的端口上面单击鼠标左键，将鼠标移动到与该端口相连的另一个端口上面，在此单击鼠标左键，即可建立一条连线。在绘制连线过程中，当需要连线弯曲时，单击一次鼠标左键，即可正交垂直方向弯曲连线，同时，按空格键可以改变转角的方向。

下面就将所有节点连接起来，如图 3-9 所示，条件结构为“假”的内部连线如图 3-10 所示。

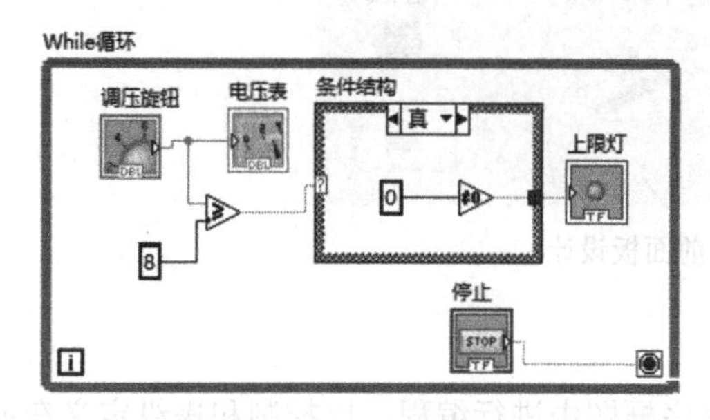

图 3-9　程序连线

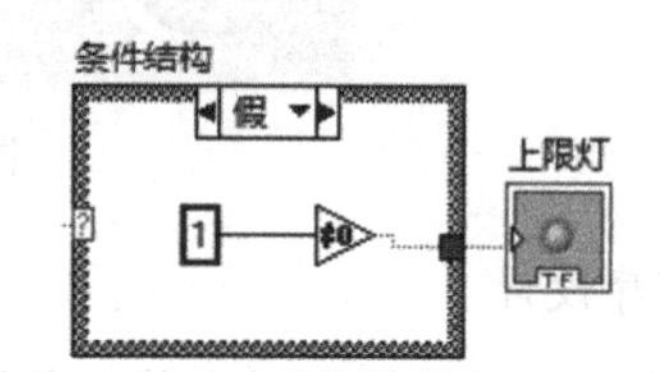

图 3-10　条件结构为“假”的内部连线

3）运行程序

进入前面板，单击快捷工具栏中的运行按钮，运行程序。

用鼠标“转动”调压旋钮，可以看到仪表指针随着转动；当调整值大于或等于 8 时，上限灯变换颜色。

4）程序保存

从“文件”下拉菜单中选择“保存”、“另存为”可以保存 VI，既可以把 VI 作为单独的程序文件保存，也可以把一些 VI 程序文件同时保存在一个 VI 库中，VI 库文件的扩展名为“.llb”，还可以通过项目进行多个文件的管理。

3.2.3　即时帮助

单击菜单栏中的“帮助”菜单，相关选项可以显示，也可以访问 LabVIEW 的在线参考信息，查看关于 LabVIEW 的信息窗口，图 3-11 所示为“帮助”菜单。

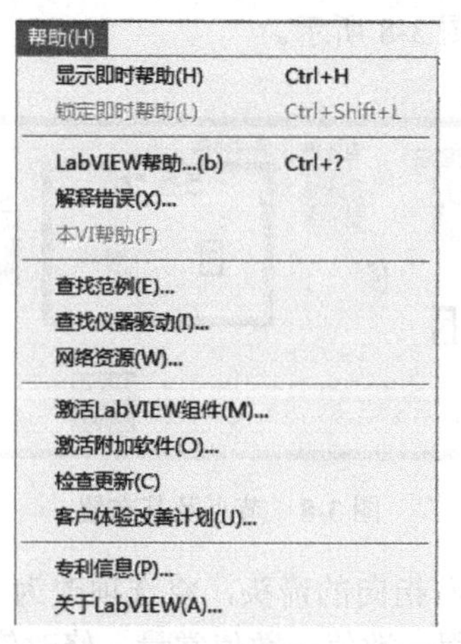

图 3-11　“帮助”菜单

LabVIEW 的帮助功能

在进行编程工作时，往往需要利用 LabVIEW 提供的强大的帮助功能。其中“即时帮助”功能是简单快捷的一种帮助提示工具。

勾选“显示即时帮助”，在屏幕上会出现即时帮助信息的小框，如图 3-12 所示。

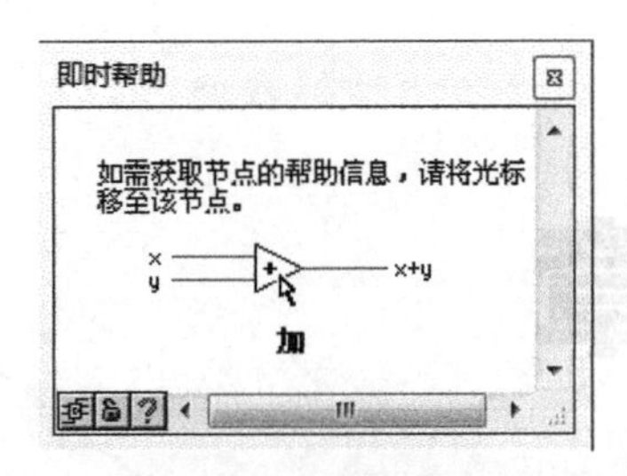

图 3-12 即时帮助

即时帮助信息根据鼠标所点的地方而显示相应的帮助信息，单击蓝色字体“详细帮助信息”将打开 LabVIEW 帮助文件，应直接定位到鼠标所指向的详细帮助信息。

本章通过实例介绍了 LabVIEW 中进行编程的过程及方法，其中涉及的数值控件、程序控制节点等内容是进行编程的关键内容，后面章节将详细进行讲解。

习题

1．LabVIEW 中项目的作用是什么？
2．如何创建项目？项目中各项的功能如何？
3．程序执行工具条的作用有哪些？如何使用？
4．LabVIEW 软件中进行具体功能设计的流程是怎样的？
5．即时帮助的作用是什么？通过软件操作体会其优势。

第4章 LabVIEW的数据表达

本章知识点：

- LabVIEW软件中常用的数据类型
- 数值型、布尔型、字符串型、枚举型数据的表示及处理方法
- 数组、簇及自定义类型的创建与使用方法
- 局部变量、全局变量

基本要求：

- 掌握LabVIEW中常用数据类型的表达方式及使用方法
- 掌握LabVIEW中数组的使用方法
- 掌握LabVIEW中簇的概念及其使用方法
- 掌握LabVIEW中局部变量、全局变量的概念及使用方法

能力培养目标：

通过本章的学习，掌握LabVIEW软件中常用数据类型及其使用方法，掌握数值型、布尔型、字符串型、枚举型等数据的使用方法，掌握labVIEW中数组、簇及自定义类型的操作方法，掌握局部变量、全局变量的含义及其使用方法，培养学生对LabVIEW基本概念的理解能力及图形化编程能力。

4.1 数值

数值控件是函数最基本的一个单位，在函数面板上有一系列数值计算的函数，LabVIEW关于该方面的计算已经列出来了。图4-1为关于数值函数的子选项卡，位于函数→编程→数值子选板。

LabVIEW数据类型

其中列出的函数功能均是进行数值运算的，可以方便地从其名称及图标中看出功能，这里不再赘述。

数值常量 123：数值常量用于将数值传递到程序框图。通过操作工具单击常量内部并输入值，可设置该常量。从函数选项卡拖动该图标到程序框图中。

LabVIEW中，若数值常量被设为浮点数，则表示法默认为双精度浮点数，其图标外框为橘红色；如设为整数，表示法默认为32位整数，图标外框为蓝色；如设为复数，表示法默认为双精度复数。右击数值常量，在弹出的快捷菜单中选择“表示法”，打开其子菜单，如图4-2所示。

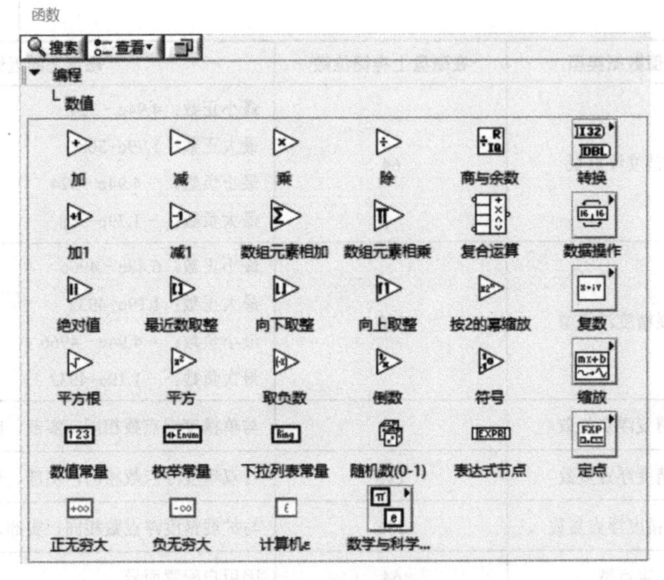

图 4-1　数值子选板

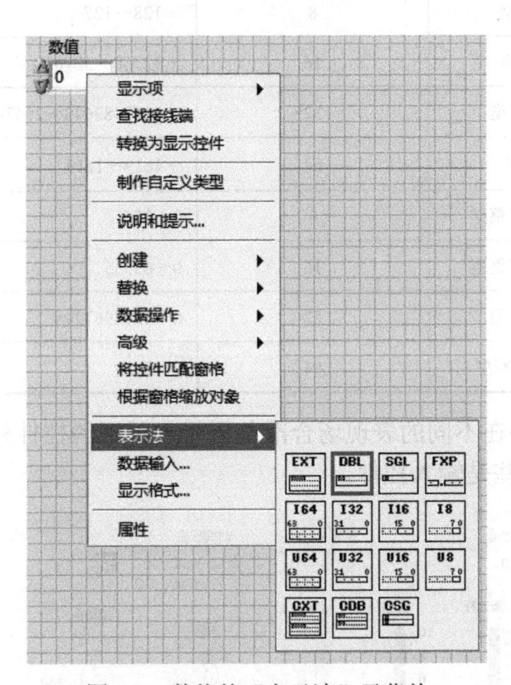

图 4-2　数值的“表示法”子菜单

表 4-1 列出了 LabVIEW 可用的数值类型。LabVIEW 以不同的方式存储数据类型。

表 4-1　LabVIEW 可用的数值类型

接　线　端	数值数据类型	在磁盘上存储位数	磁盘上的近似范围
SGL	单精度浮点型	32	最小正数：1.40e－45 最大正数：3.40e+38 最小负数：－1.40e－45 最大负数：－3.40e+38

续表

接 线 端	数值数据类型	在磁盘上存储位数	磁盘上的近似范围
DBL	双精度浮点型	64	最小正数：4.94e－324 最大正数：1.79e+308 最小负数：－4.94e－324 最大负数：－1.79e+308
EXT	扩展精度浮点型	128	最小正数：6.48e－4966 最大正数：1.19e+4932 最小负数：－4.94e－4966 最大负数：－1.19e+4932
CSG	单精度浮点复数	64	与单精度浮点数相同，实部、虚部均为浮点
CDB	双精度浮点复数	128	与双精度浮点数相同，实部、虚部均为浮点
CXT	扩展精度浮点复数	256	与扩展精度浮点数相同，实部、虚部均为浮点
FXP	定点型	64	因用户配置而异
I8	单字节整型	8	－128～127
I16	双字节整型	16	－32768～32767
I32	有符号长整型	32	－2147483648～2147483647
I64	64 位整型	64	－1e19～1e19
U8	无符号单字节整型	8	0～255
U16	无符号双字节整型	16	0～65535
U32	无符号长整型	32	0～4294967295
U64	无符号 64 位整型	64	0～2e19

LabVIEW 为数值控件在不同的表现场合准备了很多外形的控件外观。图 4-3 所示为数值控件，有些是显示控件，有些是输入控件。

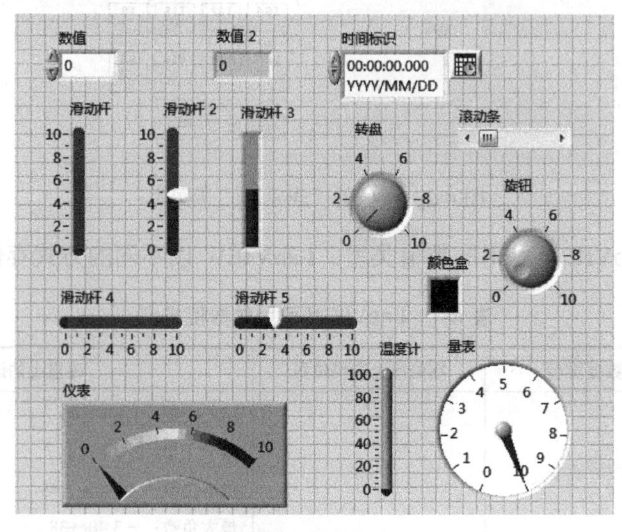

图 4-3 数值控件

图 4-4 所示为最普通、最常用的输入控件和显示控件，输入控件默认含有“增量/减量”图标。在右键快捷菜单中选择“显示项”，在其子菜单中可以根据程序需要选择显示的项目，其中“标签”和“标题”默认情况下是一样的字符串，但是在编程中，“标签”不能修改只能显示，“标题”可以自定义。单击“基数”符号，可以按照十进制、十六进制、八进制、二进制、SI 符号等来显示。

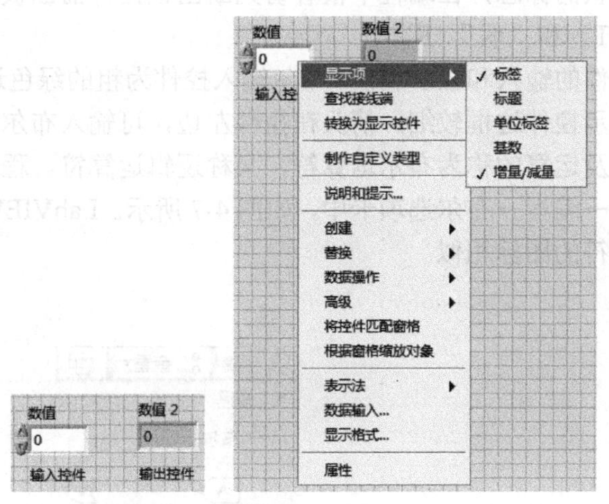

图 4-4　数值的输入控件和显示控件

4.2　布尔量

布尔型数据有两种状态：真或假。在 LabVIEW 程序中，常把它作为一个开关。LabVIEW 提供了许多的布尔型控件和指示器，比如开关、LED 显示灯。在前面板控件卡中，布尔控件和显示器位于“新式”→“布尔”中，或者在“经典”→“布尔”中提供了更多外观颜色更具特色的布尔控件，编程者可以根据所编程序的应用场合选择比较合适的布尔控件。图 4-5 所示为布尔控件子选板。

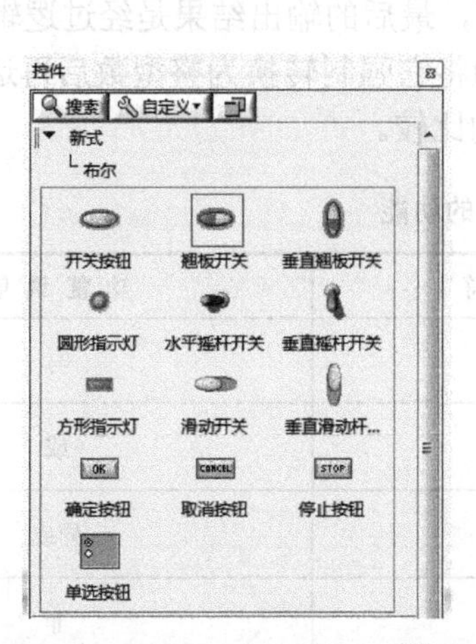

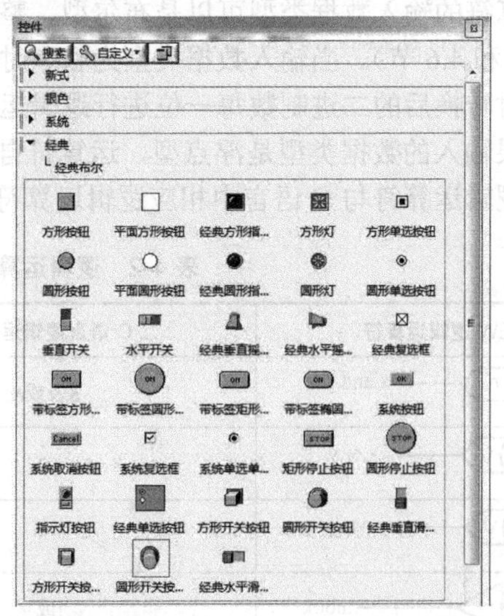

图 4-5　布尔控件子选板

想要改变一个布尔型变量的状态，可以用工具选板上的操作工具单击控件。图 4-5 中的每种布尔变量都有一个基于其最优可能的用途的默认类型，比如开关默认作为输入控件，而 LED 显示灯作为显示控件。

图 4-6 所示为程序框图中的布尔控件，外框为绿色。如果控件为图标显示，图标内部会有前面板中该布尔变量形状的标志，在编程中很容易判断出该控件前面板的样子。图中第二行为两个布尔常量：“真”（T）和“假”（F）。

应注意区分布尔控件的输入和显示属性。布尔输入控件为粗的绿色边框，箭头在控件右边，可输出布尔量；布尔显示控件边框较细，箭头在控件左边，可输入布尔量。

对布尔量进行处理及运算的称为布尔运算符，又称逻辑运算符。程序框图中进行布尔量处理的函数位于函数选板→编程→布尔选项卡中，如图 4-7 所示。LabVIEW 中逻辑运算符的图标与数字电路中逻辑运算符的图标相似。

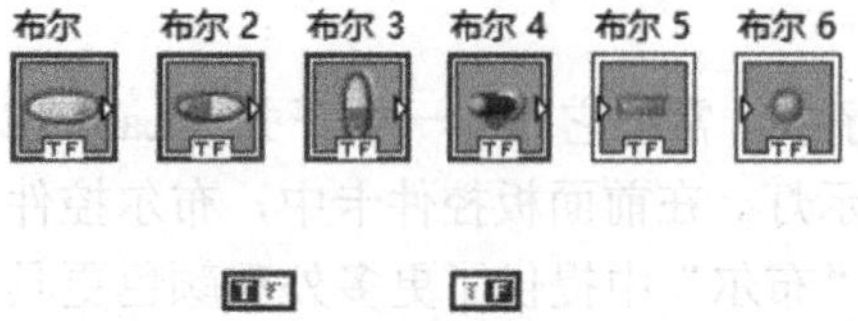

布尔 布尔 2 布尔 3 布尔 4 布尔 5 布尔 6

图 4-6 程序框图中的布尔控件

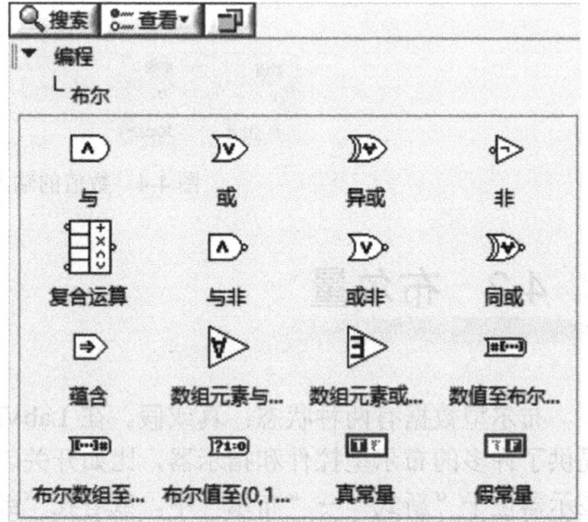

图 4-7 布尔量函数选板

逻辑运算符的输入数据类型可以是布尔型、整型、元素为布尔型或整型的数组和簇（详细概念见 4.5 节和 4.6 节）。当输入数据类型为整型时，运算符自动将整型数转换为相应的二进制数，然后再对转换后的二进制数每一位进行逻辑运算，最后的输出结果是经过逻辑运算后的十进制数。如果输入的数据类型是浮点型，运算符自动将它强制转换为整型数后再运算。表 4-2 是一些常用逻辑运算符与 C 语言中相应逻辑运算符的比较。

表 4-2 逻辑运算符的功能

LabVIEW 逻辑运算符	C 语言逻辑运算符	功 能 说 明
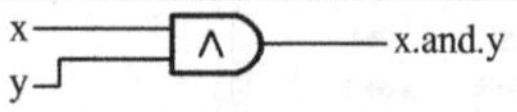 x, y → x.and.y	&&或&	与
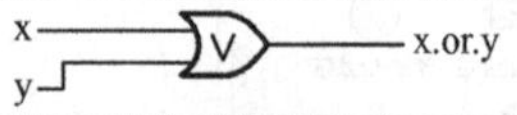 x, y → x.or.y	||或|	或
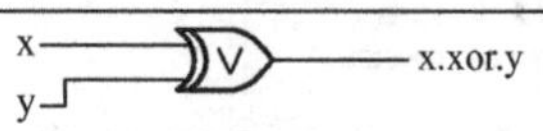 x, y → x.xor.y	^	异或
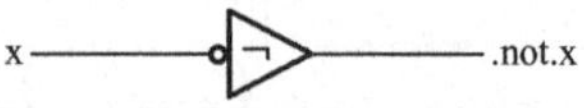 x → .not.x	!或~	非

4.3　字符串函数

字符串是 ACSII 码字符的集合，通常用于显示、传递信息。在仪器通信中传递的信息是数值型的字符串。LabVIEW 的框图函数选项卡中提供了大量的字符串函数，图 4-8 显示了函数选项卡中的字符串函数。

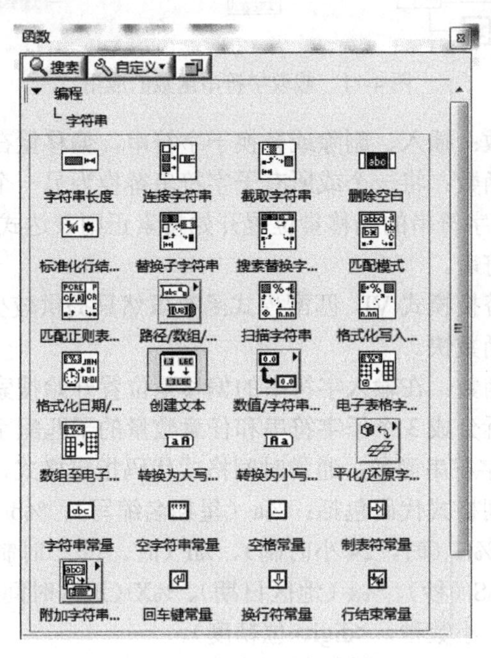

图 4-8　字符串函数选板

各函数名称及含义如下。

（1）字符串长度函数：在长度中返回字符串的字符长度（字节），如图 4-9 所示，汉字占两个字节。

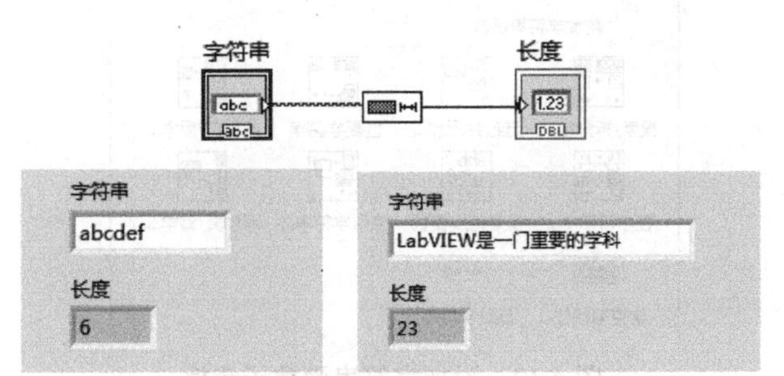

图 4-9　字符串长度函数的应用

（2）连接字符串函数：将输入字符串和一维字符串数组连接成输出字符串。对于数组输入，该函数连接数组中的每个元素，如图 4-10 所示。

（3）截取字符串函数：返回输入字符串的子字符串，从偏移量位置开始，包含“长度”个字符。函数用法如图 4-11 所示。

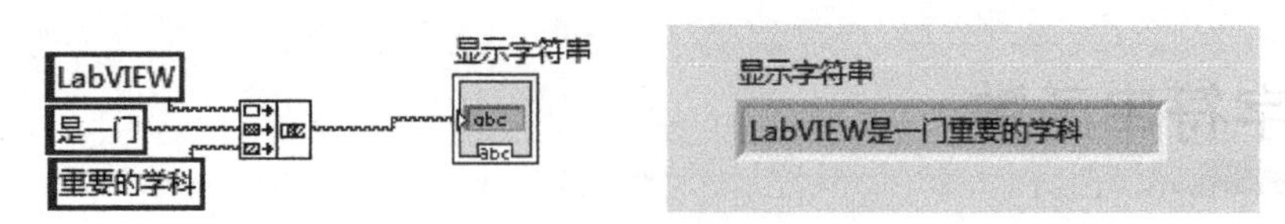

图 4-10 连接字符串函数的应用

图 4-11 截取字符串函数的应用

（4）替换子字符串函数：插入、删除或替换子字符串，偏移量在字符串中指定。

（5）搜索替换字符串函数：将一个或所有子字符串替换为另一个子字符串。

（6）匹配模式函数：在字符串的偏移量位置开始搜索正则表达式，如果找到匹配的表达式，将字符串分解为 3 个子字符串。

该函数类似于搜索及替换模式 VI。匹配模式函数虽然只提供较少的字符串匹配选项，但执行速度比匹配正则表达式函数快。

（7）匹配正则表达式函数：在输入字符串的偏移量位置开始搜索所需正则表达式，如找到匹配字符串，则将字符串拆分成 3 个子字符串和任意数量的子匹配字符串。

（8）格式化日期/时间字符串函数：通常时间格式代码指定格式，按照该格式将时间标识的值或数值显示为时间。时间格式代码包括：%a（星期名缩写）、%b（月份名缩写）、%c（地区日期/时间）、%d（日期）、%H（时，24 小时制）、%I（时，12 小时制）、%m（月份）、%M（分钟）、%p（am/pm 标识）、%S（秒）、%x（地区日期）、%X（地区时间）、%y（两位数年份）、%Y（4 位数年份）、%<digit>u（小数秒，<digit>位精度）。

（9）附加字符串子选项卡中有图 4-12 所示的几个字符串函数，其名称及含义如下。

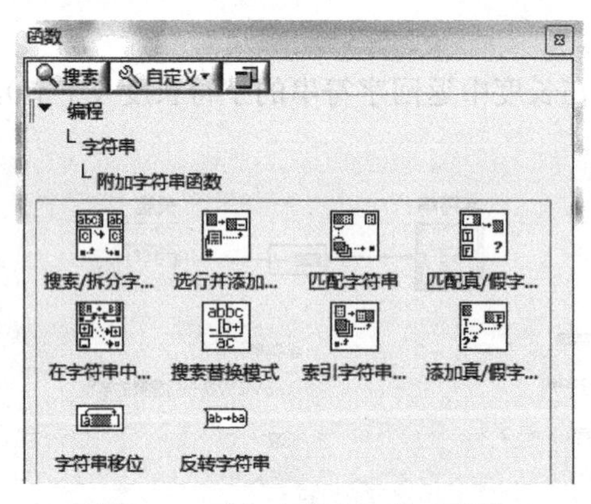

图 4-12 附加字符串函数子选板

- 搜索/拆分字符串函数：将一个字符串拆分为两个子串，函数图标及应用方式如图 4-13 所示。
- 选行并添加至字符串函数：从多行字符串中挑出一行，将该行加到字符串中。
- 匹配字符串函数：从字符串的开始与字符串数组相比较，直到出现匹配。
- 匹配真/假字符串函数：检查字符串的开始，确定其是否匹配真字符串或假字符串。该函数在选择中返回布尔字符串 TURE 或 FALSE，取决于字符串是否匹配真字符串或假字符串。

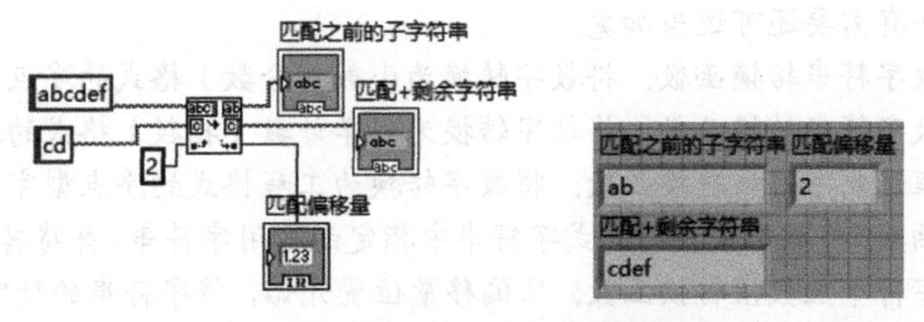

图 4-13　搜索/拆分字符串函数的应用

- 在字符串中搜索标记函数：从偏移量位置开始扫描输入字符串，寻找标记，并将各个字段在标记字符串中输出。标记是连接至函数的分隔符或运算符能识别的文本片段。通常情况下，标记代表解释配置文件或其他基于文本的数据格式时找到的独立的关键词、数值或运算符。例如，可将 This is a string 解析为单词，因为在默认情况下，空格就是分隔符。
- 搜索替换模式函数：在字符串中搜索与正则表达式相匹配的子字符串，并以替换字符串替换搜索到的字符串。正则表达式为特定的字符的组合，用于模式匹配。
- 索引字符串数组函数：从字符串数组中选择索引指定的字符串，并将字符串拼接在字符串之后。
- 添加真/假字符串函数：根据布尔选择器，选择 FALSE 或 TURE 字符串，然后将该字符串添加到字符串中。
- 字符串移位函数：将字符串的首个字符置于最后字符串的最后一个位置，然后将其他字符串一次前移一个位置。例如，字符串 abcd 变成 bcda。
- 反转字符串函数：产生字符顺序与字符串相反的字符串。

（10）数值/字符串转换子选项卡中包含了两者互相转换的一系列函数，如图 4-14 所示。

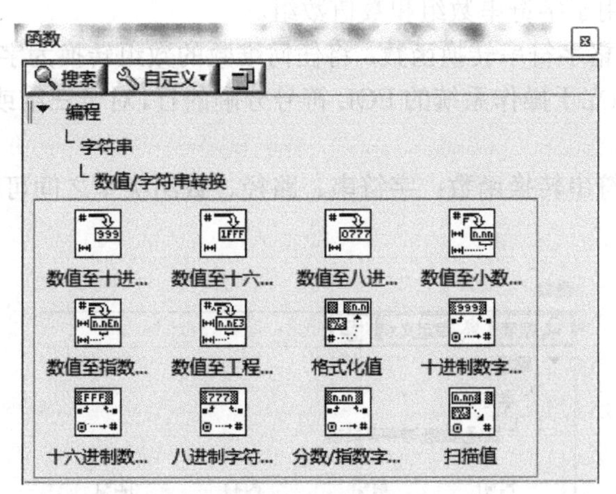

图 4-14　数值/字符串转换子选板

- 数值至十进制字符串转换函数：将数字转换为十进制数组成的字符串，至少为“宽度”个字符，如有需要还可适当加宽。如数字为浮点数或定点数，转换之前将被舍入为 64 位整数。
- 数值至十六进制字符串转换函数：将数字转换为十六进制组成的字符串，至少为“宽度”个字符，如有需要还可适当加宽。A ~ F 数位在输出字符串中总以大写显示。

- 数值至八进制字符串转换函数：将数字转换为八进制数组成的字符串，至少为“宽度”个字符，如有需要还可适当加宽。
- 数值至小数字符串转换函数：将数字转换为小数（分数）格式的浮点型字符串。
- 数值至指数字符串转换函数：将数字转换为科学计数（指数）格式的浮点型字符串。
- 数值至工程进制字符串转换函数：将数字转换为工程格式的浮点型字符串。
- 格式化值函数：将数字转换为格式字符串中指定的通用字符串，并将其添加到字符串中。
- 十进制数字符串至数值转换函数：从偏移量位置开始，将字符串的数字字符转换为十进制整数，在数字中返回。
- 十六进制数字符串至数值转换函数：从偏移量位置开始，将字符串的下列字符：0～9、A～F、a～f解析为十六进制整型数据，在数字中返回。
- 八进制字符串至数值转换函数：从偏移量位置开始，将字符串的字符 0～7 解析为八进制整型数据，在数字中返回。
- 分数/指数字符串至数值转换函数：从偏移量位置开始，将字符串的下列字符：0～9、加号、减号、e、E、小数点（通常是句号）等解析为工程、科学或分数格式的浮点数，在数字中返回。
- 扫描值函数：将字符串的开始字符转换为默认数据类型，依据格式字符串中的转换代码，在值中返回转换数据，匹配后剩余的字符串在输出字符串中。

输出字符串是匹配后的字符串中剩余的字符，在没有匹配时为字符串。

下面回到“字符串”选项卡继续介绍。

（11）扫描字符串函数：扫描输入字符串，然后根据格式字符串进行转换。

（12）格式化写入字符串函数：将字符串路径、枚举型事件标识、布尔或数值数据格式转换为文本。

（13）电子表格字符串至数组转换函数：将电子表格字符串转换为数组，维度和表示法与数组类型一致。该函数适用于字符串数组和数值数组。

（14）数组至电子表格字符串转换函数：将任何维数的数组转换为字符串形式的表格，包括制表位分隔的列元素、独立于操作系统的 EOL 符号分隔的行，对于三维或更多维数的数组而言，还包括表头分隔的页。

（15）路径/数组/字符串转换函数：字符串、路径、数组类型之间可以互相转换，转换函数子选板如图 4-15 所示。

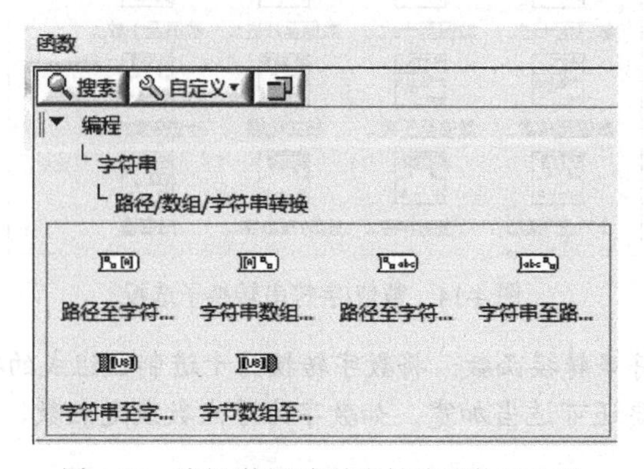

图 4-15　路径/数组/字符串转换函数子选板

- 路径至字符串数组转换函数：将路径转换为字符串数组，并显示是否为相对路径。

- 字符串数组至路径转换函数：将字符串数组转换为相对或绝对路径。
- 路径至字符串转换函数：将路径转换为字符串，以操作平台的标准格式描述路径。
- 字符串至路径转换函数：转换字符串为路径，并以当前平台的标准格式描写路径。
- 字符串至字节数组转换函数：将字符串转换为不带符号字节的数组。数组中的各个字节是字符串中相应字符的 ASCII 码值。输出数组的第 1 个字节为字符串中第 1 个字符的 ASCII 的值，第 2 个字节为字符串中第 2 个字符的 ASCII 的值，依次类推。
- 字节数组至字符串转换函数：将代表 ASCII 字符的不带符号的字节数组转换为字符串。

（16）删除空白函数：将所有空白（空格、制表符、回车符和换行符）从字符串的起始、末尾或两端删除。该 VI 不会删除双字节字符。

（17）转换为大写字母函数：将字符串中的所有字母字符转换为大写字母。将字符串中的所有数字作为 ASCII 字符编码处理。

（18）转换为小写字母函数：将字符串中的所有字母字符转换为小写字母。将字符串中的所有数字作为 ASCII 字符编码处理。

（19）空格常量：该常量用于为程序框图提供一个字符的空格。

（20）字符串常量：通过该常量为程序框图提供文本字符串常量。

（21）空字符串常量：由空字符串常量（长度为 0）组成。

（22）回车键常量：由含有 ASCIICR 值的常量字符串组成。

（23）换行符常量：由含有 ASCIILF 值的常量字符串组成。

（24）行结束常量：由包含基于平台的行结束值的常量字符串组成。

（25）制表符常量：由含有 ASCIIHT（水平制表位）值的常量字符串组成。

对于前面提到的格式化字符串格式，可参见 LabVIEW 软件的帮助文档。

4.4 枚举类型

整型数值的一个特殊应用情况就是 enum，或称为枚举类型。枚举类型是从 C 语言中借用来的一个概念。在枚举类型中，可将每个从零开始的连续的整数值按顺序分配给一组名称或字符串。例如，红、绿、黄就对应着 0、1、2；开始、停止、记录、打印就分别对应于 0、1、2、3。

显然，使用文字或字符串要比使用数字更直观、方便、概念性更强。LabVIEW 图形化语言提供了枚举类型的控件，用户可以从控件选板上找到它。

- 可以将枚举类型的控件看作下拉列表控件；
- 枚举型的数据类型是 U8（256）、U16（65536）、U32（更多），括号内是枚举类型可保留的元素数目；
- 将枚举类型控件连接到 Case 结构时，Case 结构中标签显示的是字符串而不是数字；
- 除了递增和递减外，枚举类型可按数字方式进行算法操作；
- 递增和递减操作在开始和结束位置交替进行；
- 可将数字转换成为最接近的枚举类型数据，超出范围的数字则被设置为最后一个枚举类型数据。

通过枚举常量可在程序框图上创建供用户选择的列表，其中包括字符串标签及对应的整数值。枚举常量在新式→下拉列表与枚举中，图标如图 4-16 所示，它经常通过编辑设置成自己需要的枚举量，与条件结构连接，然后根据不同的条件执行不同的分支。拖动枚举常量放置于程序框图中，右击，选择编辑项，弹出枚举常量属性设置的“编辑项”选项卡，如图 4-17 所示。

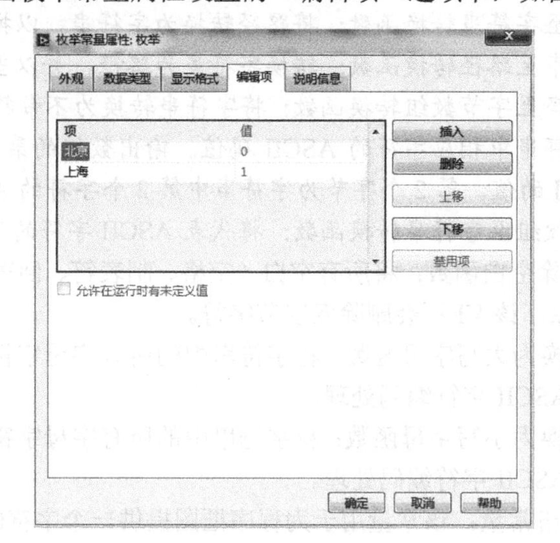

图 4-16　枚举常量　　　　图 4-17　枚举常量的“编辑项”选项卡

配置以后单击“确定”按钮，枚举常量值含有两项，即“北京”、“上海”。

4.5 数组

LabVIEW 中的数组概念和传统的编程语言中的数组相同，它可以是一维或多维的，数组元素可以是数值型、布尔型、字符型或波形等，每一维的长度可达 $2^{31}-1$。

对数组元素的访问是通过对数组索引进行的，假设某个数组长度为 N，则索引值的范围是 0～N-1。每个数组成员有一个唯一的索引值，第 1 个成员的索引值为 0，依次类推，最后一个成员的索引值为 N-1。二维数组分行索引和列索引两种情况。

4.5.1 创建数组

1. 创建一维数组

1）在前面板创建一维数组

从控件选项卡的经典→经典数组、矩阵与簇拖曳数组到前面板中，可形成图 4-18 左边所示的数组框架。再从控件选项卡中选择创建数组的元素对象，在这里选择经典→经典数值中的数值控件单击，并放入数组框架，元素显示窗口会自动调整大小以适应新的数据类型，如图 4-18 右边所示。

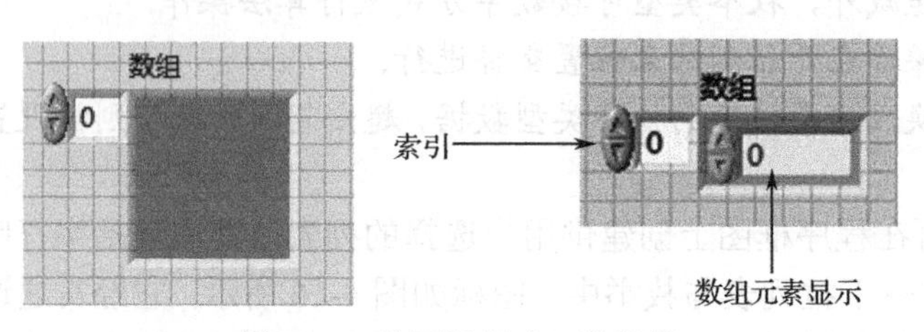

图 4-18　前面板创建一维数组

把鼠标置于数组右下端，拖动鼠标可以改变数组显示区的大小，如图 4-19 所示。

在前面板的数组上右击，在弹出的快捷菜单中选择数据操作→在前面插入元素/删除元素，就可以任意调整已经生成的一维数组，不需要重新进行数组操作，如图 4-20 所示。

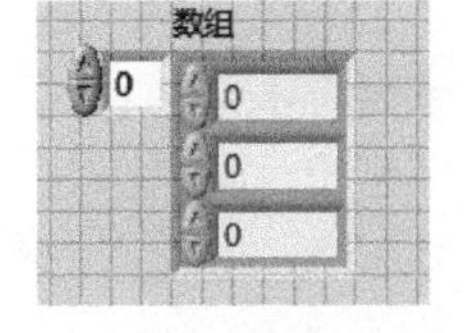

图 4-19　增加数组元素显示

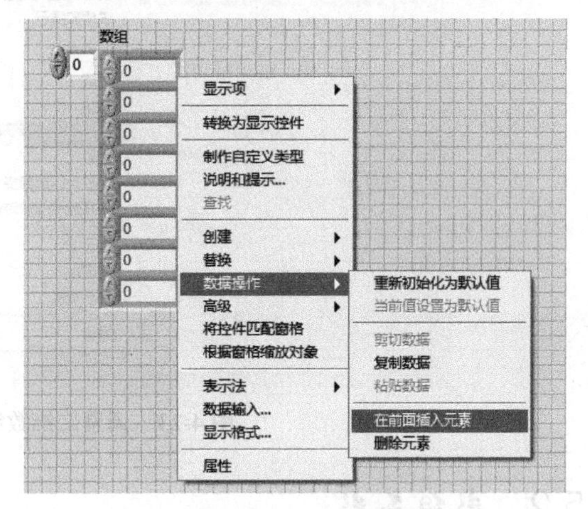

图 4-20　插入/删除数组元素

2）使用自动索引创建一维数组

使用 For 循环和 While 循环可以在边界上自动索引并累加数组，该功能称为自动索引。For 循环和 While 循环的使用方法详见第 5 章。

2. 创建二维数组

1）在前面板创建二维数组

在一维数组的基础上，光标移到数组控件上会出现如图 4-21 所示的蓝色方形，鼠标光标移动过去，它的形状会变为双向箭头。拖动箭头可以调整数组维数为二维或多维。在索引号的右键快捷菜单中选择添加维度，可以增加数组的维数。图 4-22 所示为二维数组，它的两个索引框上一个是行索引，下一个是列索引。

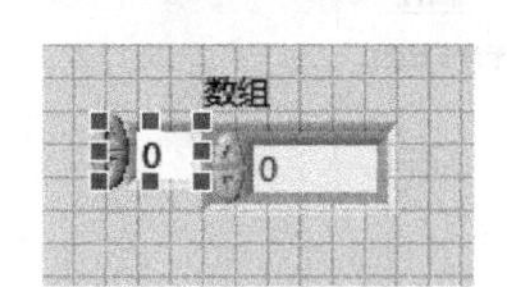

图 4-21　创建二维数组

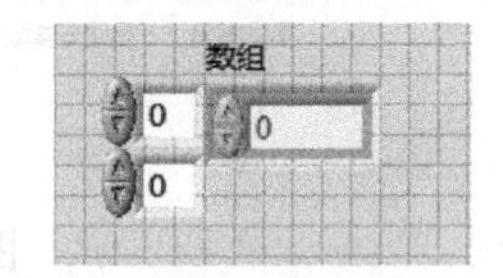

图 4-22　行索引和列索引

与一维数组类似，把鼠标置于数组右下端，拖动鼠标可以改变数组显示区的大小。

LabVIEW 中的数据结构

2）使用自动索引创建二维数组

同样，可以使用两个 For 循环来创建二维数组。内部的 For 循环创建行，外部的 For 循环创建列。

3）添加/删除行列

在二维数组上右击，在弹出的快捷菜单中选择数据操作→在前面插入行/列、删除行/列，就可以任意调整改变已经生成的二维数组，而不需要重新进行数组操作，如图 4-23 所示。

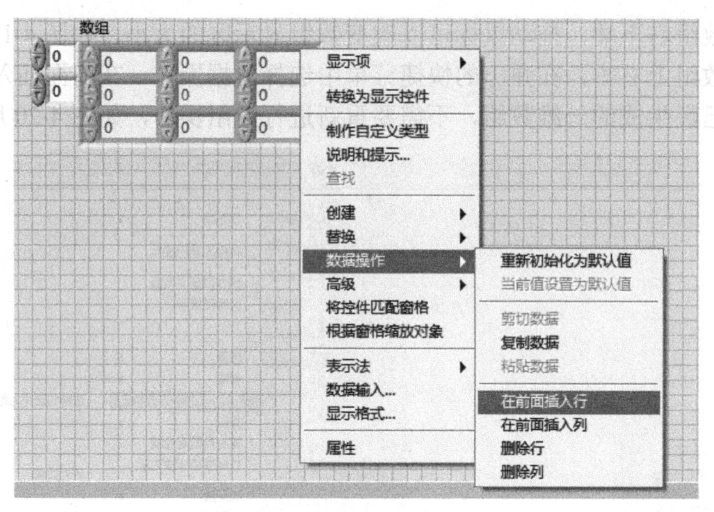

图 4-23 调整二维数组行列

4.5.2 数组函数

在函数选项卡的编程→数组子选项卡中有许多 LabVIEW 数组处理函数。本小节将一一介绍这些数组函数，并重点讨论一些常用的数组函数，数组子选板如图 4-24 所示。

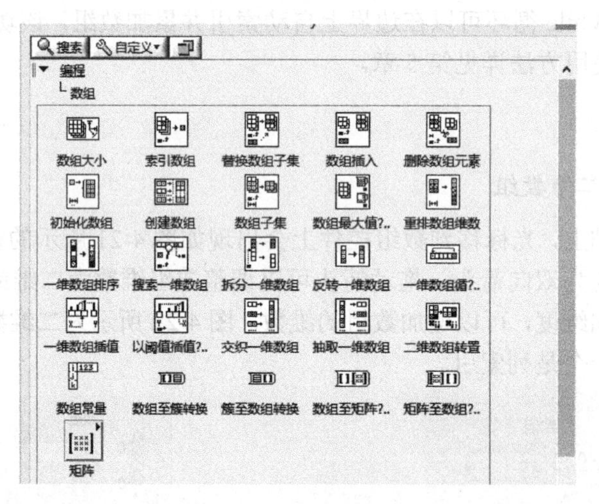

图 4-24 数组子选板

图中从左到右、从上到下的函数名称及其含义如下。

（1）数组大小函数：该函数返回输入数组中每个维度元素的个数。如果输入的是一个 n 维的数组，该函数返回的则是有 n 个元素的一维数组，数组中的元素为输入数组每一维的大小。

（2）索引数组函数：返回 n 维数组在索引位置的元素或子数组，如图 4-25 所示。

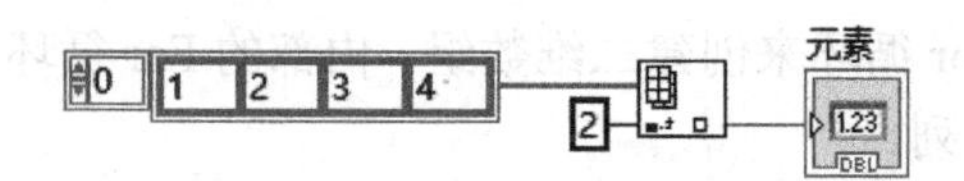

图 4-25 索引数组函数的应用

同样，索引数组函数的输入数组为二维数组，可以分别在行索引和列索引中输入某个所要提取的行或列的值，程序框图和运行结果如图 4-26 所示。

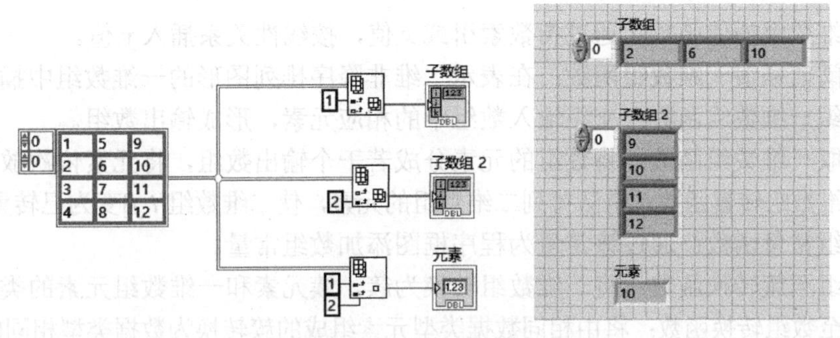

图 4-26　索引二维数组

（3）替换数组子集函数：从索引中指定的位置开始替换数组中的某个元素或子数组，如图 4-27 所示，替换数组从第 3 个元素开始，结果数组为[1,2,0,0]。

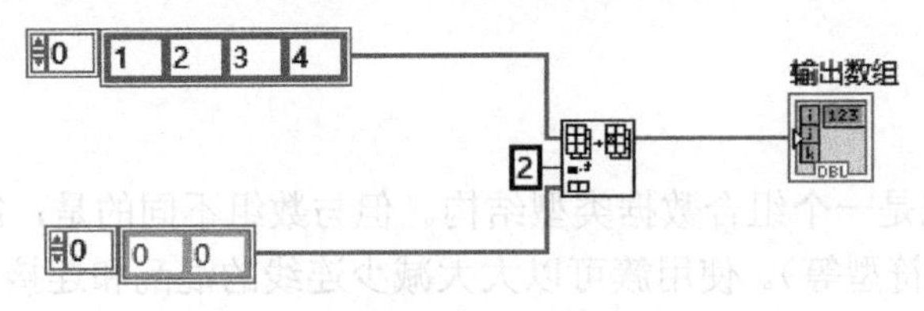

图 4-27　替换数组子集函数的应用

（4）数组插入函数：在 n 维数组中索引指定的位置插入元素或子数组，如图 4-28 所示。

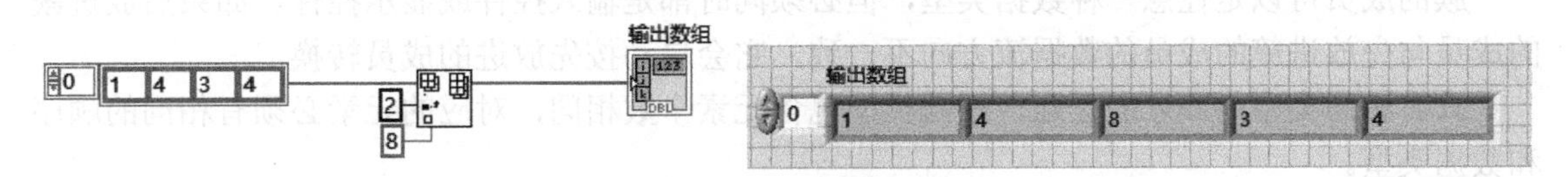

图 4-28　数组插入函数的应用

当索引没有接任何输入时，默认为 0。该函数可以同时输入多个索引，在不同的索引位置插入新的元素或数组。

（5）删除数组元素函数：从 n 维数组删除元素或子数组，在已删除元素的数组子集返回编辑后的数组，在已删除的部分返回已删除的元素或子数组。

（6）初始化数组函数：创建 n 维数组，其中的每个元素都被初始化为元素的值。

（7）创建数组函数：连接多个数组或向 n 维数组添加元素。

（8）数组子集函数：返回数组的一部分，从索引处开始，包含长度为 n 个元素。

（9）数组最大值与最小值函数：返回数据中的最大值和最小值及其索引。需要注意的是：最大索引是第 1 个最大值的索引。如数组是多维的，则最大索引为数组，元素为数组中第 1 个最大值的索引。最小索引同样如此，这里不再赘述。

（10）重排数组维数函数：根据维数大小 m-1 的值，改变数组的维数。

（11）一维数据排序函数：返回数组元素按照升序排列的数组。

（12）搜索一维数组函数：在一维数组中从开始索引处开始搜索元素。如果没有找到元素，函数返回的索引值为-1，若开始索引没有输入，函数则默认从 0 开始索引。

（13）拆分一维数组函数：在索引位置将数组分为两部分，返回两个数组。

（14）反转一维数组函数：反转数组中元素的顺序。

（15）一维数组移位函数：将数组中的元素移动多个位置，方向由 n 指定。

（16）一维数组插值函数：通过指数索引或 x 值，按线性关系插入 y 值。

（17）以阈值插值一维数组函数：在表示二维非降序排列图形的一维数组中插入点。

（18）交织一维数组函数：交织输入数组中的相应元素，形成输出数组。

（19）抽取一维数组函数：将数组的元素分成若干个输出数组，将元素依次放入输出中。

（20）二维数组转置函数：重新排列二维数组的元素，使二维数组 $[i,j]$ 变为已转置的数组 $[j,i]$。

（21）数组常量函数：通过该常量为程序框图添加数组常量。

（22）数组至簇转换函数：将一维数组转换为簇，簇元素和一维数组元素的类型相同。

（23）簇至数组转换函数：将由相同数据类型元素组成的簇转换为数据类型相同的一维数组。

（24）数组至矩阵转换函数：将数组转换为数据类型与数组元素相同的矩阵。

（25）矩阵至数组转换函数：将矩阵转换为数据类型与矩阵元素相同的数组。

4.6 簇

与数组类似，簇也是一个组合数据类型结构。但与数组不同的是，簇可以组合不同类型的数据（数值、布尔或字符型等）。使用簇可以大大减少连线的混乱和连接器端子数。在某些程序中，需要将相关的不同类型数据放在一起以便分析，此时用簇来表示就更可以提高程序的可视化程度。

簇的成员可以是任意一种数据类型，但必须同时都是输入控件或显示控件。如果后放进簇的成员与先放进簇的成员的数据流方向不一致，它会自动按先放进的成员转换。

只有相同类型的簇才能互连，相同类型包含元素个数相同，对应的元素必须有相同的顺序和数据类型。

4.6.1 创建簇

1．在前面板创建簇控件

从控件选项卡的“经典”→“经典数组”→“矩阵与簇”中拖动“簇”到前面板上，再分别选择数值控件、布尔控件、字符控件放置到簇中。在簇控件边界右击，在弹出的快捷菜单中选择“自动调整大小”→“水平排列/垂直排列”，可以把簇中的控件按照一定的顺序整齐排列。图 4-29 所示分别为水平排列和垂直排列的效果图。

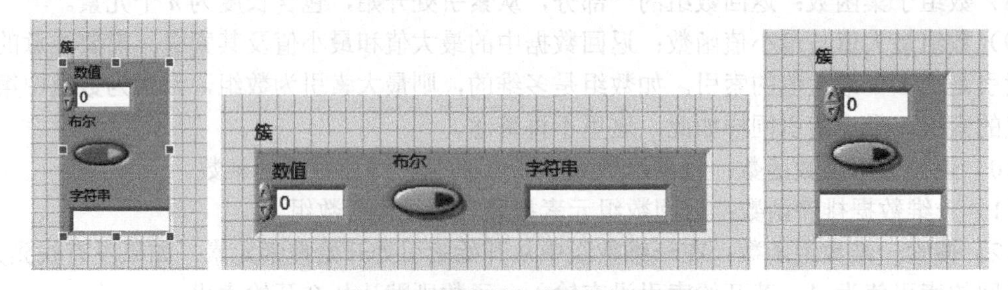

图 4-29 簇控制在前面板的显示

2．在程序框图中创建簇常量

与在前面板创建簇控件类似，从函数选项卡中选择簇拖动到框图中，然后根据程序的需要拖动簇元素控件到簇常量框内，在簇边框右击，从弹出的快捷菜单中选择“自动调整大小”→“调整为匹配大小”，这样簇的外观和簇内的控件大小则都做调整。若以后簇内的控件大小变化，簇的外框会随之做相应的调整，如图 4-30 所示。

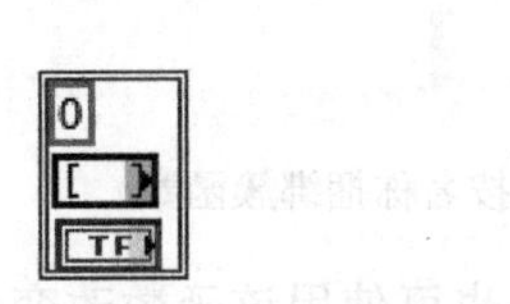
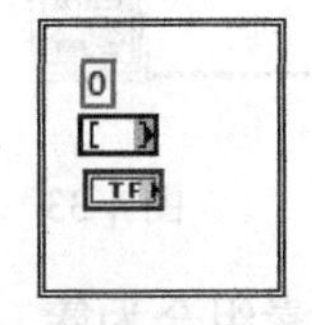

图 4-30　簇控件在程序框图的显示

4.6.2　簇函数

在程序中，使用簇函数对控件进行操作，会令程序方便很多，也可大大简化 VI 之间的连线。本小节重点介绍簇函数，图 4-31 显示了所有的簇函数。

（1）按名称解除捆绑函数：返回指定名称的簇，不必在簇中记录元素的顺序。该函数不要求元素的个数和簇中元素的个数匹配。将簇连接到该函数后，可以从函数中选择单独的元素。显然，如果簇中的元素没有名称，那么该函数将无法访问到该元素，如图 4-32 所示。

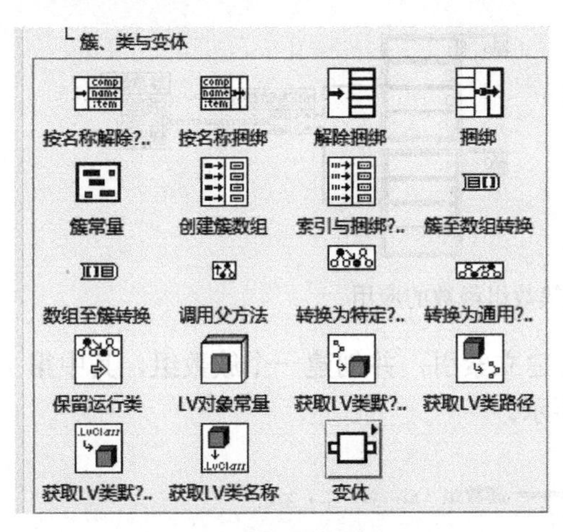

图 4-31　簇函数子选板

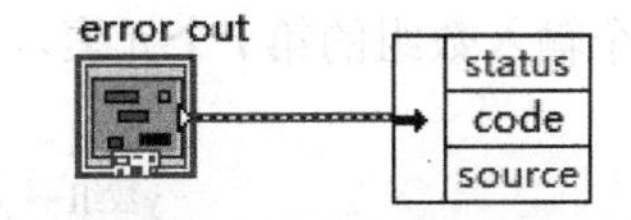

图 4-32　按名称解除捆绑函数的应用

图中 error out 簇中有 3 个元素，把该函数拖到程序框图中，并与 error out 连接，它并不会自动产生 status、code、source 等 3 个解除捆绑元素，它只能显示第 1 个元素，在这里为 status。把光标置于该函数的下边框，然后往下拖动，直到所有的元素都显示出来。若没有全部显示，则可在框图中单击该函数，在弹出的菜单中任意选择自己需要解除捆绑的簇中的元素。

（2）按名称捆绑函数：替换一个或多个簇元素。该函数根据名称而不是根据簇中元素的位置引用簇元素。将函数连接到输入簇后，可右击名称接线端，从弹出的快捷菜单中选择元素。也可以使用操作工具单击名称接线端，或从簇元素列表中选择。所有的输入都是必需的，图 4-33 中是对 status 和 code 元素进行替换。

（3）解除捆绑函数：将簇分割为独立的元素。连接簇到该函数时，函数将自动调整大小以显示簇中的各个元素输出。在连接簇控件到该函数以后，数据类型标签会显示在该函数上。如果在簇控件中有两个相同数据类型的元素，则可采用按名称解除捆绑函数来取得程序需要的元素。

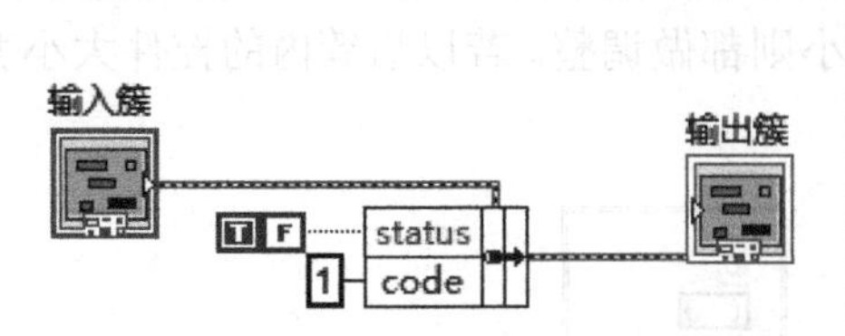

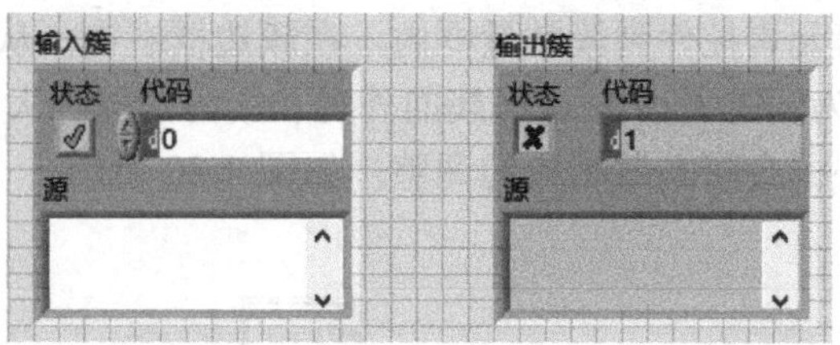

图 4-33　按名称捆绑簇函数

（4）捆绑函数：将独立元素组合为簇。也可使用该函数改变现有簇中独立元素的值，而无须为所有的元素指定新值。将簇连接到该函数中间的簇接线端，连接簇到该函数时，函数将自动调整大小以显示簇中的各个元素输入。连线板可显示该多态函数的默认数据类型。

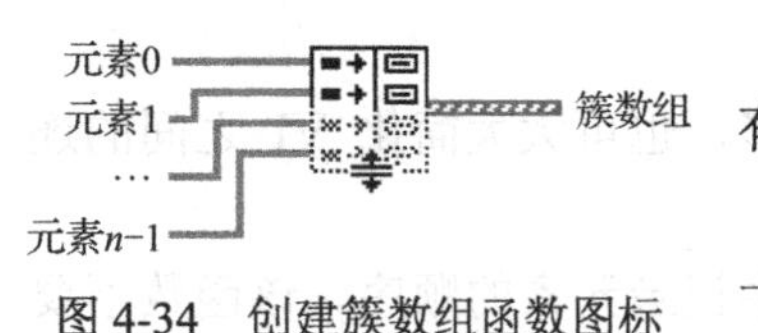

图 4-34　创建簇数组函数图标

（5）创建簇数组函数：将每个元素输入捆绑为簇，然后将所有的元素簇组成以簇为元素的数组，如图 4-34 所示。

元素 0～n-1 输入端的类型必须与最顶端的元素接线端的值一致。数组中不能再创建数组的数组。但是，使用该函数可以创建以簇为元素的数组，簇中可以含有数组。图 4-35 所示为建立簇数组的两种方式，使用“创建簇数组”函数可以提高执行的效率。

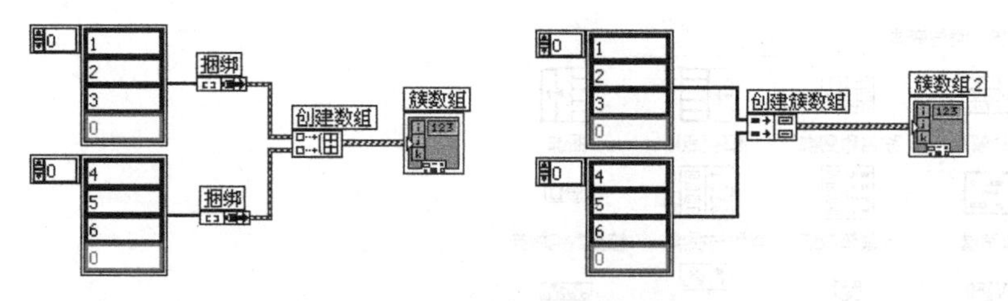

图 4-35　创建簇数组函数的应用

（6）索引与捆绑簇数组函数：对多个数组建立索引，并创建一个簇数组，其中第 i 个元素包含每个输入数组的第 i 个元素，如图 4-36 所示。

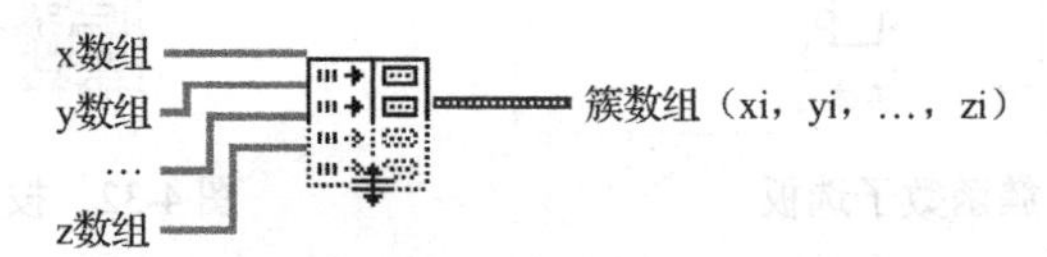

图 4-36　索引与捆绑簇数组函数的应用

（7）簇至数组转换函数：将相同数据类型元素组成的簇转换为数据类型相同的一维数组。

（8）数组至簇转换函数：将一维数组转换为簇，簇元素和一维数组元素的类型相同。右击该函数，从弹出的快捷菜单中选择“簇大小”，可以设置簇中元素的数量，默认值为 9。该函数最大的簇可包含 256 个元素。如要在前面板簇显示控件中显示相同类型的元素，但又要在程序框图上按照元素的索引值对元素进行操作，则可使用该函数。

4.7　自定义类型

LabVIEW 是一个图形编辑的环境，提供了很多控件方便设计程序的界面，比如下面的模仿传统仪器的按钮、拨动开关、滚动条、波形显示等，如图 4-37 所示。

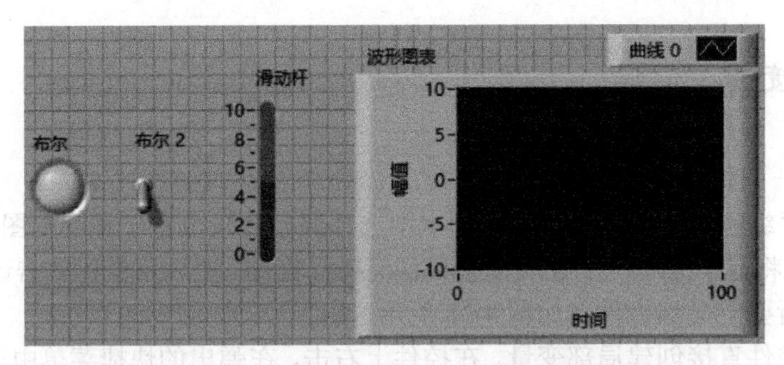

图 4-37 几种 LabVIEW 图形编辑的控件

实现最有效的数据表达

一般情况下直接在前面板中使用这些控件。在有些时候，会需要根据具体的需要来制定控件。LabVIEW 中提供了自定义类型的方式，可以基于控件原有的属性，通过改变控件的外形定制符合用户需要的控件。

自定义类型或严格自定义类型是与自定义控件的已保存文件链接的自定义控件。将自定义控件保存为自定义类型后，对自定义类型的任何数据类型进行改动将影响到所有使用该自定义类型的 VI。将自定义控件保存为严格自定义类型后，对严格自定义类型的任何数据类型和外观进行改动都会影响到使用该严格自定义类型的 VI 的前面板。但是，如改变一个严格自定义类型，放置在程序框图上的严格自定义类型的常量显示为非严格类型，只有数据类型改变，常量才会相应改变。

按照下列步骤，创建自定义类型或严格自定义类型。右击控件或常量，从弹出的快捷菜单中选择“高级”→“自定义...”，打开控件编辑器窗口。要创建一个严格自定义类型，从工具栏的控件类型下拉菜单中选择“严格自定义类型”。

然后就可以根据实际需要改变控件。例如，改变控件的大小、颜色、控件中各元素的相对位置及控件导入图像等。选择“文件”→“应用改动”，将改动应用于控件。只有在对控件做出改动后，应用改动菜单项才可用。如已对控件做出改动，并且在没有选择应用改动时关闭控件编辑器窗口，LabVIEW 将显示消息提示用户是否保存改动。选择“文件”→“保存”，将自定义控件保存为自定义类型或严格自定义类型。自定义类型或严格自定义类型可保存在目录或 LLB 中。

4.8 局部变量和全局变量

局部变量和全局变量是在 LabVIEW 中功能非常强大的一种特殊的函数与数据结构。如果曾经用 C 语言进行过编程，则对这两个特殊的数据结构就不会陌生。本节介绍局部变量、全局变量和共享变量这 3 种特殊数据结构的概念、应用场合，以及它们各自的优缺点。

利用局部变量可以对前面板上的控件进行读/写操作，而这些控件可能是无法直接连线到达的。创建局部变量时，该对象的局部变量的图标将只会出现在程序框图上，写入局部变量相当于将数据传递给其他连线端。但是局部变量还可以向输入控件写入数据和从显示控件读取数据。

而利用全局变量，则可在多个 VI 之间访问和传递数据。创建全局变量时，LabVIEW 将自动创建有前面板但无程序框图的特殊全局 VI。在很多情况下，全局变量和局部变量的功能相似，但全局变量具有前面板，它是一个特殊的 VI，而且可以在几个 VI 之间传递值。

4.8.1 局部变量

1. 创建局部变量

从函数选项卡的“编程”→“结构”子选项卡中选择局部变量放置于程序框图中，当第 1 次选择局部变量时，它将显示为“？”，表明没有和任何控件连接。然后用鼠标单击该局部变量，在弹出的菜单中选择所要定义的控件，如图 4-38 所示。

也可以通过某个控件直接创建局部变量。在控件上右击，在弹出的快捷菜单中选择“创建”→“局部变量”，将在程序框图中直接产生一个该控件的局部变量，如图 4-39 所示。

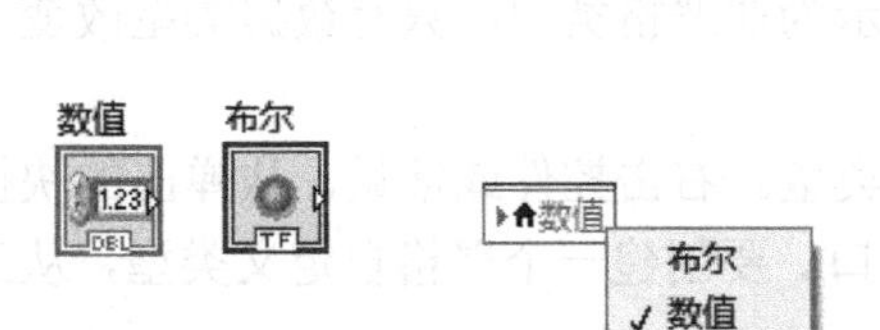

图 4-38 在程序框图上创建局部变量

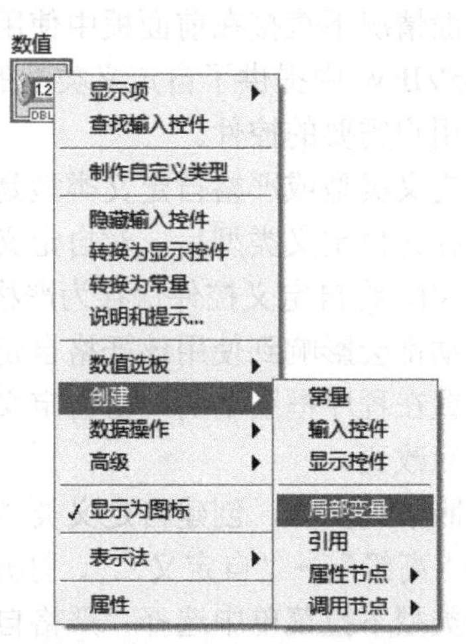

图 4-39 利用快捷菜单创建局部变量

2. 局部变量的应用

当在一个程序中需要用一个变量来控制并行的两个或多个循环时，或者当一个控件既作为显示控件，又作为输入控件时，都需要用到局部变量。

局部变量可以控制并行循环，程序框图如图 4-40 所示，程序包含了两个循环结构，其中用到的 While 循环请见第 5 章介绍。在程序框图中只有一个“开关”按钮，需要它同时控制两个循环，经过实验运行测试，该程序完全可以运行。假设不采用局部变量，把一个布尔按钮的值同时传送给两个并行循环会如何呢？下面做一个实验，程序框图如图 4-41 所示。

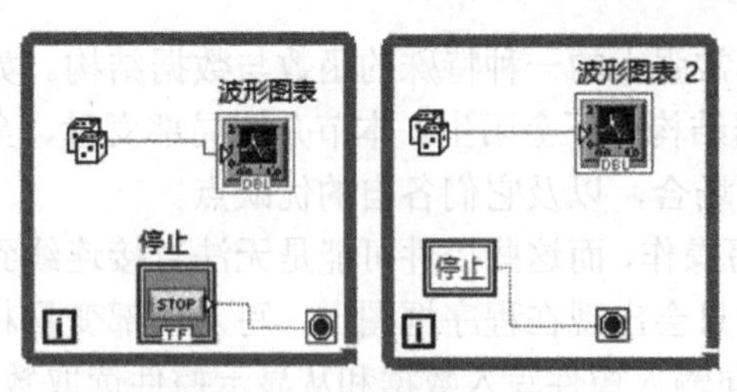

图 4-40 局部变量控制并行循环

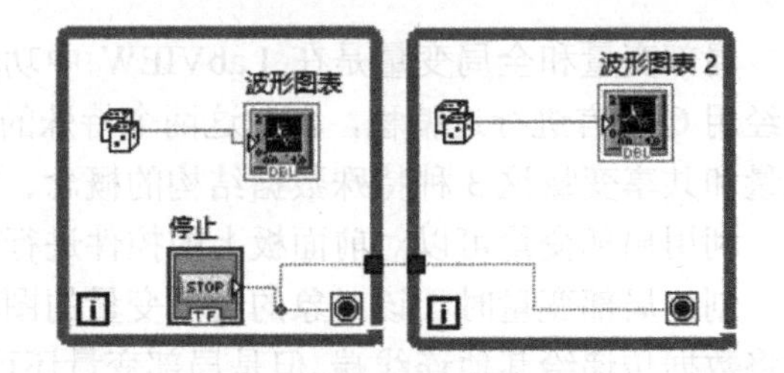

图 4-41 试图不利用局部变量来控制并行循环

上面程序的实验结果是左边的循环 1 可以正常运行，右边的循环 2 无法运行。这是因为 While 循环在运行开始之后，对于循环外的连线数据无法传到循环内，因此当开关按钮按下停止之后，循环 2 则无法正常接收。

同样，如果开关按钮置于两个循环之外，那么两个并行循环都将无法正常接收到该开关的布尔量，循环将维持原来的状态。

4.8.2　全局变量

在一个 VI 的多处地方可以通过局部变量访问前面板控件。而当多个同时运行的 VI 之间需要传递数据时，就需要使用全局变量来实现。很多 LabVIEW 的初学者在学会全局变量之后，往往会对全局变量在 VI 之间传递数据这一功能产生依赖情绪，造成全局变量的滥用，使编程结构不够利落简化。

从函数选项卡的编程→结构子选项卡中选择全局变量放置于程序框图中，未定义的全局变量显示为“？”。单击该全局变量，在弹出的菜单中选择打开前面板，会弹出一个该全局变量的前面板，如图 4-42 所示。所以说全局变量是一个没有程序框图的特殊 VI，在该 VI 上面可以设置多个控件元素。

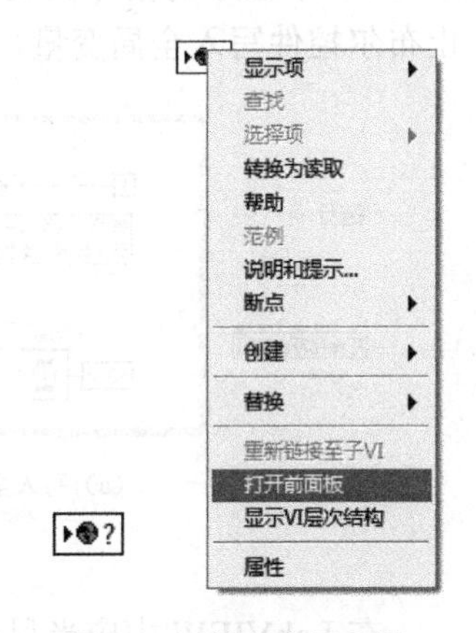

图 4-42　创建全局变量

在打开的全局变量的前面板上放置数值控件、布尔控件及字符串控件，保存该全局变量，然后单击该全局变量，就可弹出菜单控件供选择。当选择“停止”控件时，该全局变量就可以作为传递布尔控件的全局变量了，操作过程如图 4-43 所示。

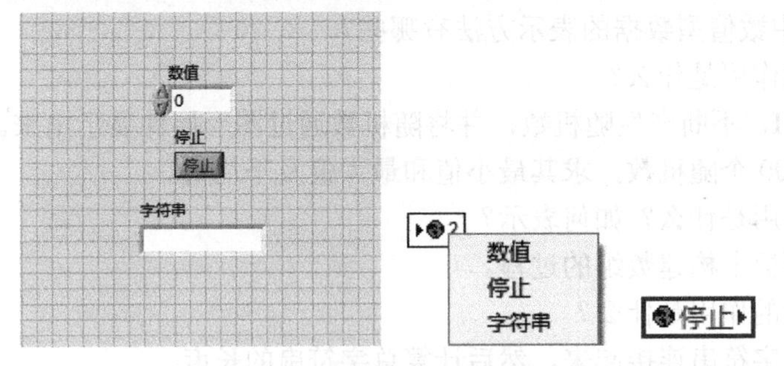

图 4-43　创建布尔量的全局变量

同样，全局变量也有读取和写入功能。右击该图标，在弹出的快捷菜单中选择“转换为读取/写入”，该全局变量可在显示控件和输入控件之间进行转换。与全局变量类似，全局变量处于读取和写入功能的外框粗细不同，可明显察觉到。全局变量和局部变量的外观相近，唯一的区别是全局变量内部有一个近似地球的标志，如图 4-44 所示。

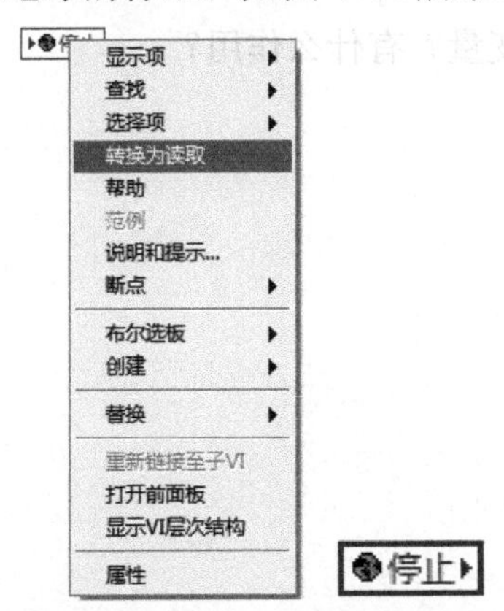

图 4-44　转换全局变量为读取

可通过下面的例子来理解全局变量的应用，如图 4-45 所示。该例子为两个独立的 VI。第 1 个 VI 一个程序的循环次数写入全局变量，第 2 个 VI 读取该全局变量并显示；第 2 个 VI 的停止布尔控件写入全局变量，第 1 个 VI 读取该全局变量并控制循环的停止。

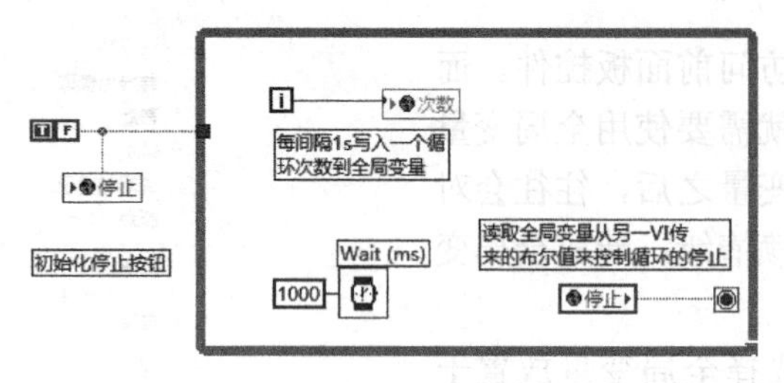

（a）写入全局变量

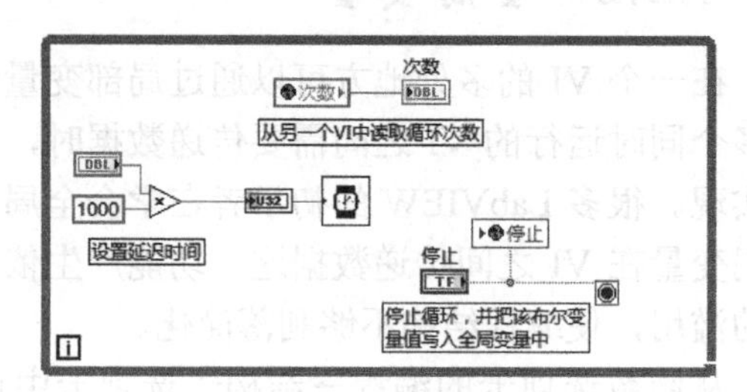

（b）读取全局变量

图 4-45　全局变量的写入与读取

在 LabVIEW 中应当尽量避免使用全局变量，因为它破坏数据流顺序的逻辑关系。

习题

1．LabVIEW 中数值型数据的表示方法有哪些？

2．数值函数的作用是什么？

3．创建一个 VI，不断产生随机数，并将随机数通过图形控件显示出来。

4．编程产生 100 个随机数，求其最小值和最大值及平均值。

5．布尔量的作用是什么？如何表示？

6．简述在前面板上构建数组的过程。

7．字符串函数的作用是什么？

8．编程将两个字符串连接起来，然后计算总字符串的长度。

9．枚举类型的作用是什么？

10．创建一个二维数组，包含 4 行 5 列，并输入信息。

11．什么是簇顺序？如何访问和使用簇中元素？

12．创建一个簇，包含一个布尔量、一个字符串、一个数值。然后将其分别显示到三个独立的控件中。

13．什么是局部变量、全局变量？有什么作用？

第 5 章

程序流程和结构的实现

本章知识点：

- 循环结构及应用
- 条件结构及应用
- 顺序结构及应用
- 事件结构及应用
- 公式节点
- 禁用结构

基本要求：

- 学习使用 While 循环和 For 循环，在循环中恰当使用定时函数
- 掌握移位寄存器的使用
- 了解条件结构的不同输入选择端数据类型
- 学习使用顺序结构及顺序结构中变量的传递方式
- 学习使用公式节点完成复杂数学计算，使用表达式节点进行单变量计算
- 掌握事件结构的设置及事件通知数据、事件过滤数据的应用
- 了解禁用结构功能

能力培养目标：

通过本章的学习，掌握 LabVIEW 软件中实现程序流程控制的方法，包括循环结构、顺序结构、事件结构、公式节点、禁用结构等。灵活应用这些不同的程序结构，可以使应用程序变得清楚明了，而且易于扩展。

LabVIEW 执行的数据流机制，本质上是顺序执行的架构，但仅有顺序执行的语法是不全面的，还应该有循环、条件、事件等特殊的控制程序流程的所谓“程序结构”。只有采用恰当的结构，设计出来的应用程序的功能才更完整、更合理。

在 LabVIEW 中通过函数选板→编程→结构可打结构选板。所包含的结构有 While loop 结构、For Loop 结构、条件结构、顺序结构、事件结构、公式节点等，如图 5-1 所示，本章对常用的结构进行介绍。

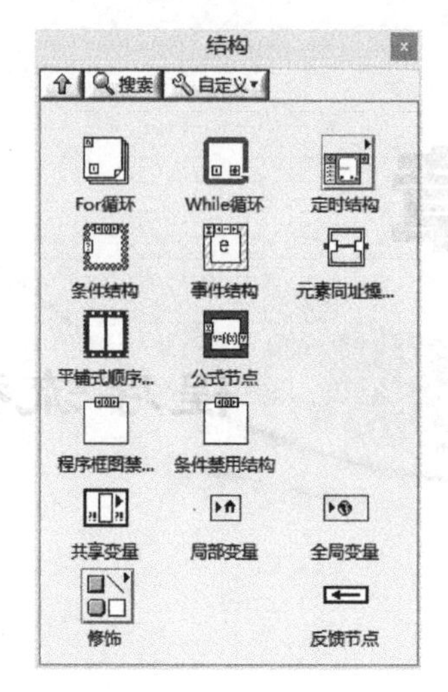

图 5-1　结构选板

5.1　顺序结构

LabVIEW 顺序结构（Sequence Structure）的功能是强制程序按一定的顺序执行。顺序结构包含一个或多个按顺序执行的子程序框图或帧。LabVIEW 提供了两种顺序结构：平铺式和层叠式，如图 5-2 所示。

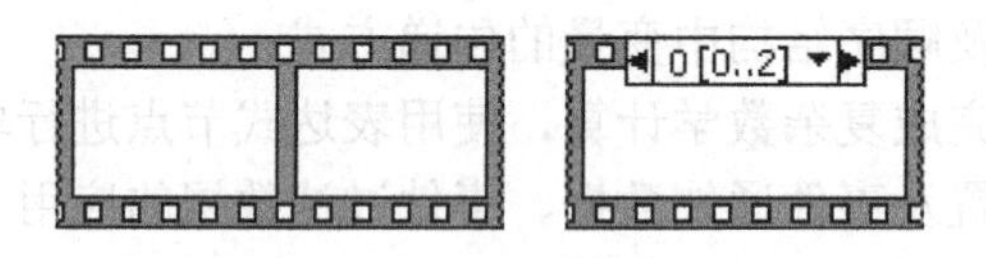

图 5-2　顺序结构

5.1.1　平铺式顺序结构

平铺式顺序结构将程序分割成许多块（子框图），即包括一个或多个顺序执行的子程序图或帧。这种平铺式顺序结构借助于电影胶片中帧的表现手法，将块与块之间表现为不同帧的连接。确保子程序框图按一定的顺序执行，程序的执行顺序一定是先“程序一”，后“程序二”，如图 5-3 所示。

图 5-3　平铺式顺序结构——强制数据流关系

这种平铺顺序结构把程序内容分成一帧一帧的，程序执行时是顺序执行，从而实现了数据流程序的强制定序运行。这种平铺顺序结构的数据流特点被称为强制数据流关系。

下面看一个在平铺的帧间传递数据的例子，如图 5-4 所示，应用顺序结构可以方便地实现代码运行时间的计算。

图 5-4　计算 VI 的执行时间

图 5-4 代码中用了两个“时间计数器”，一个做启动测量的开关（第一帧），另一个做结束测量的开关（第三帧）。第二帧中用一个 1s 的时间延迟 Express VI。程序运行后在“VI 运行时间”显示控件中会看到 1000 的值（单位为 ms）。请注意：测量结果的末位可能会有正、负一个数的误差，这是数字化测量的基本误差。

平铺式顺序结构在许多地方都用得到。比如，在仪器控制中，许多控制步骤是需要分步执行的；有些显示控件往往需要在显示之初清除显示内容等。

5.1.2　层叠式顺序结构

将平铺式顺序结构叠放起来就是层叠式顺序结构。层叠式的功能和平铺式的功能一样，只是在外观上有所区别。具体操作是：右击平铺式顺序结构的边框，在弹出的快捷菜单中选择“替换为层叠式顺序”即可，如图 5-5 所示。层叠式顺序结构的边框顶部出现子框图标识框，它的中间是子框图标识，显示出当前在顺序结构序列中的号码（0～n−1），以及此时顺序结构共有几个子框图。

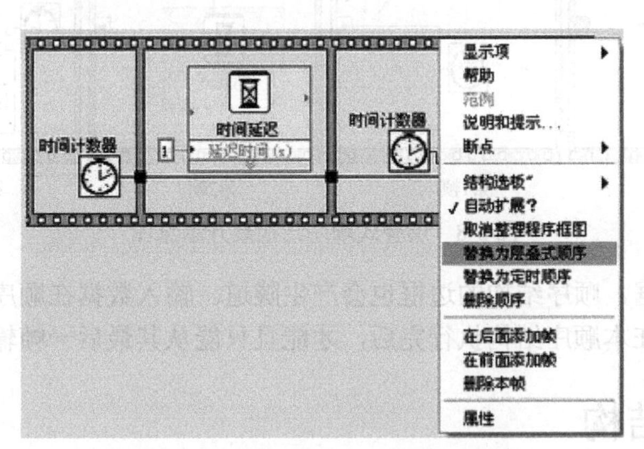

图 5-5　通过快捷菜单切换为层叠式顺序

替换后的层叠式顺序结构如图 5-6 所示。

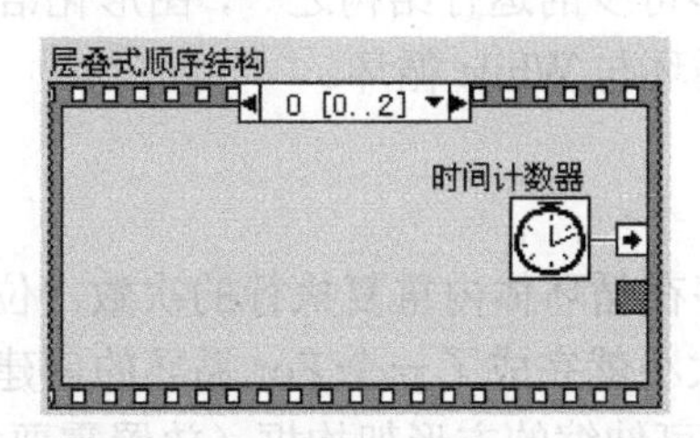

图 5-6　层叠式顺序结构表示

平铺式顺序结构被层叠式顺序结构替换后，只能看到其中一帧的内容，其他帧的内容被叠放在一起。在选择器标签中显示的是第 0 帧的内容，共有［0..2］三帧（0、1、2）。单击左右箭头可切换显示的帧。

5.1.3 顺序结构的数据传递

平铺式顺序结构在各个子框图之间可以直接连线来传递数据，如图 5-7 所示。

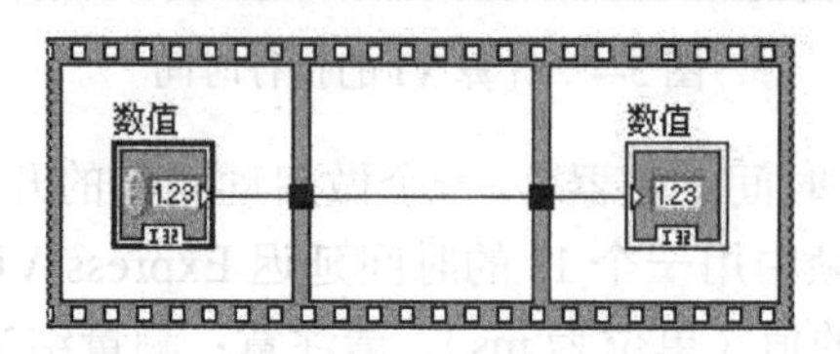

图 5-7 平铺式顺序结构的数据传递

层叠式顺序结构伴有一种称为局部变量的功能，用以在不同帧之间实现数据传递。在层叠式结构边框弹出的快捷菜单中选择“添加顺序结构局部变量”，在鼠标单击位置的边框会出现一个黄色的方框。当为该小方框连接数据后，颜色随之变化为与该数据类型相符的颜色。出现的箭头方向向外，表示该局部变量引入的数据对于当前子框图是输入，反之则为输出。送入（置入）局部变量的数据，在当前帧之后的各帧中均可作为输入数据使用。图 5-8 所示为层叠式顺序结构展开示意图，单击边框快捷菜单，可生成局部变量。

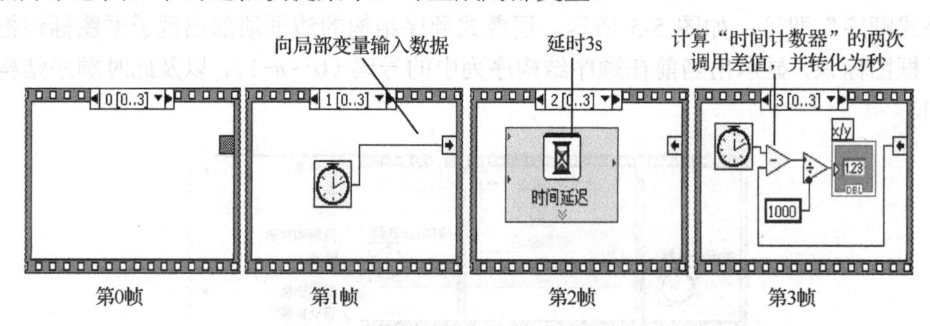

图 5-8 层叠式顺序结构展开示意图

为与外部交换数据，顺序结构的边框也会产生隧道。输入数据在顺序结构运行前读入，在每一帧中均可利用；在本顺序结构执行完后，才能且只能从其最后一帧输出数据。

5.2 循环结构

循环结构是编程语言中必不可少的运行结构之一，图形化语言也不例外。LabVIEW 中提供了两种循环结构，分别是 For 循环与 While 循环。

5.2.1 For 循环

For 循环可以控制某段程序在循环体内重复执行的次数，位于函数选板→结构中。将其拖曳到程序框图中，并适当调节大小就完成了一个 For 循环的创建。

For 循环的主体结构为一个可伸缩的方形架构框（放置需要循环的程序代码）。方框内部包含两个可见的元素，一个是循环总数（N）接线端（输入接线端）；另一个是循环计数（i）接线端（输出接线端）。标准状态下，N 的数值决定 For 循环执行的循环次数。

循环次数 N 可以通过两种方法指定，一种是直接给定，一种是通过输入数组的大小给定。计数接线端显示 For 循环已经完成的循环次数。[i]计数总是从零开始。第一次循环时，计数接线端返回 0。

图 5-9 所示的 For 循环每秒产生一个随机数，共执行 100s，并用数字显示控件显示产生的随机数。

1. For 循环的数据流运行机制

当程序执行到 For 循环时，For 循环总是首先读取总数接线端 N 的数值，然后依据这个数值决定循环体内代码的循环次数。

在 LabVIEW 8.5 之后，增添了 For 循环条件停止功能。如果为 For 循环配置条件端，则 For 循环也可以有条件地中止循环。具体操作是：右击 For 循环的边框，在弹出的快捷菜单中选择“条件接线端”，参见图 5-10 的示例。

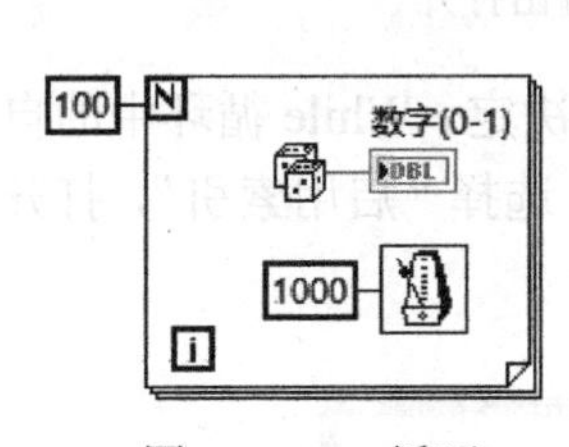

图 5-9 For 循环

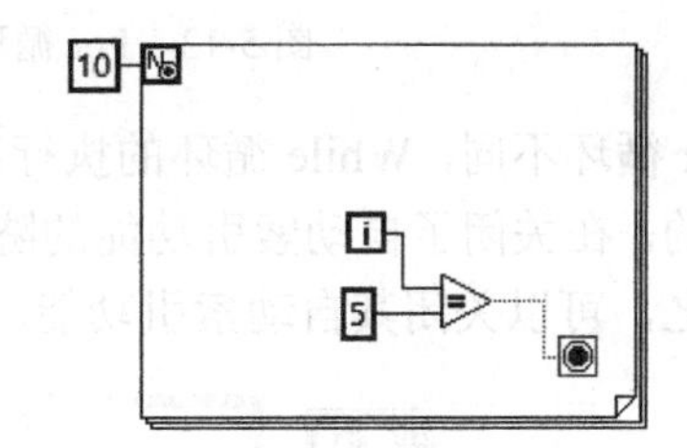

图 5-10 带有条件控制端的 For 循环

当确定使用条件接线端后，总数计数端就会出现一个小红点，表示此循环带有条件控制端。尽管程序中 N=10，在条件端的控制下 For 循环仅执行了 6 次就停下来。

2. 自动索引

For 循环具有一种所谓的自动索引功能（下一节的 While 循环也有此功能）。当把一个数组（有关知识稍后介绍）连接到这两种循环结构的边框上时，会在边框上生成所谓可流动数据的隧道。生成隧道后，可选择是否打开自动索引功能。如果隧道的自动索引功能被打开，则数组将在每次循环中顺序经隧道送一个数；该数在原数组中的索引（地址信息），与当次循环计数端子的值相同。

对于 While 循环，自动索引被默认关闭；而对于 For 循环，自动索引被默认打开。隧道小方格呈空即“[ ]”，自动索引功能被打开；隧道小方格呈实心，则被关闭，如图 5-11 所示。

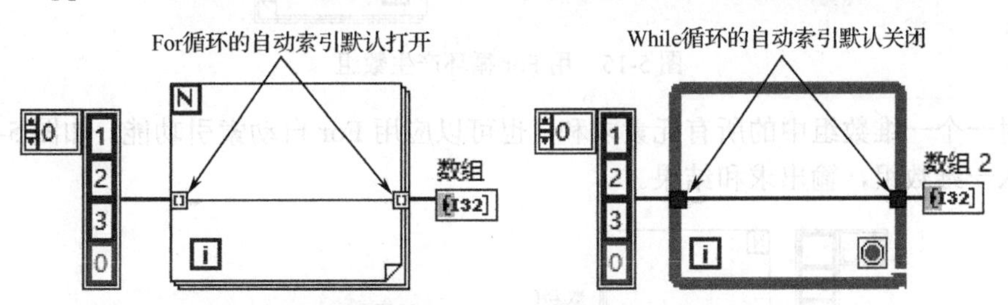

图 5-11 For 循环与 While 循环的自动索引

（1）For 循环输入隧道打开自动索引，而输出关闭自动索引，这时 For 循环的循环次数由数组元素个数确定，循环 3 次后，输出为数组最后一个元素，代码见图 5-12。

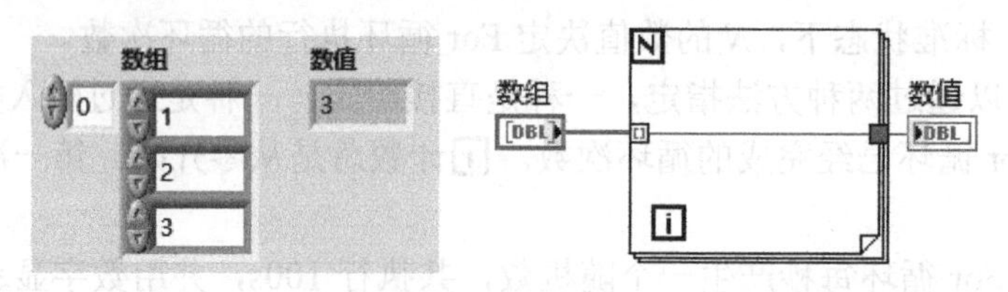

图 5-12　For 循环输入自动索引打开，输出关闭

（2）For 循环输入隧道关闭自动索引，而输出打开自动索引，则循环执行两次，产生一个二维数组，代码见图 5-13。

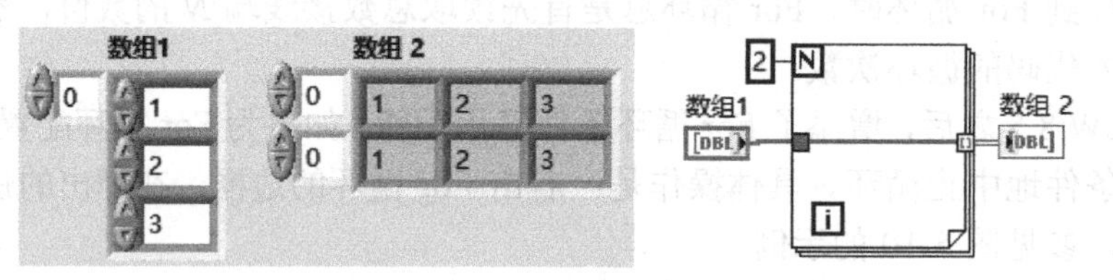

图 5-13　For 循环输入自动索引关闭，输出打开

与 For 循环不同，While 循环的执行次数仍然由条件端子决定。While 循环中的自动索引是默认关闭的。在关闭了自动索引功能的隧道上弹出快捷菜单，选择“启用索引”，打开自动索引功能。反之，可以关闭其自动索引功能，如图 5-14 所示。

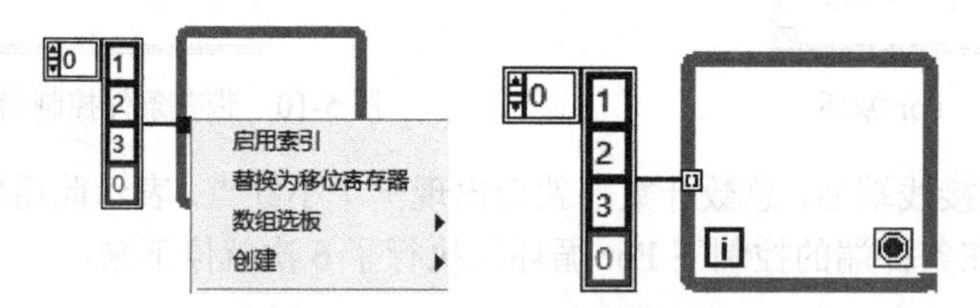

图 5-14　启用 While 循环的索引

3．For 循环用于输入和输出数组

在编程中常应用 For 循环产生数组，例如图 5-15 中循环后产生一个长度为 5 的随机数组。

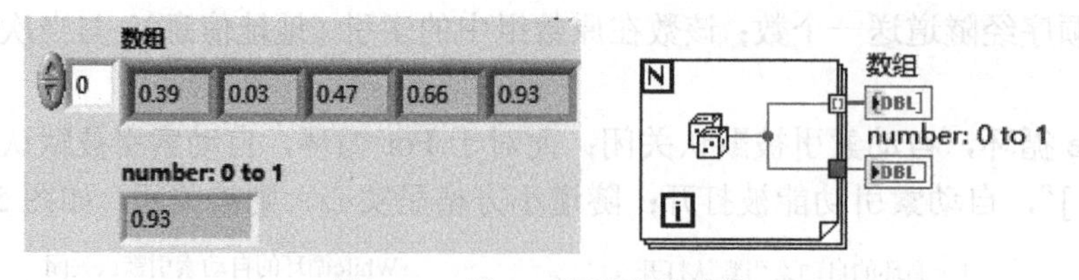

图 5-15　用 For 循环产生数组

如果对一个一维数组中的所有元素求和，也可以应用 For 自动索引功能。如图 5-16 所示程序中，输入一维数组，输出求和结果。

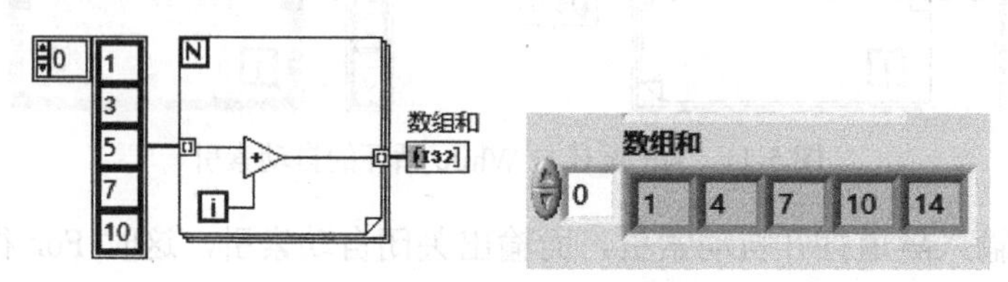

图 5-16　用 For 循环求和

如需将数组一次完整输入，则右击输入点并选择关闭索引。对于二维或多维数组，采用索引的办法输入，则最外层循环按行输入，内层循环按输入行的元素逐个输入，多维数组依次类推。需要注意的是，当多个数组按索引方式输入时，同时循环总数端子也接入一个正整型常量，循环次数以元素最少的数组为准，如图5-17中，循环次数为3。

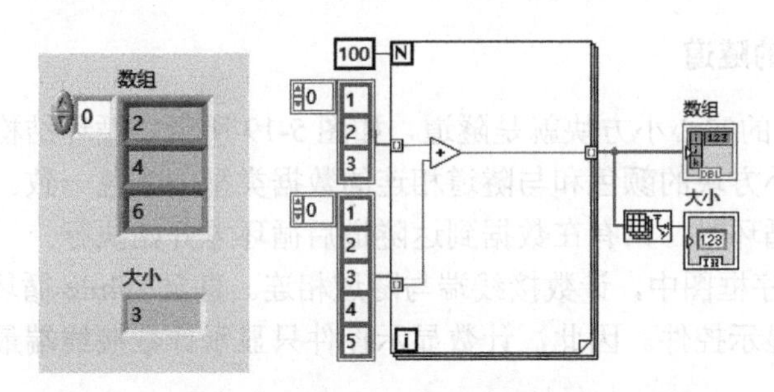

图5-17　总数计数端为100，For循环运行次数为3

尽管总数计数端设定为100，一个数组为3个元素，另一个数组为5个元素，For循环的实际运行次数仅为3次，说明For循环只处理最少的数组元素。

5.2.2 While循环

相对于For循环而言，While循环的使用率更高。可以说，几乎在绝大部分程序中都可以发现它的存在，如事件结构、状态机、连续数据采集等。当循环次数不能预先确定时，就需要用到While循环。它重复执行循环体内的程序代码直到满足某种条件为止。

While循环位于函数选板→结构中。从选板中选择While循环，用鼠标将其拖曳到程序框图中，并拖曳出一个矩形，适当调节它的大小，将程序框图中需要重复执行操作的部分框入该矩形。松开鼠标时，While循环的边框将包围选中部分。配置相应的条件端就完成了一个While循环的创建。另外，也可以先写循环中的代码。

While循环内部包含两个可见的元素，一个是计数（i）接线端，另一个是循环条件端，如图5-18所示。

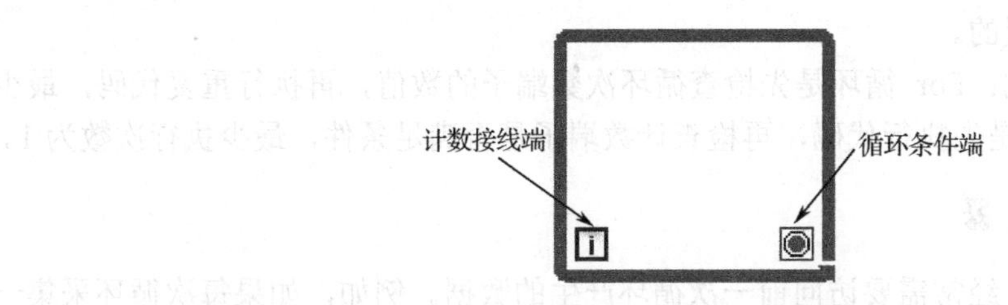

图5-18　While循环构成

计数接线端表示While循环已经完成的循环次数。计数总是从零开始，第一次循环时，计数接线端返回0。

循环条件端输入的是布尔变量，它用于判断循环在什么条件下停止执行。它有两种使用状态：真（T）时停止和真时继续。

当程序执行到While循环时，首先检查While边框上的所有数值作为初始值（如果存在的话），然后执行循环体内的程序代码，此时如果循环外的数据发生变化，将不会影响到循环的内部。执行完毕后查看条件端子的布尔值（设定为真时停止），如果该数值为T则退出循环；如果该值为F则继续循环，然后再次查看循环条件端，直到该值为T时才停止循环。

循环条件端的默认动作和外观是真（T）时停止。右击该接线端或 While 循环的边框，并选择真（T）时继续，可改变循环条件端的动作和外观。当循环条件端为真（T）时继续，While 循环将执行其子程序框图直到循环条件端接收到一个 FALSE 值。使用操作工具单击循环条件端也可改变条件。

1. While 循环中的隧道

While 循环边框上的实心小方块就是隧道，如图 5-19 所示。循环结构隧道用于接收和输出结构中的数据。实心小方块的颜色和与隧道相连的数据类型的颜色一致。循环中止后，数据才输出循环。数据输入循环时，只有在数据到达隧道后循环才开始执行。

图 5-19 所示的程序框图中，计数接线端与隧道相连。直至 While 循环停止执行后，隧道中的值才被传送至计数显示控件。因此，计数显示控件只显示计数接线端最后的值。

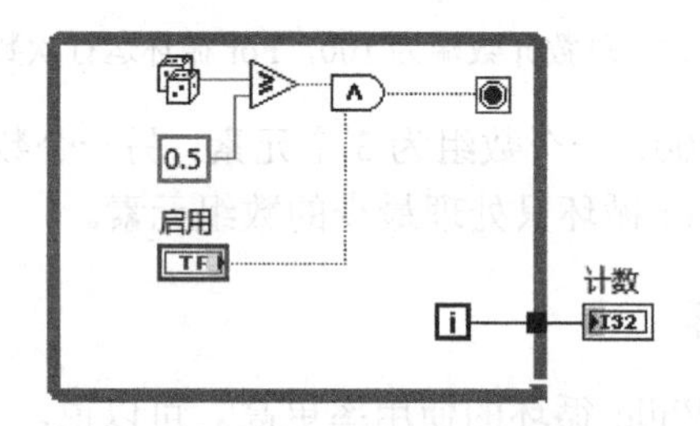

图 5-19　While 循环隧道

2. For 和 While 循环的异同

For 循环与 While 循环具有以下相同点：

（1）两种循环都是重复执行某段代码，直到满足某种条件停止。

（2）重复端子都是从 0 开始计数的。

两者的不同点如下：

（1）循环次数设置不同：For 循环是直接设置循环次数，通过循环总数端子输入；While 循环是通过设置布尔条件设置的。

（2）最少执行次数不同：For 循环是先检查循环次数端子的数值，再执行重复代码，最少执行次数为 0；While 循环是先执行代码，再检查计数端子是否满足条件，最少执行次数为 1。

5.2.3 移位寄存器

使用循环结构编程时，经常需要访问前一次循环产生的数据。例如，如果每次循环采集一个数据且每得到一个数据后要计算这五个数据的平均值，这就需要记住前面几次循环产生的数据。移位寄存器（Shift Register）可以将循环中的值传递到下一次循环中。

For 循环和 While 循环中的移位寄存器可以记录保存以前循环的迭代数据，移位寄存器类似于数据存储单元或相当于文本语言中的静态变量。移位寄存器用于将上一次循环的值传递至下一次循环。这样就可以利用移位寄存器进行一些简单的数据处理，比如计算平均值等。移位寄存器不仅仅可以做数学运算处理，由于它的多态性它还可以接收不同类型的数据。比如状态机中也大量使用了非数字类型移位寄存器。

移位寄存器以一对接线端 的形式出现，分别位于循环两侧的边框上，位置相对，如图 5-20 所示。

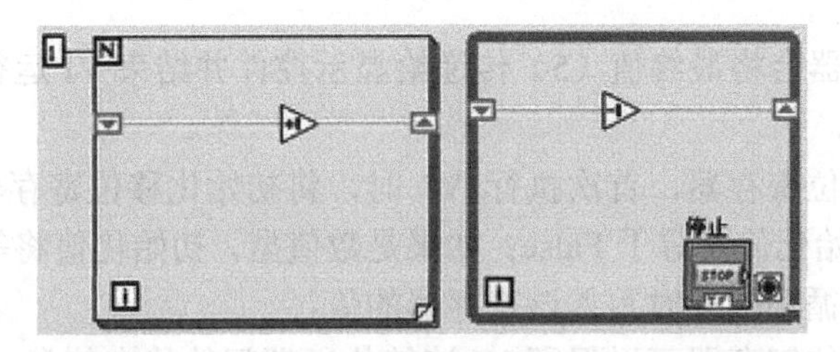

图 5-20 为 For 循环和 While 循环添加移位寄存器

1. 创建移位寄存器

移位寄存器的创建很简单，右击循环的左侧或右侧边框，并从快捷菜单中选择添加移位寄存器可以创建一个移位寄存器。此时会在 For 循环和 While 循环结构的左右边框上自动添加一对移位寄存器的图标。在循环图标没有任何的输入连接时则为黑色，选择连接后，根据连接的数据类型会发生颜色的变化。

右边的寄存器端子（向上的箭头）在完成每次循环后用来保存数据，移位寄存器在下一次循环开始之前将该数据传递到左边的寄存器端子（向下的箭头）。假如用一帧一帧来表示移位寄存器的循环状况，则可参考图 5-21 所示。

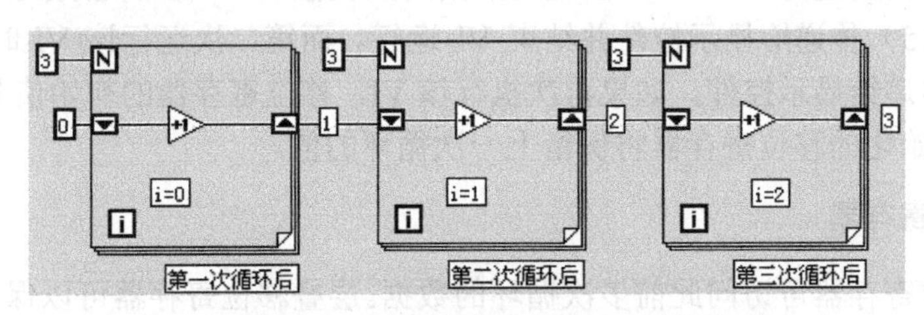

图 5-21 用帧的方式来解释移位寄存器的循环运行行为

图 5-21 中借用帧的表现手法，演示了移位寄存器（数据）与循环间的关系。需要注意的是，这里为移位寄存器进行了初始化。移位寄存器是多态的，可以接受数值、字符串、数组等数据类型，大多数移位寄存器应用时都必须进行初始化。假如将图 5-21 中的初始化值 0 去掉，就会发现，每重复运行一次，它的输出值都会得到加 3 的结果。这表明移位寄存器具有记录保存数据的能力，前提是它必须驻留在内存中。

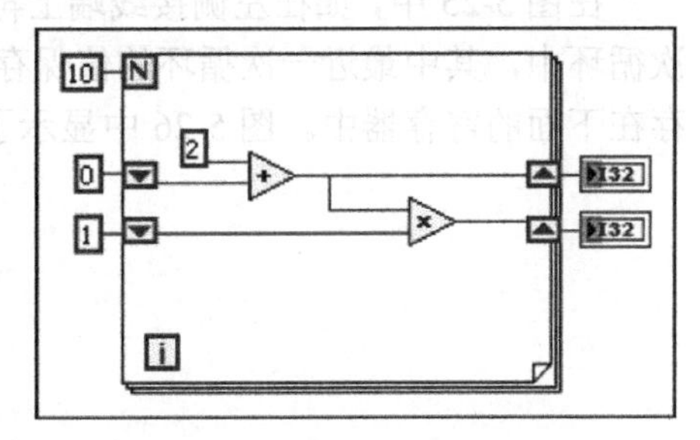

图 5-22 添加多个移位寄存器

移位寄存器可以传递任何数据类型，并和与其连接的第一个对象的数据类型自动保持一致。连接到各个移位寄存器接线端的数据必须属于同一种数据类型。

循环中可添加多个移位寄存器。如循环中的多个操作都需要使用前面循环的值，可以通过多个移位寄存器保存结构中不同操作的数据值，如图 5-22 所示。

2. 初始化移位寄存器

初始化移位寄存器即赋给移位寄存器一个初始值，在 VI 运行过程中，每执行第一次循环时都使用该值对移位寄存器进行复位。通过连接输入控件或常数至循环左侧的移位寄存器接线端，可初始化移位寄存器，如图 5-23 所示。

图 5-23 中的 For 循环将执行五次，每次循环后，移位寄存器的值都增加 1。For 循环完成

执行五次后，移位寄存器会将最终值（5）传递给显示控件并结束 VI 运行。每次执行该 VI，移位寄存器的初值均为 0。

如果没有初始化移位寄存器，首次执行 VI 时，将初始化移位寄存器相应数据类型的默认值。如果是布尔型，初始化值将等于 False；如果是数值型，初始化值将等于 0。非首次执行时，循环结构将使用上一次循环执行时写入该寄存器的值。

使用未初始化的移位寄存器可以保留 VI 连续执行期间的状态信息。图 5-24 即是未初始化的移位寄存器。

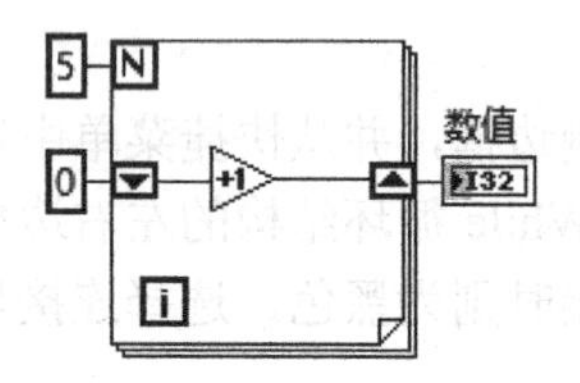

图 5-23 初始化移位寄存器

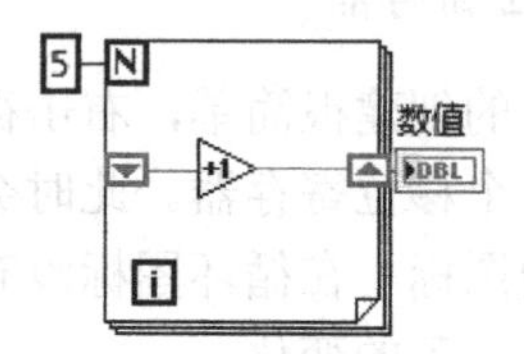

图 5-24 未初始化的移位寄存器

图 5-24 中的 For 循环将执行五次，每次循环后，移位寄存器的值都增加 1。第一次运行 VI 时，移位寄存器的初始值为 0，即 32 位整型数据的默认值。For 循环完成执行五次后，移位寄存器会将最终值（5）传递给显示控件并结束 VI 运行。而第二次运行该 VI 时，移位寄存器会将最终值（10）传递给显示控件。如果再次执行该 VI，移位寄存器的初始值是 10，依次类推。关闭 VI 前，未初始化的移位寄存器将保留上一次循环的值。

3. 层叠移位寄存器

通过层叠移位寄存器可访问此前多次循环的数据。层叠移位寄存器可以保存多次循环的值，并将这些值传递到下一次循环中。右击左侧的接线端，从快捷菜单中选择添加元素，或拖曳寄存器端子可创建层叠移位寄存器。

层叠移位寄存器只位于循环左侧，右侧的接线端仅用于把当前循环的数据传递给下一次循环，如图 5-25 所示。

在图 5-25 中，如在左侧接线端上再添加一个移位寄存器，则上两次循环的值将传递至下一次循环中，其中最近一次循环的值保存在上面的寄存器中，而上一次循环传递给寄存器的值保存在下面的寄存器中。图 5-26 中显示了各寄存器中数值的产生次序。

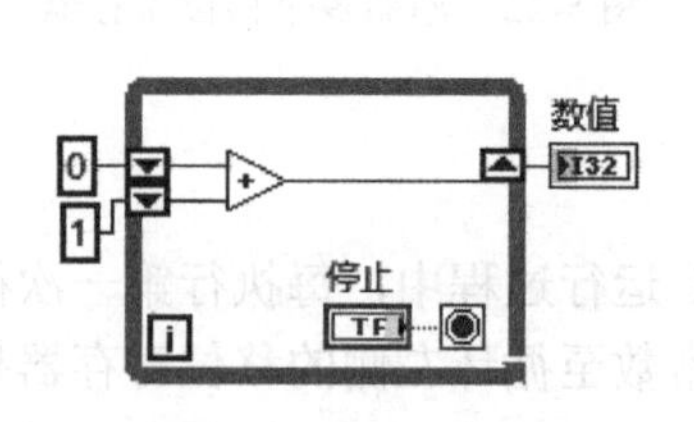

图 5-25 层叠移位寄存器

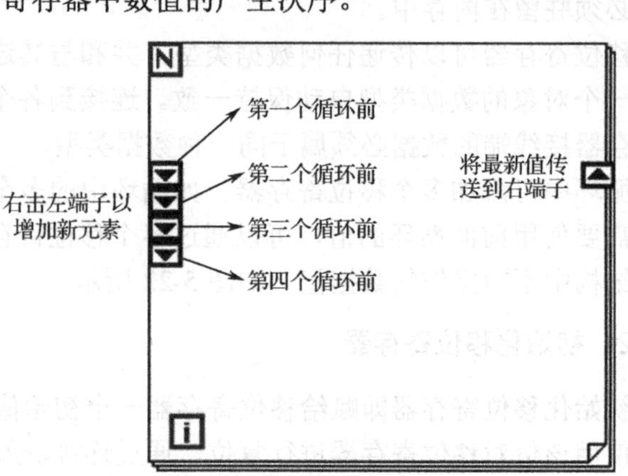

图 5-26 移位寄存器中数值的产生次序

5.2.4 反馈节点

在LabVIEW中，反馈节点 （Feedback Node）将连接到初始化连线端的值作为第1次循环或运行的初始值，然后将上一次循环的结果保存用于此后的每次循环。如初始化接线端未连接任何值，反馈节点将使用数据类型的默认值，并在此后的运行中不断地在之前所得结果的基础上产生值。

在For循环和While循环中，反馈节点用于将子VI、函数或一组子VI和函数的输出连接到同一个子VI、函数或组的输入上，即创建反馈路径。与寄存器一样，当循环完成一次迭代时，反馈节点存储数据并传送给循环的下一次迭代，且可以传送所有的数据类型，如图5-27所示。

实际上，反馈节点与移位寄存器的作用相同，所不同的是使用反馈节点可以减小连线的长度，所以两者经常可以直接互换。图5-28所示程序代码则通过反馈节点实现a++。同移位寄存器一样，最好指定反馈节点初值。

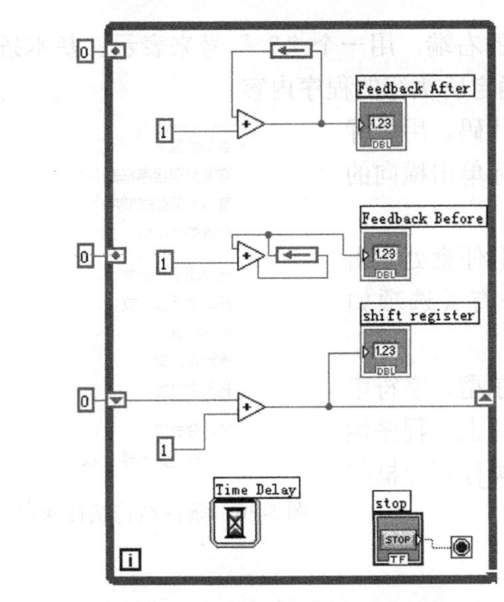

图5-27 反馈节点与移位寄存器

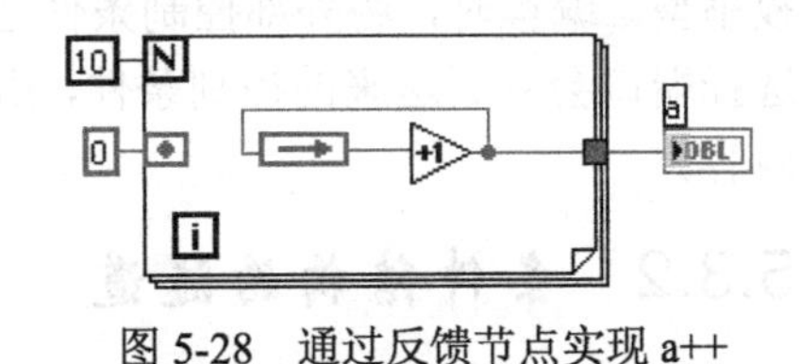

图5-28 通过反馈节点实现a++

5.3 条件结构

条件结构类似于文本编程语言中的switch语句或if...then...else语句。基本的条件结构依赖于关系运算符和逻辑运算符的运算结果（真或假）来确定程序的执行流程。条件结构在图形化语言中也被称为Case结构，它在函数选板→结构子选板中。

5.3.1 条件结构的构成

图形化的条件结构如图5-29所示。当选择器接线端输入为“真”时，条件结构执行“真”的程序；若输入为“假”，则条件结构执行“假”的程序。

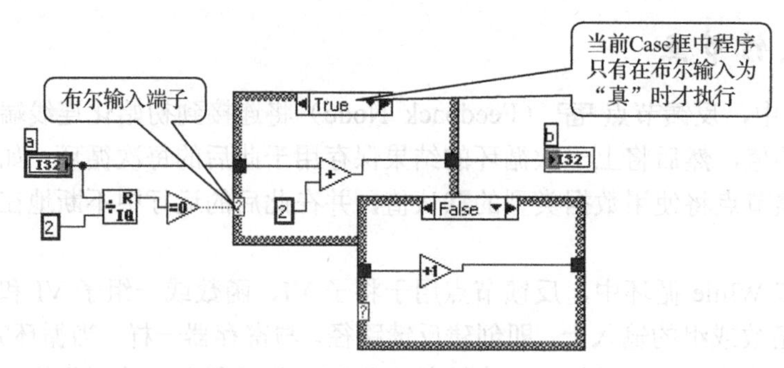

图 5-29 条件结构的图形化表示

图形化条件结构包括如下几个部分：

（1）条件结构边框，类似于代码的城墙，在条件结构框架内放置所要执行的程序代码。基本条件结构有两个层叠在一起的框架。

（2）条件结构分支选择器，它位于条件结构框架的右端，用一个"？"号来表示。基本条件结构接收的是布尔量（真或假）。根据这个布尔量确定所执行的程序内容。

（3）选择器标签，用来显示当前的条件结构程序代码。用鼠标单击向下的箭头，可以看到目前所选择的框架。用鼠标单击横向的箭头，可以改变目前所显示的框架。

条件结构也称分支结构，其快捷菜单（在其边框上任意处右击即弹出，不同分支结构的基本操作相同）中的部分有关选项如图 5-30 所示。

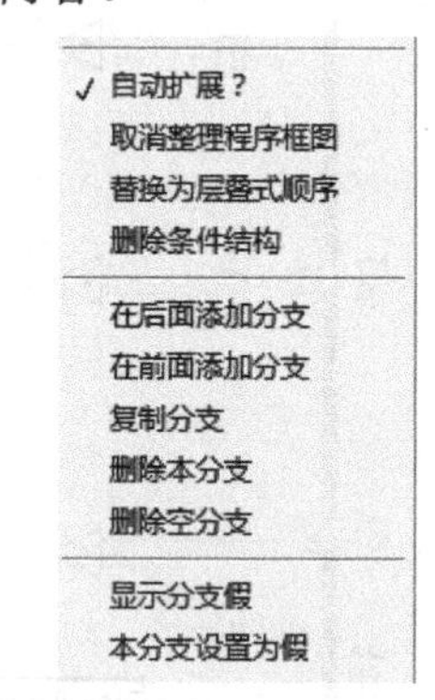

图 5-30 条件结构快捷菜单

选择端口的外部控制条件的数据类型有整型、布尔型、字符串型和枚举型。编程时，将外部控制条件连接至选择端口上，程序运行时选择端口会判断送来的控制条件，引导选择结构执行相应框架中的内容。

5.3.2 条件结构的隧道

向条件结构内引入连线，或从其内部向外引出连线时，会在其边框上生成隧道。输入隧道在每一个分支中都可以使用；输出隧道必须从每一个分支都得到明确的输入值，否则程序无法运行，如图 5-31 所示。

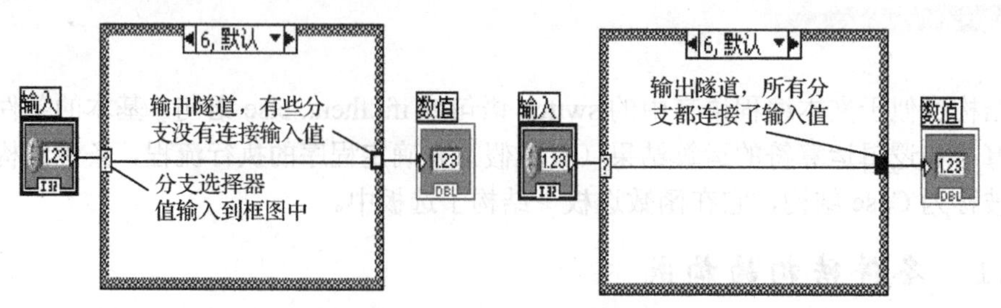

图 5-31 条件结构隧道

在数值显示与条件结构边框的连线会产生一个空心的蓝色方形，而且程序无法运行，产生错误提示"隧道未赋值"。该蓝色方形即为"隧道"，当不对其赋值，则执行到该条件时，数值显示将无法输出，因此产生错误。在该隧道上右击，在弹出的快捷菜单中选择"未连线时使用默认”，那么原来的空心蓝色方形将变成一个半实心的蓝色方形，此时 LabVIEW 将给出当前数据类型的默认值。

对所有条件分支来说，输入通道的数据可以使用，也可以不使用。只要有一个分支提供输出数据，所有分支条件都必须与输出通道连接。

在条件结构使用中应注意，控制条件的数据类型必须与图框标识符中的数据类型一致。二者若不匹配，LabVIEW 会报错，图框标识符中字体的颜色将变为红色。另外，在 LabVIEW 中，对于数值型条件必须包含处理超出范围值的默认分支，对于其他类型的条件可设或不设，但必须明确地列出每一个可能的输入值。

5.3.3　条件结构的输入

在首次放置条件结构到前面板上时，它是布尔型的，只能识别布尔量的真或假。图形化条件结构的分支选择器对多种数据类型都可以自动识别，除了布尔类型外还包括了枚举、整数、字符串等数据类型。这样一来，Case 结构就可能有两个或更多的子框图，但是只有一个在执行，这取决于连接到分支选择器上的布尔型、数值型或字符串型的值。

1. 枚举

枚举类型是与文本项相关的整数，可以为从零开始的整数分配相对应的名称。在 case 结构中，输入枚举类型数据会在选择器标签中显示出相对应的名称。最常用的枚举控件有三种，包括枚举控件、选项卡控件、单选按钮控件。

选项卡控件和单选按钮控件可以直接与 Case 结构相连接，Case 结构会自动在选择器标签页中给出对应的名称，如图 5-32 所示。

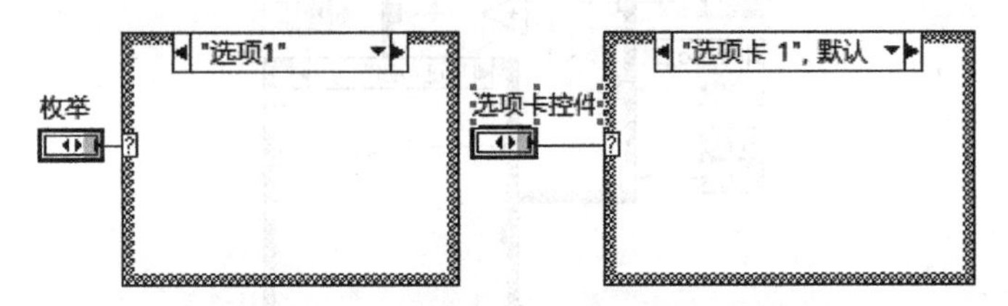

图 5-32　选项卡控件和枚举控件输入条件端

选项卡控件、枚举控件或枚举常数直接用于控制程序的执行流程，甚至使用选项卡控件来同时控制前面板上显示不同的对象或结果。

在前面板上放置一个枚举控件时，它的文本项内容是空的，此时如果与 Case 结构相连系统会提示出错。填写文本项只能在前面板上进行，具体操作是：在前面板上右击枚举控件，在弹出的快捷菜单中选择确定：编辑项。此时系统会弹出枚举控件的属性列表，在这里就可以填写文本项的内容。比如按顺序填写温度、压力、流量后单击确定，并将枚举控件与 Case 结构相连，会看到图 5-33 显示的结果。

选择器标签中只显示出温度、压力两项，而实际上填写了三项。这时，可以右击 Case 结构，在弹出的快捷菜单中选择“为每个值添加分支”，即可实现温度、压力、流量的分支控制。使用枚举类型时，默认选择项必须预先定义，否则程序会报错。图 5-33 中“温度”为默认选择项，通过快捷菜单可以更改默认项的分支。

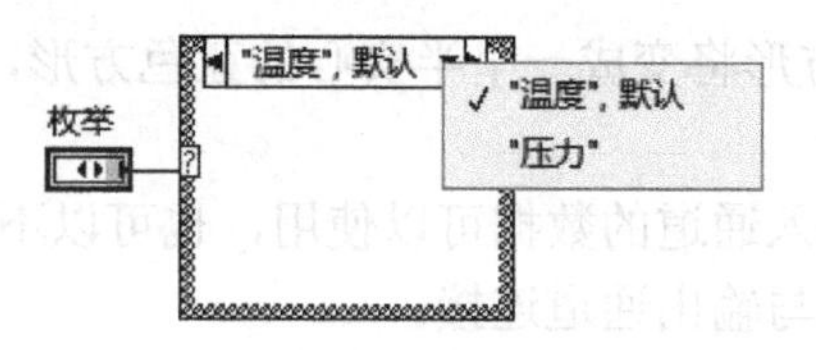

图 5-33　枚举控件与 Case 结构相连接

2. 整数

整数与枚举不同，它只能在选择器标签中显示数字，并且它无法为每个值添加分支，只能一个一个地填写。同时，也必须预先设定分支的默认值。下拉列表控件因为使用的也是整数，所以特点与整数相同。

如果连接到分支选择器上的值是浮点数，LabVIEW 则将其转换成 I32 数据类型，而且分支选择使用转换后的数值。

使用“..”符号可以表示一个范围内的所有分支（如 6..9）。LabVIEW 会将逗号分隔的 3 个以上的连续值用该符号来表示。符号“..”同样也可以用于字符串型，但是结果不是很直观。

3. 字符串

字符串也可以控制 case 结构，但要注意输入字符串的写法要与选择器标签页（必须单独填写，注意带“”号）的写法一致，不经意的空格都可能成为出错的原因。图 5-34 所示为字符串条件输入的 Case 结构。

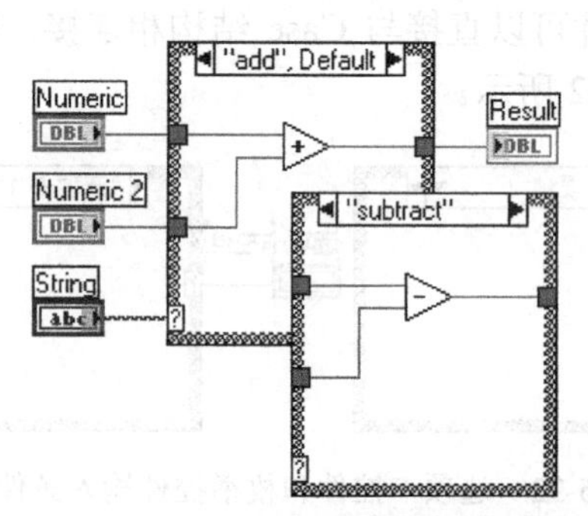

图 5-34　字符串条件输入的 Case 结构

5.4 事件结构

事件是对活动发生的异步通知。事件可以来自于用户界面、外部 I/O 或程序的其他部分。用户界面事件包括鼠标点击、键盘按键等动作。

LabVIEW 应用程序在没有事件发生时处于休息状态，直到前面板窗口中有一个事件发生为止。事件结构使 LabVIEW 开发者在设计用户界面时具有更大的灵活性和提高代码的效率及可靠性。在事件结构出现前，LabVIEW 用户界面的设计都是基于队列的轮询方式来完成的。轮询方式的缺点在于使用不够灵活和占用较多的 CPU 资源。

5.4.1　事件结构的组成

事件结构是一个功能非常强大的编程工具，可用于编写等待事件发生的高效代码，代替循环检查事件是否发生的低效代码。事件结构在函数选板→编程→结构子选板中可以找到，并可以将其直接拖曳到程序框图中，图形化表示的事件结构见图 5-35。

事件结构包含一个主框架，这个框架内将用来放置事件处理的事件驱动程序代码。如果事件处理任务众多，会有众多事件分支存在。事件选择器标签表明由哪些事件引起了当前分支的执行。事件结构还包含超时端口和事件端口。事件超时接线端用于设置事件结构在等待指定事件发生时的超时时间。事件数据节点用于输出事件的参数，端口数目和数据类型根据事件的不同而不同。

1. 超时事件

当在程序框图上拖放一个事件结构时，只能看到图 5-35 所示的一帧已经预先注册的超时事件（Timeout），超时事件分支。它具有定时延迟的基本功能（不包括 While 循环）。

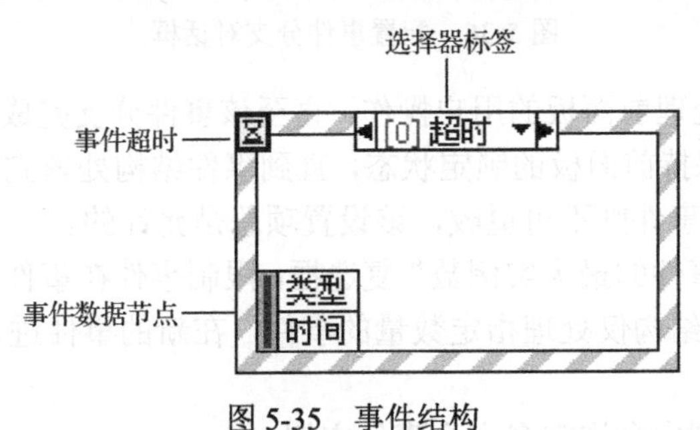

图 5-35　事件结构

超时事件是一种特殊的事件，当然也可以看成是默认的事件分支。如果将超时值传递到事件结构左上角的超时端子⌛，可以指定顺序结构的超时值。默认的超时值（如果没有连接）是 -1，这意味着“从不超时”或“永远等待”。如果存在其他事件源，超时事件完全可以被忽略或取消。

LabVIEW 事件结构的妙用

2. 编辑事件结构

通过编辑事件对话框，可以设定某个事件结构分支响应的事件。如果前面板上有一个“停止”布尔控件，从事件结构框架上弹出菜单并选择“添加事件分支”，将打开编辑事件对话框，如图 5-36 所示。

“事件分支”框中列出了事件结构的所有分支数量和名称。可以从下拉菜单中选择某个分支进行编辑。当转换到不同的分支时，框图上的事件结构将更新显示所选的分支。

“事件说明符”列表框中列出事件源和事件结构的当前分支处理的所有事件的名称。对话框中的“事件源”和“事件”部分高亮显示事件源和事件说明符中选定的事件名。单击“事件源”或“事件”中的选项可改变对话框中“事件说明符”部分高亮显示的项。单击“添加事件”或“删除”按钮可添加或删除该列表中的事件。

“事件源”树形控件列出了按类别排序的事件源（应用程序、VI、动态和控件），可以配置产生事件。

“事件”列表框中列出了在对话框“事件源”中选定事件源的可用事件。

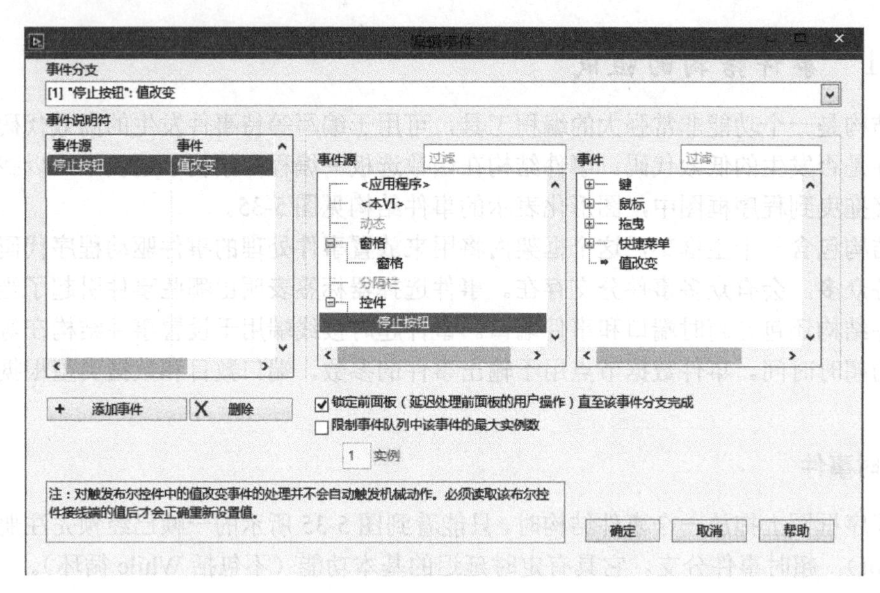

图 5-36　配置事件分支对话框

“锁定前面板（延迟处理前面板的用户操作）直至该事件分支完成”复选框，当事件发生时锁定前面板，LabVIEW 保持前面板的锁定状态，直到事件结构处理完该事件。可以为通知事件修改本设置，但对于过滤事件则不可更改，该设置项总是允许的。

“限制事件队列中该事件的最大实例数”复选框，限制事件在事件队列中的发生次数。如限制某个事件的数量，事件结构仅处理指定数量的事件，在新的事件进入队列时自动丢弃旧的多余事件。

“实例”指定事件队列中允许有多少个事件实例。

在事件结构的快捷菜单中，还可以选择“编辑本分支所处理的事件”来修改一个已经存在的分支，选择“复制事件分支”复制一个分支，或选择“删除事件分支”删除一个已经存在的分支。

5.4.2　事件数据节点与事件过滤节点

事件分支内左右两侧有许多端子，如图 5-37 所示。

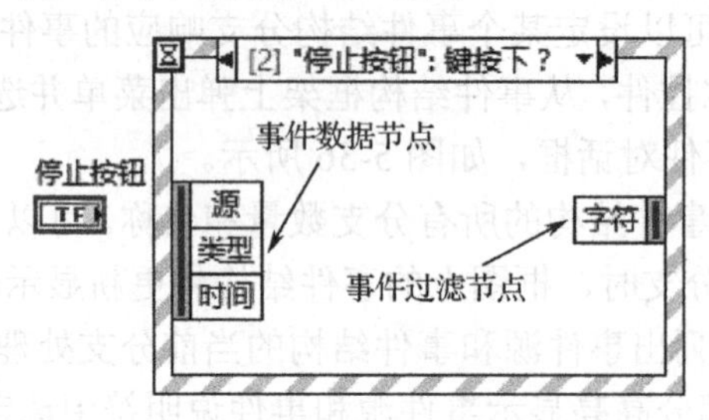

图 5-37　事件数据节点与事件过滤节点

事件数据节点提供与事件相关的附加信息，如事件何时发生，事件是什么类型，鼠标坐标（对于与鼠标有关的事件）等。与按名称接触捆绑函数相似，可纵向调整节点大小，选择所需的项。通过事件数据节点可访问事件数据元素，如事件中常见的类型和时间。其他事件数据元素（如字符和 V 键）根据配置的事件而有所不同。

事件过滤节点识别可修改的事件数据，以便用户界面可处理该数据。该节点出现在处理过滤事件的事件结构分支中。如需修改事件数据，可将事件数据节点中的数据项连线至事件过滤节点并进行修改。可将新的数据值连接至节点接线端以改变事件数据。可将 TRUE 值连接至放弃？接线端以完全放弃某个事件。如果没有为事件过滤节点的某一数据项连接一个值，则该数据项保持不变。

用户界面（接口）事件又分为通知事件和过滤事件。通知事件指出某个用户动作已经发生，并且为其做了相应的处理，比如用户改变了控件的值。过滤事件是指某个用户动作已经发生，在程序中可以选择如何处理该事件，比如过滤或修改事件。事件结构只有设置为过滤事件才有过滤节点，将通知用户 LabVIEW 在处理事件之前已由用户执行了某个操作，以便用户就程序如何与用户界面的交互做出响应进行自定义。通过这个例子也好理解内部节点中“时间”的含义（是事件响应的停止时间）。

此前所介绍的都是对 VI 前面板的事件编辑，如控件按下、鼠标按下等。在 LabVIEW 中，事件结构可以对动态事件进行编程，指定事件分支要处理的控件。关于动态注册事件，有专门的子选项卡罗列相关的事件函数，在编程→对话框与用户界面→事件子选项卡中。关于更多的动态事件和用户事件，可以参看 LabVIEW 自带的例子，即 examples\general\dynamicevents.llb 文件中的例子。

从数据流的运行机制来看，事件可以理解为多个无定序的数据源。事件的响应处理过程根据事件发生的先后顺序依次进行处理，而事件的处理过程仍然是依据数据流运行机制的。所谓多个无定序的数据源，是指事件发生是随机的，它们之间没有固定的时间或先后顺序关系。

事件结构的运行机制是一个一个地处理事件，这样就要求在事件处理程序上要简单快速执行，避免事件处理过程中产生不必要的堆积。

5.5　公式节点

一些复杂的算法如果完全依赖于图形代码实现，框图程序会十分复杂，工作量大，而且不直观，调试和改错也不方便。LabVIEW 提供了一种专门用于处理数学公式编程的特殊结构形式，称为公式节点（Formula Node），如图 5-38 所示。在框架内，可以直接输入数学公式或方程式，并连接相应的输入、输出端口。公式节点代码文本的语法与 C 语言十分相似。公式节点中，可以直接使用 LabVIEW 预定义函数和操作符。相对于应用函数→数值中的公式进行计算，利用公式节点可以简单利落许多。

图 5-38　公式节点

公式节点的创建通常按以下步骤进行。

第一步，创建公式节点。在左边框上弹出快捷菜单，选择“添加输入”，添加输入端子；在右边框上弹出快捷菜单，选择“添加输出”，添加输出端子。

第二步，添加输入端口 x、输出端口 y，通过输入、输出端子与外部交换数据，如图 5-39 所示。

第三步，输入程序代码，如图 5-40 所示。

需要注意的是，公式节点中使用的每一个变量必须是输入或输出之一，两个输入或输出不能具有相同的名字，但一个输出可以与一个输入具有相同的名字。变量名有大小写之分，必须与公式中的变量匹配。输出变量的边框比输入变量宽一些，通过从快捷菜单中选择“转换为输出”或“转换为输入”，同时也可在公式节点的边框上添加多个变量。

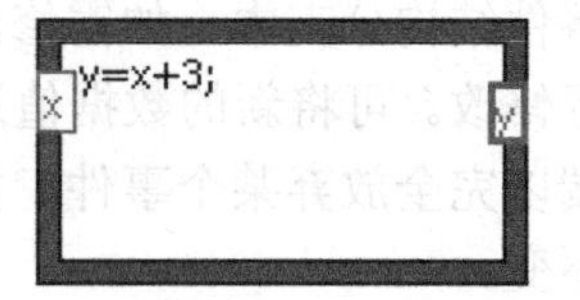

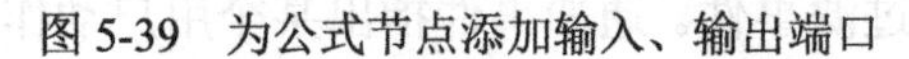

图 5-39 为公式节点添加输入、输出端口　　图 5-40 输入程序代码

输入公式时，每个公式一定要用分号结束；若有很多公式，可以从公式节点（不是边框）弹出快捷菜单中选择 Visible Items→Scrollbar 放置滚动条。

公式节点中代码的算法与 C 语言相同，可以进行各种数学运算。这种兼容性使 LabVIEW 功能更强大。公式节点中可以直接使用的 LabVIEW 预定义函数见相应的 LabVIEW 帮助文档。

在公式节点中不能使用循环结构和复杂的选择结构，但可以使用条件运算符和表达式，如<逻辑表达式>？<表达式 1>:<表达式 2>。

例如，计算两数的比值，框图程序如图 5-41 所示。

需要注意的是，公式节点框架中出现的所有变量，必须有一个相对应的输入端口或输出端口，否则，LabVIEW 会报错。

对于只有一个输入和一个输出的运算，可以使用表达式节点（Expression Node），如图 5-42 所示。

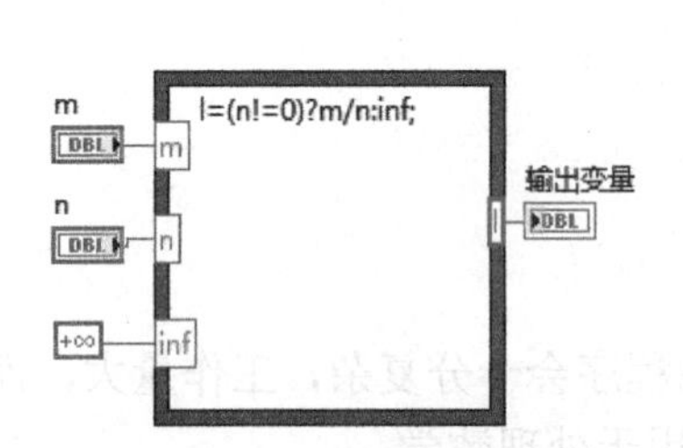

图 5-41 计算两数的比值

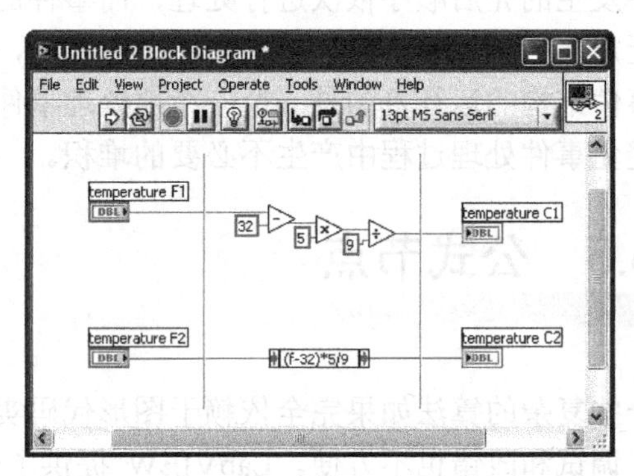

图 5-42 表达式节点应用

图 5-42 所示程序可将华氏温度转换为摄氏温度。F1 到 C1 的转换是通过基本运算节点完成的。尽管运算并不复杂，但是阅读程序的人仍然无法立即就意识到这个运算与书中给出的公式相对比是否正确，还需要仔细地一步一步判断。这是图形化语言在表达纯数学计算时不利的一面，此时文字表达方式会更为直观易懂。表达式节点是使用文字来描述运算的。F2 到 C2 的转换就是使用表达式节点来完成的，用户可以直观地读出该节点所使用的公式。

与使用基本运算节点相比较，表达式节点的另一个优点是节省了框图上的空间。

在表达式节点中只允许有一个字符串，代表输入参数。例如，本例中参数用 f 表示。LabVIEW 在线帮助中列出了表达式节点所支持的运算符、函数和表达式规则。

5.6 禁用结构

程序框图禁用结构包括一个或多个子程序框图（分支），仅有启用的子程序框图可执行。程序框图禁用结构用于禁用一部分程序框图，该函数如图 5-43 所示。

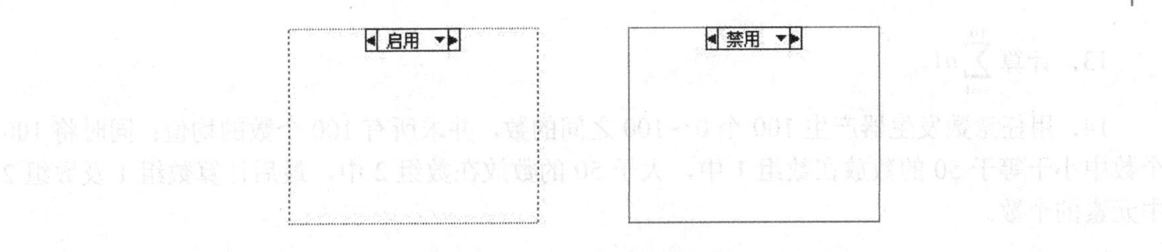

图 5-43　程序框图禁用结构

将要禁用的节点放置在程序框图禁用结构中。在“启用”子程序框图中放入任何在“禁用”子程序框图中被禁用的代码。

条件禁用结构包括一个或多个子程序框图，LabVIEW 在执行时会根据子程序框图的条件配置，只使用其中的一个子程序框图。需要根据用户定义的条件而禁用程序框图上某部分的代码时，可以使用该结构。

LabVIEW 的程序结构

基本结构框图的新特性

习题

1. LabVIEW 的 For 与 While 循环使用中要注意哪些细节？

2. 移位寄存器和反馈节点有何异同？使用中要注意哪些细节？

3. 顺序结构中如何传递数据？

4. 简述循环中放置时间模块的功能（如等待多少毫秒）。

5. 事件结构使用时要注意哪些细节？

6. 公式节点有哪些好处？可以用哪些算符？

7. 程序框图禁用结构和条件禁用结构有哪些用处？

8. 编程计算 0～99 的偶数之和。

9. 学习使用双重 For 循环。创建一个程序，画出 X 从 1～N 的立方和曲线（$1 \leq N \leq 100$，X、N 均为整数）。

10. 创建一个 VI 程序，不断地产生随机数，直到产生的随机数与程序指定的数值相匹配。记录下共产生了多少个随机数才与程序的指定值相匹配。

11. 创建一个 VI 程序，每秒测量一次温度，并显示在波形 Chart 指示器上。如果温度高出或低于设定范围，VI 程序点亮前面板的两个 LED。

12. $a_n = \dfrac{a_{n-1} + a_{n-2} + a_{n-3}}{3}$，其中 a_0, a_{-1}, a_{-2} 已知，编程计算 a_n，并计算 $a_0, a_1, \cdots, a_n$ 之和。用两种方法实现：

（1）移位寄存器；

（2）公式节点。

13．计算$\sum_{n=1}^{10} n!$。

14．用任意数发生器产生100个0～100之间的数，并求所有100个数的均值；同时将100个数中小于等于50的数放在数组1中，大于50的数放在数组2中，最后计算数组1及数组2中元素的个数。

第 6 章 LabVIEW 中的波形显示

本章知识点：

- 波形图表显示方法
- 波形图显示方法
- XY 图显示方法
- 强度图和强度图表显示方法
- 数字波形图显示方法
- 混合信号图显示方法
- 三维图形显示方法

基本要求：

- 掌握不同波形表示法的数据源、特点及应用
- 掌握常用的波形显示控件的使用方法

能力培养目标：

通过本章的学习，掌握 LabVIEW 软件中进行波形图显示、XY 图显示、强度图显示、数字波形显示、混合信号显示及三维图形显示的方法，能够结合数据源进行数据格式的变换，实现不同的显示，并可进行图形外观的设计。

LabVIEW 很大的一个优势就是它提供了丰富的数据图形化显示控件，LabVIEW 强大的图形显示功能软件（多种方式、适应多种需求），使得用户界面十分友好、丰富、表现力很强，而且使用起来极其方便。本章将学习图表和图形的几种使用方法及其他一些特性。

LabVIEW 中，所有图形显示控件均位于控件选板→新式→图形选板上，如图 6-1 所示。

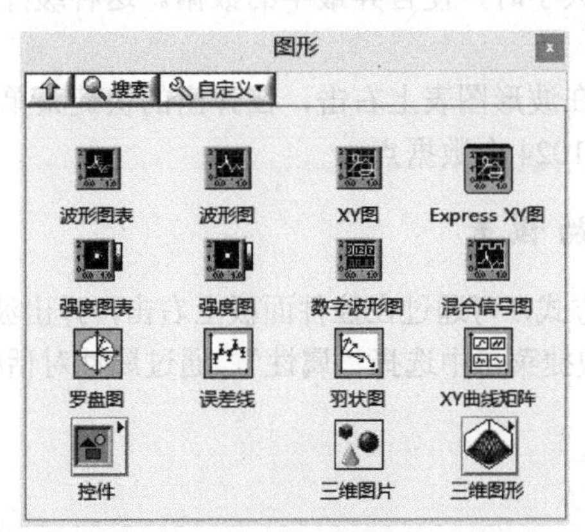

图 6-1　图形选板

本节将重点介绍波形图表、波形图、XY 图及强度图、三维图的使用。

6.1 波形图表

波形图表是一个特殊的数值指示器，它是显示一条或多条曲线的一类特殊的波形显示控件。波形图表常用于循环中，显示之前采集到的数据，当新数据到达时追加到连续更新的显示图表中。因此，波形图表通常用于显示以恒定采样率采集到的数据信号曲线。在波形图表中，横坐标为时间（*X*），纵坐标表示新数据（*Y*）。通常，在每次循环迭代中产生一个 *Y* 值，因此 *X* 值表示循环时间。LabVIEW 的波形图表控件在用于交互式数据显示时有 3 种不同的更新模式。图 6-2 显示了一个多曲线的波形图表，共显示了两条曲线：原始数据和平均值。

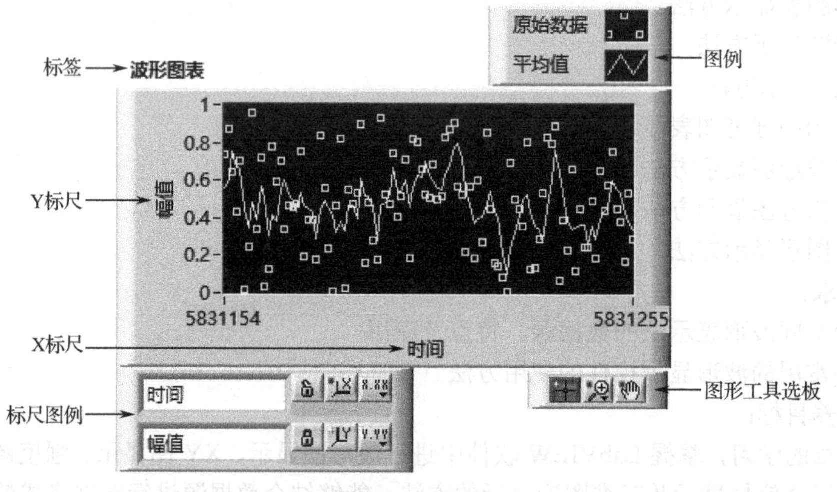

图 6-2 波形图表

6.1.1 波形图表的特点

波形图表是一个实时趋势图，它并不是一次性接收所有需要显示的数据，而是逐点接收并逐点显示数据，在保留上一次数据的同时显示当前接收的数据。为了能够看到先前的数据，波形图表控件内部含有一个显示缓冲器，其中保留了一些历史数据。显示数据的范围取决于设置的缓冲区的大小，当超过其大小时，便舍弃最早的数据。这种缓冲相当于一个队列，遵循先进先出的原则。

设置缓冲区的大小，可在波形图表上右击，在弹出的快捷菜单中选择“图表历史长度”选项进行设置。其最大容量是 1024 个数据点。

6.1.2 波形图表的设置

波形图表的设置有两种方式，可通过在控件面板上右击，弹出波形图表控件的设置选项，如图 6-3 所示。也可以在图表快捷菜单中选择“属性”，通过属性对话框进行设置，如图 6-4 所示。

1. 显示项

1）标签与标题

在显示项中可选择显示标签与标题与否。在图 6-4 所示对话框中也可进行显示项选择。

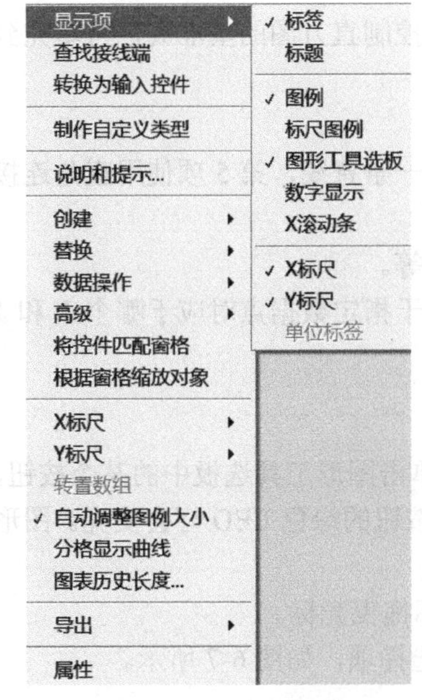

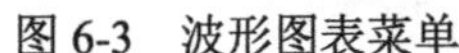
图 6-3　波形图表菜单

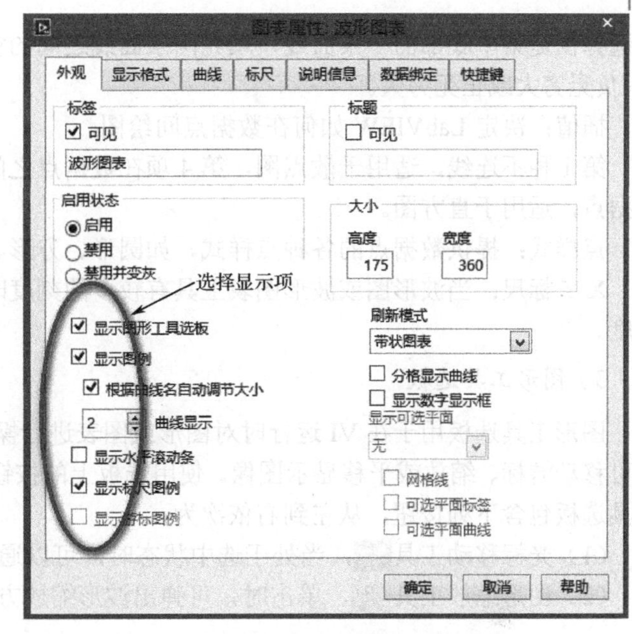

图 6-4　波形图表属性对话框

2）图例

即前面板波形图形控件的右上角。若有多个输入，可以通过图例来标识曲线名称或序号。图 6-5 所示为显示图例设置。可对波形图表进行显示定制，如显示多条曲线、改变曲线形状、改变曲线颜色、改变曲线样式与宽度等。在波形图或波形图表上弹出菜单，选择显示项→图例，可显示或隐藏图例，也可以在图例中为每一条曲线命名。

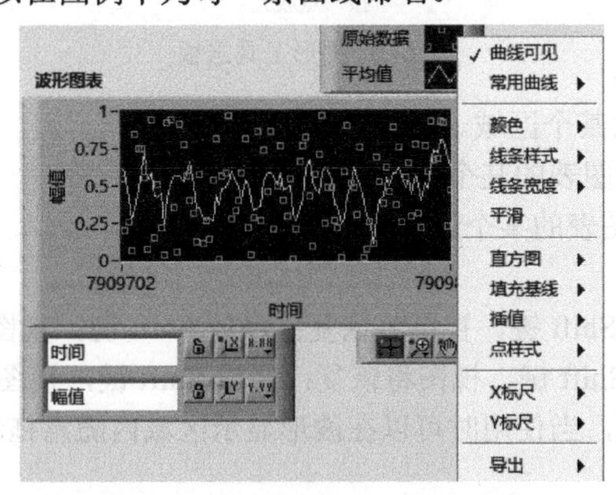

图 6-5　波形图表的显示图例设置

常用曲线：包括 6 种曲线格式，如散点图、条形图及填充图，如图 6-6 所示。

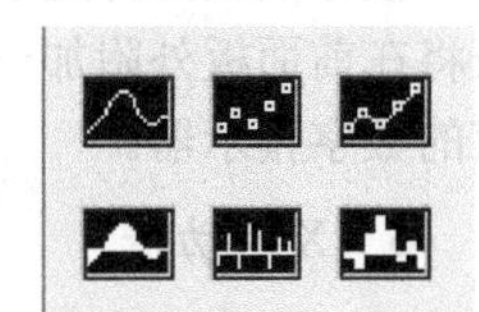
图 6-6　常用曲线格式

颜色：可设定曲线颜色。

线条样式、线条宽度：提供了不同的样式及宽度。

平滑：让曲线总体看起来更平滑好看，绘图时减少闪烁。因为平滑线条绘图功能需要大量计算，使用该功能可能会降低系统性能。

直方图：提供各直方图类型。可创建 100%、75%或 1%宽度的水平或垂直条形图。

填充基线：用于填充曲线下方的空间，颜色与曲线相同。如图形或图表中含有多条曲线，可选择快捷菜单底部的一条曲线，填充两条曲线之间的空间。控制直方图的基准线，可填充到0、负无穷大或正无穷大。

插值：决定 LabVIEW 如何在数据点间绘图。

第 1 种不连线，适用于散点图，第 4 项在数据点之间绘制一条直线，第 5 项使用直角连接数据点，适用于直方图。

点样式：提供数据点的各种点样式，如圆形、方形、填充等。

X/Y 标尺：当波形图或波形图表上具有较多的刻度时，用于指定数据点对应于哪个 X 和 Y 刻度。

3）图形工具选板

图形工具选板用于在 VI 运行时对图形或图表进行操作。单击图形工具选板中的某个按钮，即可移动游标、缩放或平移显示图像。使用选板上的按钮时，按钮的绿色 LED 灯会变亮。图形工具选板包含下列按钮，从左到右依次为：

（1）光标移动工具，当处于选中状态时，可以通过鼠标拖曳光标。

（2）图形缩放工具，单击时，可弹出波形缩放方式的选择项，如图 6-7 所示。

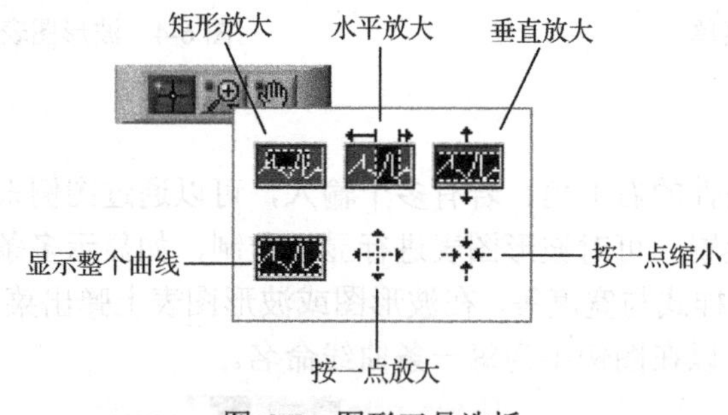

图 6-7　图形工具选板

放大图形或图表的某个区域。

按 X 轴放大图形或图表的某个区域。

按 Y 轴放大图形或图表的某个区域。

显示整个曲线。

放大，放大时按下 Shift 键，视图将恢复；释放 Shift 键，视图重新放大。

缩小，缩小时按下 Shift 键，视图将恢复；释放 Shift 键，视图重新缩小。

（3）图形拖动工具，当使用时可以在波形显示区域内随意拖动波形。

4）数字显示

波形图表控件是以一次一个点或几个点的方式来接收数据的。当选中数字显示后，波形图表将在前面板外附加一个数字指示器，直观地显示最新一个数据的大小。每个波形都有一个相应的数字指示器。

5）X 滚动条

波形图表有一个数据缓冲区。若选中 X 滚动条显示，则可用 X 滚动条查看缓冲区前后任何位置的一段数据波形。

6）X 标尺

X 标尺表示当前显示的波形图表的 X 范围。

7）Y 标尺

Y 标尺表示当前显示的波形图表的 *Y* 范围。

2．查找接线端

查找接线端可自动跳到连接该波形图表在程序框图中的位置。

3．转换为输入控件

选择“转换为输入控件”后，该波形图表的显示属性将转换为输入属性。若当前的波形图表为输入属性，则该菜单项为“转换为显示控件”。

4．说明和提示

该菜单项的功能和其他控件类似。

5．创建

选择“创建”时，将弹出一个子菜单，从中可以选择创建局部变量、引用、属性节点和调用节点，如图 6-8 所示。

6．替换

可在弹出的控件面板中选择其他的控件来代替该波形图表控件。

7．数据操作

选择后，会弹出图 6-9 所示子菜单，从中可选择默认值操作、复制数据、清除图表等。如果选择“清除图表”，波形图表将返回最初状态，横坐标返回 0 坐标。

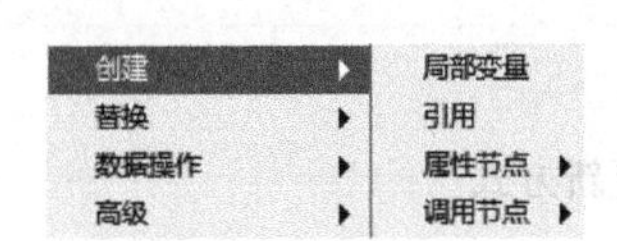

图 6-8 “创建”选项

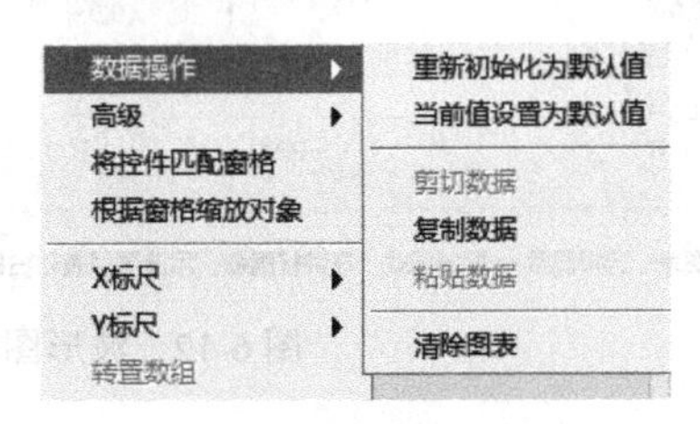

图 6-9 “数据操作”子菜单

8．高级

选择后弹出图 6-10 所示子菜单。

图 6-10 “高级”子菜单

同步显示、自定义、运行时快捷菜单、隐藏显示控件和启用状态等菜单项的操作和其他控件相似，可参考数值控件部分的介绍。

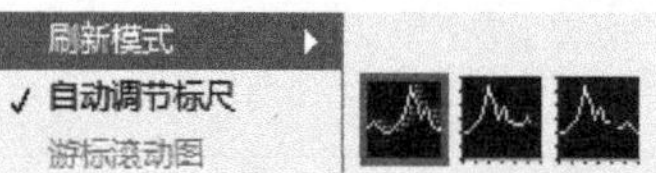

图 6-11 “刷新模式”子菜单

选择“刷新模式”，弹出图 6-11 所示子菜单，共有带状图表、示波器图表、扫描图表 3 种刷新模式。

波形图表的波形点数超过图形界面时，可以配置图表更新数据的方式。通过图表属性对话框“外观”选项卡中的“刷新模式”选项，也可配置图表的更新模式。图表的数据显示方式如下：

带状图表，从左到右连续滚动地显示运行数据，旧数据在左，新数据在右。带状图表类似于纸带图表记录器。带状图表是默认的更新模式。

示波器图表，显示某一项数据，如脉冲或波形，并从左到右地滚动图表。波形图表将新数值绘制到前一个数值的右边。当曲线到达绘图区域的右边界时，LabVIEW 将擦除整条曲线并从左边界开始绘制新曲线。示波器图表的这种回扫显示特性类似于示波器。

扫描图表，类似于示波器图表，不同之处在于扫描图表中有一条垂直线将右边的旧数据和左边的新数据隔开，而且当曲线到达绘图区域的右边界时，扫描图表中的曲线不会被擦除。扫描图表的显示特性类似于心电图仪（EKG）。

示波器图表和扫描图表都有与示波器类似的回扫显示特性。由于回扫曲线所需的时间较短，所以用示波器图表和扫描图表显示曲线明显比用带状图表快，图 6-12 所示为 3 种曲线数据更新方式。在 LabVIEW 自带范例 LabVIEW 2014\examples\Controls and Indicators\Graphs and Charts\Waveform Graphs and Charts\Waveform Chart Data Types and Update Modes.vi 中可查找。

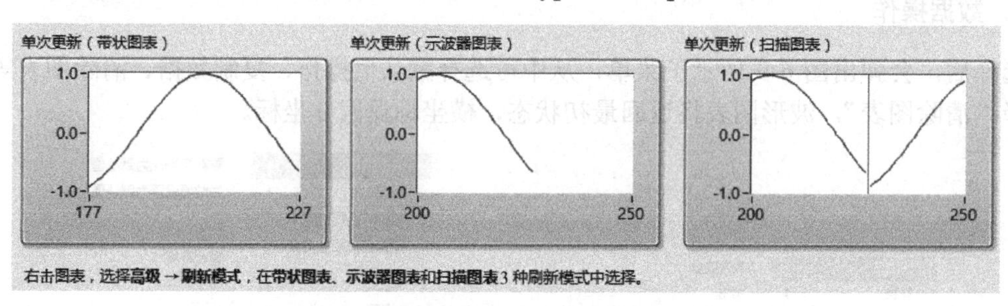

图 6-12 波形图表 3 种曲线数据更新方式

9．导出

选中后弹出图 6-13 所示菜单。

在需要将图表或图形的图像用于报告或说明书时，可输出相关图表及图像。可选择导出数据到剪贴板、Excel，或导出简化图像。如选择导出简化图像（不包括强度图形和强度图表），前面板将显示图 6-14 所示的对话框，可选择将图像保存至文件，或形成位图等，则可生成图 6-15 所示的简化图像。该对话框用于为图形、图表、表格、图片控件、数字数据或数字波形控件导出图像，并将该图像保存到剪贴板或另存为*.emf、*.bmp 或*.eps 文件。通过设置复选框隐藏网格确定显示网格与否。

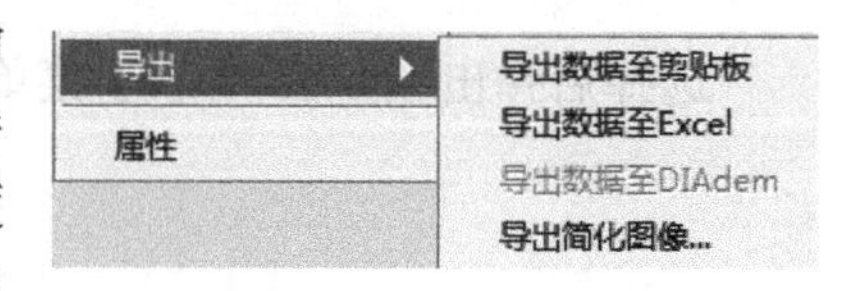

图 6-13 “导出”子菜单

需要注意的是，LabVIEW 输出的简化图像仅包括绘图区域、数字显示、曲线图例和索引显示，但不包括滚动条、刻度图例、图形选项卡或光标选项卡。

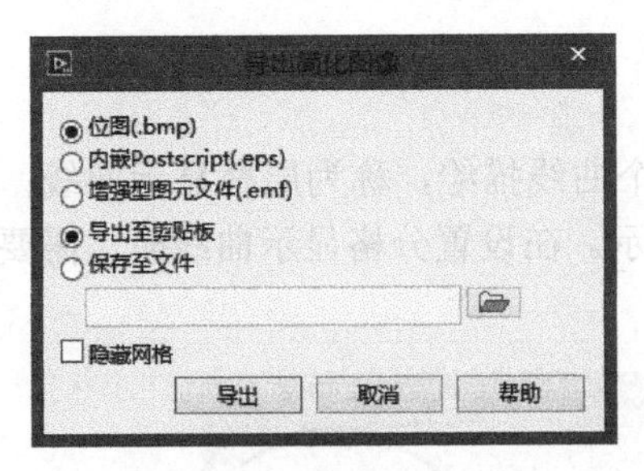

图 6-14　导出简化图像

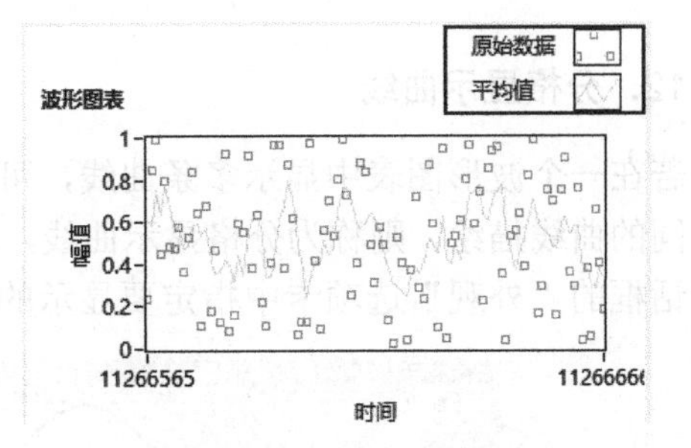

图 6-15　导出后的图像

10. X 标尺

图表和图形能够自动调节水平及垂直刻度来反映其数据点的曲线分布。刻度可以自动调整为以最高分辨率显示图形上的所有点。可以在图形控件点右键快捷菜单中选择X标尺或Y标尺，选择自动调整 X/Y 标尺来打开或关闭自动刻度功能。波形图自动刻度功能默认是打开状态，波形图表的自动刻度功能是关闭的。另外，使用自动刻度功能会计算每一个点的新刻度，会使波形图或波形图表的更新速度变慢，所以对于计算机和显示系统有要求。

“X 标尺”选中后弹出图 6-16 所示子菜单，如果选择“自动调整 X 标尺”，则随着数据不断地产生，X 轴横坐标的初始值始终为 0，X 轴的范围不断变化。

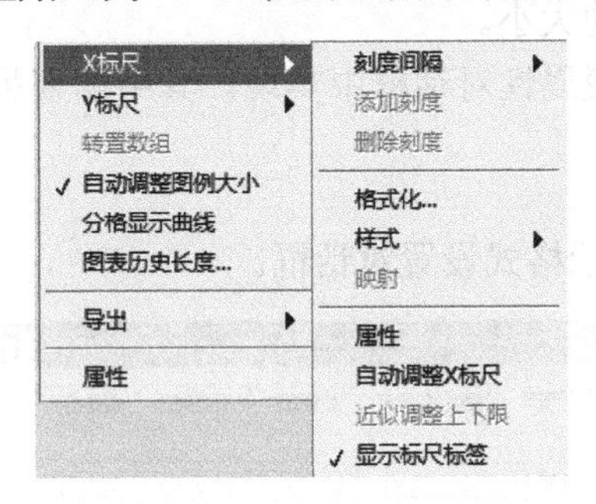

图 6-16　“X 标尺”子菜单

- 刻度间隔：“均匀”表示 X 标尺刻度均匀显示；“任意”表示 X 标尺刻度任意根据实际情况显示。
- 添加刻度：在 X 轴的位置右击，选择“添加刻度”，可以在 X 轴的该位置添加一个新的刻度。
- 删除刻度：在 X 轴的某个刻度位置右击，选择“删除刻度”，可以把该刻度从 X 轴上删除。
- 格式化：选择后转入属性格式化设置。
- 样式：将对 X 轴坐标的样式进行选择，有 9 种样式可选。
- 属性：转入波形图表的属性设置。
- 自动调整 X 标尺：与自动调整标尺的功能相同。
- 显示标尺标签：在 X 轴上显示标尺标签。该例中的标尺标签为时间。

11. Y 标尺

选中“Y 标尺”，可以弹出子菜单，与“X 标尺”子菜单类似。单击“映射”，可选择“线性”和“对数”，“线性”选项为 Y 线性表示，“对数”选项为 Y 求对数后显示。

12. 分格显示曲线

若在一个波形图表中显示多条曲线，可以使用同一个曲线描绘，称为层叠显示曲线；或使用不同的曲线描绘，则称为分格显示曲线，如图 6-17 所示。在设置分格显示曲线时，需要在属性对话框的“外观”选项卡中指定要显示的曲线数目。

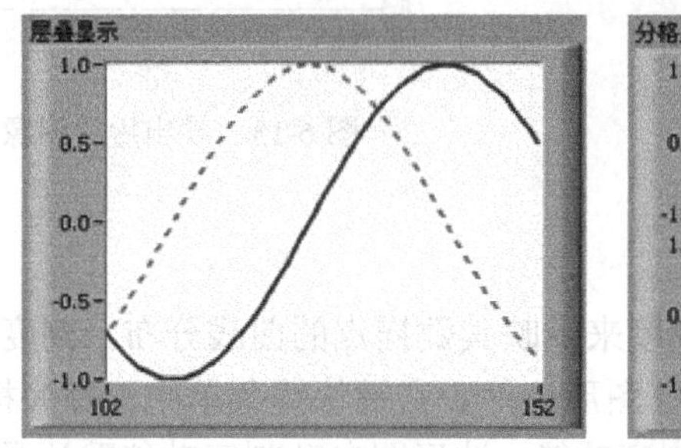

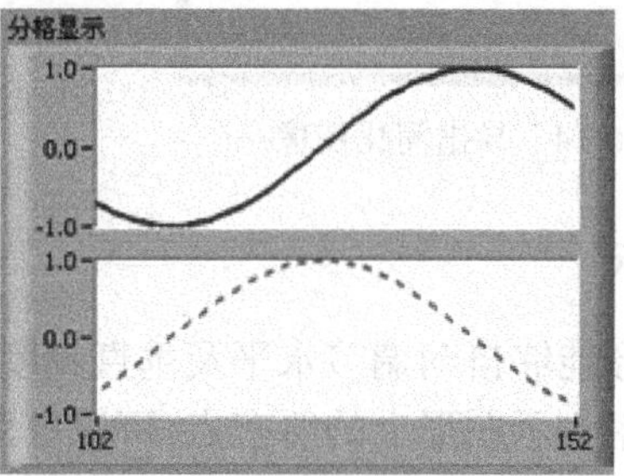

图 6-17 层叠与分格显示曲线

13. 图表历史长度

设置波形图表缓冲区的大小。缓冲区专用于保存历史数据，默认为 1024。波形图表显示的点数不能大于所设定的缓冲区的大小。

前述众多设置也可以在图表属性对话框中实现。其中需要另外说明的有以下内容。

14. 显示格式

图 6-18 所示为波形图表显示格式设置对话框。

图 6-18 波形图表显示格式设置对话框

- 类型：在左上角的下拉列表中选择一个坐标轴，包括时间（*X* 轴）、数值（*Y* 轴）、数字显示 0、数字显示 1。然后为这个坐标轴指定刻度的数据格式，可以选择的数据格式有浮点、科学计数法、自动格式、国际单位制计数法、十六进制计数法、八进制计数法、二进制计数法、绝对时间和相对时间等。
- 精度类型：选择“精度位数”可设置刻度值数字的小数位数；选择“有效数字”可设置

刻度值数字的有效数字。

- 隐藏无效零：隐藏小数末尾的 0。
- 以 3 的整数倍为幂的指数形式：使用科学计数法时指数采用 3 的倍数。
- 使用最小域宽：选中后，则下两项有效。

  最小域宽：以字符为单位指定刻度值宽度。

  左侧填充：决定当刻度数字不足设置的最小域宽时补 0 还是空格。

15. 曲线

图 6-19 显示了波形图表曲线设置对话框。

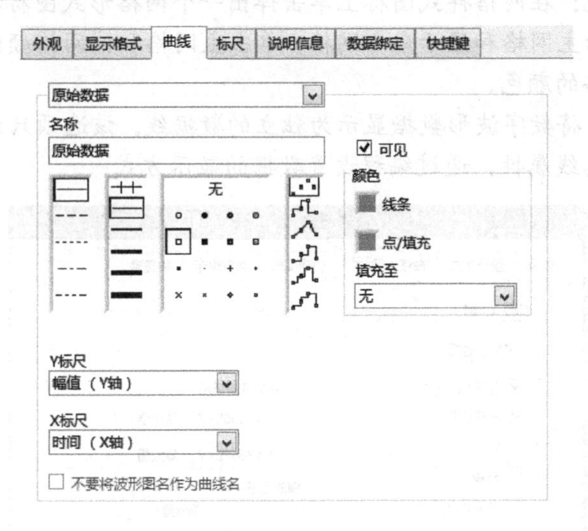

图 6-19 波形图表曲线设置对话框

- 曲线选择：可选择曲线 0、曲线 1 等，可以对这些曲线分别进行设置。
- 名称：对应于上面选择的曲线设置曲线名称。
- 曲线开关：4 个列表框中分别是对曲线的线型、宽度、描点类型等进行设置。
- 颜色：设置曲线线条和点的颜色。
- 填充至：在下拉列表中选择一种填充方式。以曲线为一部分边界，另一部分边界可以选择零线、负无穷大、正无穷大或某一曲线。

16. 标尺

当执行自动调整 X/Y 标尺操作时，刻度被设置为数据的精确范围。波形图表的 X 轴、Y 轴的标尺最大值将根据实际情况做实时的调整，否则标尺的显示范围将按照默认设定的值显示。使用近似调整上下限，勾选该复选框可将标尺两端的刻度值取整，使该值是标尺增量的倍数。例如，如果标尺增量为 3，则最大值和最小值将被设置为 3 的倍数，而不是数据的精确范围。标尺设置对话框如图 6-20 所示。

在下拉列表中选择要设置的轴，默认的是横坐标“时间（X 轴）”。

- 名称：对下拉列表中所选择的轴线进行名称的设置，默认 X 轴的名称为“时间”。可选择“显示标尺标签”与“显示标尺”选项。
- “显示标尺标签”复选框允许显示或隐藏坐标轴标签。
- “显示标尺”复选框允许显示或隐藏坐标轴标尺。

- “对数”复选框允许数据显示为纯数或对数刻度。
- “反转”复选框允许定义坐标轴上刻度的最大值和最小值是倒置或不倒置。
- 选中“自动调整标尺”则根据实际情况自动调整刻度；如果没选中，则最大、最小值由下面两个选框设置。
- 缩放因子：设置偏移量（初始值）和缩放系数。
- 刻度样式与颜色：单击刻度形式图标弹出一个刻度样式图标板，从中选择刻度样式。在颜色框上单击弹出调色板，可分别设置主刻度、辅刻度、标记文本颜色。主刻度标记与刻度标签对应，而辅刻度标记表示主刻度之间的内部点。
- 网格样式与颜色：在网格样式图标上单击弹出一个网格形式图标板，有3个选择：不显示网格、只显示主网格和显示全部网格。单击主网格和辅网格颜色图标，可以分别设置主网格和辅网格的颜色。
- 扩展数字总线：将数字波形数据显示为独立的数据线。该选项只适用于数字波形图。也可用扩展数字总线属性，通过编程设置数据的显示方式。

图 6-20　标尺设置对话框

6.1.3　波形图表的应用

1. 对图表进行连线

一个标量输出可以直接连接到波形图表。如图 6-21 所示，波形图表的接线端自动与输入数据类型匹配。

位于簇与变体选板上的“捆绑”函数可用于在波形图表中显示多条曲线。图 6-22 中，“捆绑”函数将 3 个 VI 的输出捆绑在一起显示到波形图表上。

波形图表接线端会自动转换数据类型，与“捆绑”函数的输出相匹配。用定位工具改变“捆绑”函数的大小可以增加波形图表中显示的曲线数量。波形图表接收的数据类型和波形图相同，而显示相同波形时，二者接收的数据格式不一样。

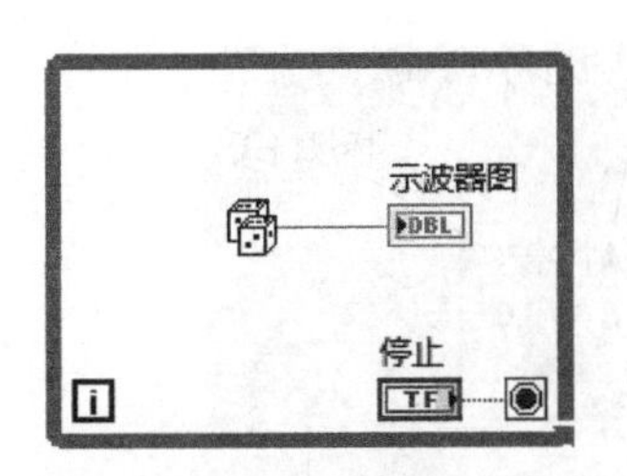

图 6-21　连接单条曲线到波形图表

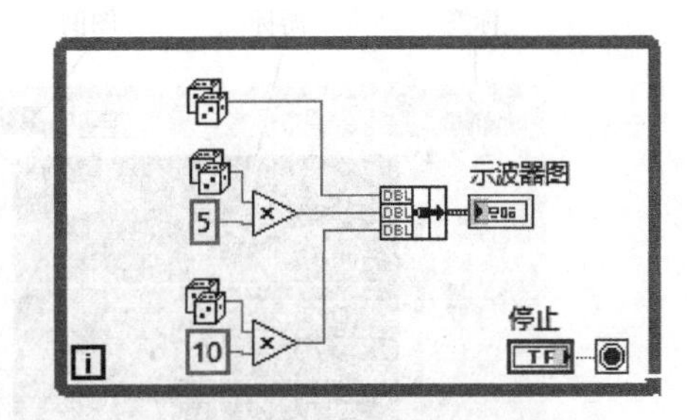

图 6-22　连接多条曲线到波形图表

2. 波形图表的定制——设置坐标轴显示

波形图表坐标轴可通过以下方法进行设置，如自动调整坐标轴、坐标轴缩放、设置坐标轴刻度样式、设置网格样式与颜色、多坐标轴显示。图 6-23 显示了波形图表双坐标显示的过程。

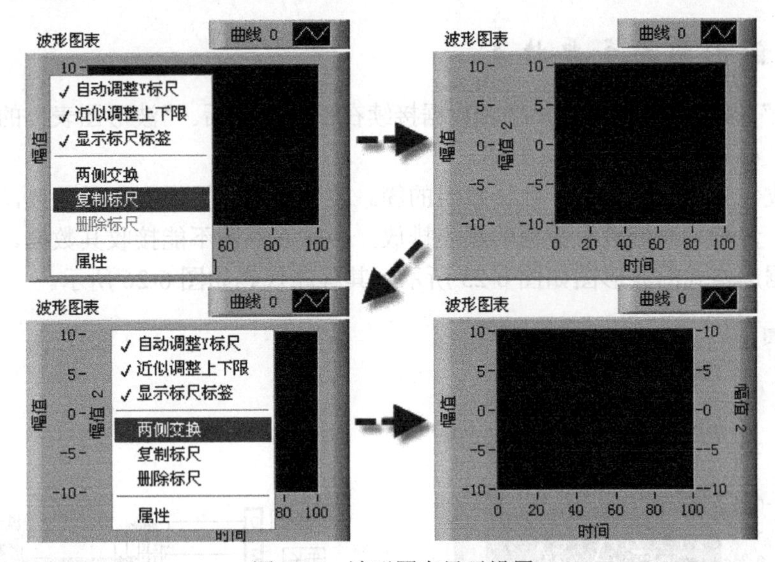

图 6-23　波形图表显示设置

6.2　波形图

图形显示控件选板上的图形包括波形图和 XY 图。波形图仅绘制单值函数，如 $y=f(x)$，且采样点必须沿 X 轴均匀分布，例如，采集随着时间变化的波形。

波形图的基本显示模式：等时间间隔地显示被测对象的波形数据点，且每一时刻只有一个数据值与之对应，如图 6-24 所示。

波形图是一个事后显示数据的图形控件，其要显示的数据全部到达后（即先将数据存放到一个数组中），一次性将所有数据送给波形图显示。

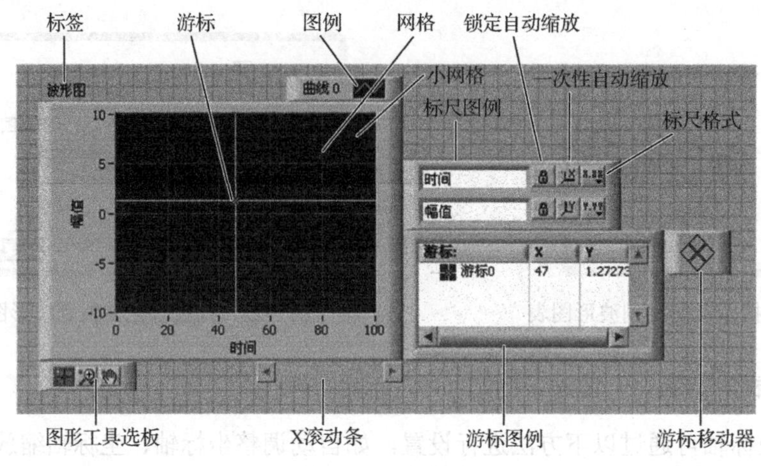

图 6-24　波形图

6.2.1　波形图的主要特点

“波形图表”保存了旧数据，并将新数据接续在旧数据之后。“波形图表”的显示模式类似于波形记录仪、心电图仪等的工作方式。

波形图接收包含初值、步长、数据数组的簇。波形图的数据类型如果是簇，则簇的元素必须按照起始点、步长、波形数组数据的顺序排放，否则波形图不能接收其数据，因为其数据类型不匹配。数据簇格式的波形图如图 6-25 所示，其程序代码如图 6-26 所示。

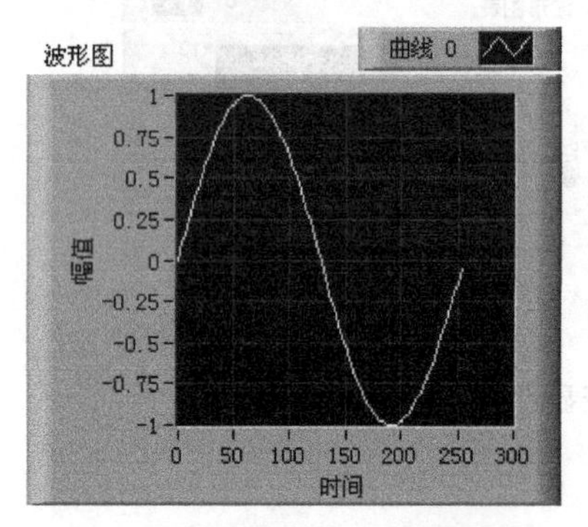

图 6-25　数据簇格式的波形图

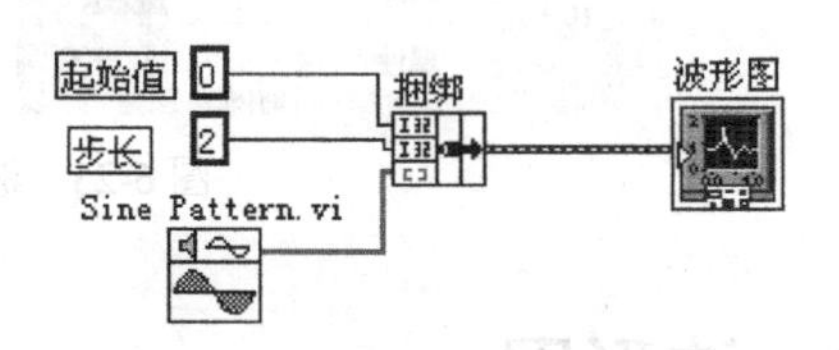

图 6-26　波形图显示程序代码

波形图用于显示测量值为均匀采集的一条或多条曲线。波形图仅绘制单变量函数，比如 $y=f(x)$，并且各点沿 X 轴均匀分布。波形图可显示包含任意个数据点的曲线。波形图可接收多种类型和格式的数据（如数据类型包括数组、簇、波形数据；数据格式包括一维数组、多维数组、簇数组），从而最大限度地降低了数据在显示为图形前进行类型转换的工作量。

默认显示方式下，波形图为数组数据类型。有自定义初始 X 轴值的波形图为簇数据类型。波形图能接收的数据格式为：①一维或二维数组；②一维数组打包成簇，然后以簇为元素组成数组；③簇类型的数据；④以簇为元素的二维数组，每个元素均由 t_0、dt 和数值数据组成，每个波形曲线的上述 3 个参数可不同；⑤由 t_0、dt 及数据类型的二维数组 Y 组成簇；⑥由 t_0、dt 和以簇为元素的数组组成簇。

在波形图上右击，弹出快捷菜单，可以配置波形图的一些基本属性。打开其中的“属性”选项对话框，就可对波形图的各种属性进行设置或修改。

或采用快捷菜单方式改变波形图上不同选项（标签、图例、X 坐标、Y 坐标等），可实现对相关具体属性的设置或修改，很多操作与波形图表一样。

6.2.2　波形图的显示设置

波形图在接收到新数据时，是先将旧数据完全清除，然后再用新数据重新绘制出整条曲线。波形图的个性化定制方法大部分与波形图表是相似的，这里只介绍不同部分。与波形图表相比，波形图的个性化设置对象没有“数字显示”，多了一个“游标图例”。

（1）在波形图的弹出菜单中选择显示项→游标图例，紧邻波形图控件的右边会出现游标图例，如图 6-27 所示。

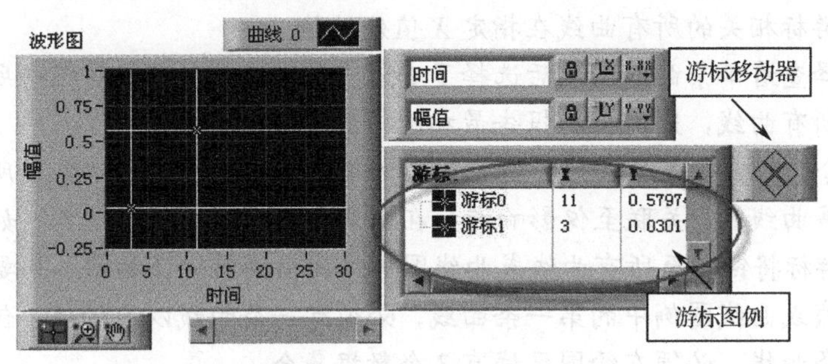

图 6-27　波形图游标图例

（2）在初始状态下，波形图上没有显示任何游标，在出现的游标图例区域右击，在弹出的快捷菜单中选择“创建游标”，该选项下有 3 种模式可选，如图 6-28 所示。

- 自由：允许游标在曲线区域内自由移动，游标并不锁定到曲线的某些点上。
- 单曲线：仅允许游标在对应的曲线数据点上移动。为了使游标与曲线关联，右击游标图例行，并从“关联至”弹出菜单中选择关联的曲线，如图 6-29 所示。关联后的曲线图如图 6-30 所示。

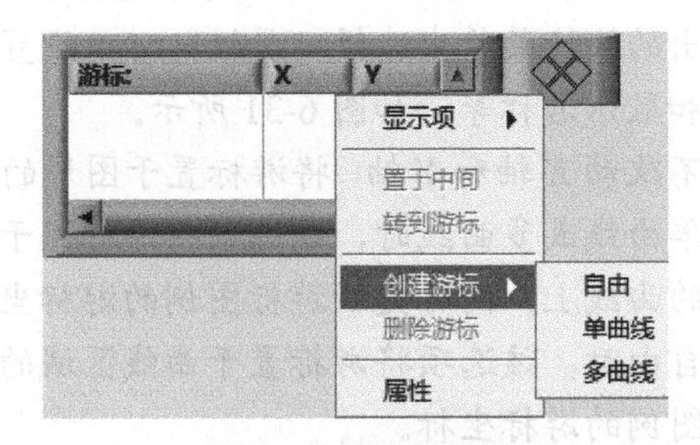

图 6-28　游标模式

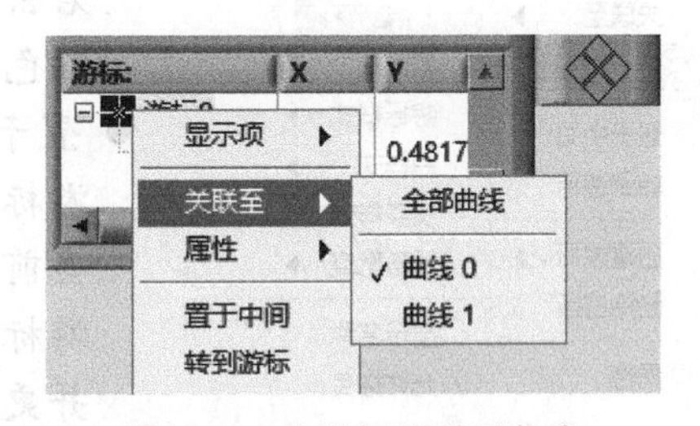

图 6-29　将游标关联至曲线 0

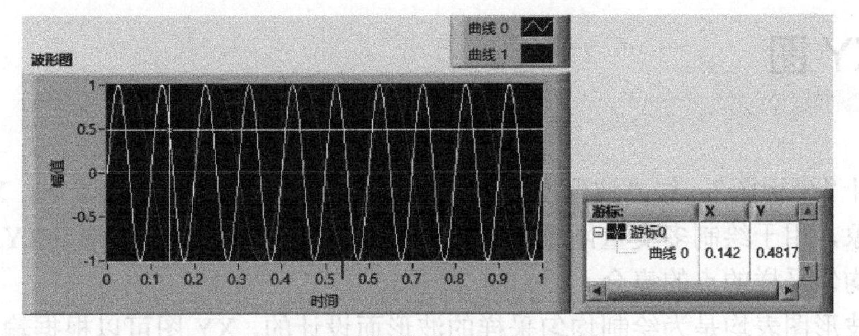

图 6-30　关联后的曲线 0 游标

- 多曲线：仅适用于混合信号图形，该模式仅允许游标在曲线区域的数据点间移动。对所有与游标关联的曲线，游标将报告指定点的 *X* 值。为了使游标与曲线关联，右击游标图例，并从“关联至”子菜单中选择关联的曲线，该操作与“单曲线”模式相同。

需要注意的是，创建游标后就不能再改变其游标模式了。如果修改，要先删除已有游标，然后创建新的光标，并设置其模式。

（3）在游标图例行中单击任意区域可激活该游标。使用操作工具或标签工具，直接在游标图例中输入名称和坐标。

（4）右击游标图例所在行，从快捷菜单中选择以下相应选项以自定义游标：

- 查看：游标模式为多曲线时，游标与一条或多条指定曲线或所有曲线关联。多曲线游标可显示与游标相关的所有曲线在指定 *X* 值处的值。
- 如最初选择查看单条曲线而此后选择了查看→所有曲线，游标将报告所有曲线的值。如取消选择所有曲线，则游标将报告最初选择的曲线的值。
- 关联至：令游标锁定某条曲线。游标模式为单曲线时，游标与一条或所有曲线关联。游标模式为多曲线时，关联至仅影响游标在 *X* 轴上移动的方式。注意，如在绘图区没有任何数据，游标将链接至所有曲线或曲线图例中列出的第一条曲线。如要使游标不是链接至所有曲线或曲线图例中的第一条曲线，必须有一条曲线以上的值。例如，如要游标链接至第三条曲线，必须在绘图区域有 3 个数据集合。
- X 标尺：设置游标的 X 标尺。仅当游标模式为自由时，该选项才有效。
- Y 标尺：设置游标的 Y 标尺。仅当游标模式为自由时，该选项才有效。
- 单击游标移动控件的 4 个方向按钮，可以在运行过程中移动游标的位置，也可以用属性节点控制游标移动。程序运行完毕，可以直接将鼠标放置于游标与曲线交点的位置，直接拖动鼠标，使游标移动。如果把鼠标放置于游标的水平或垂直线上，则只能使游标分别在水平或垂直线上移动。
- 属性：在游标图例中，选中游标，使背景色为黄色后再右击，在弹出的快捷菜单中选择“属性”可以设置游标颜色、样式和显示名称等，如图 6-31 所示。
- 置于中间：不改动 *X* 轴和 *Y* 轴，将游标置于图形的正中。游标模式为单曲线或多曲线时，该选项将游标置于游标当前所停留的曲线上，同时更新游标图例的游标坐标。游标模式为自由时，该选项将游标置于曲线区域的正中并更新游标图例的游标坐标。
- 转到游标：改动 *X* 轴和 *Y* 轴以将游标置于图形正中。

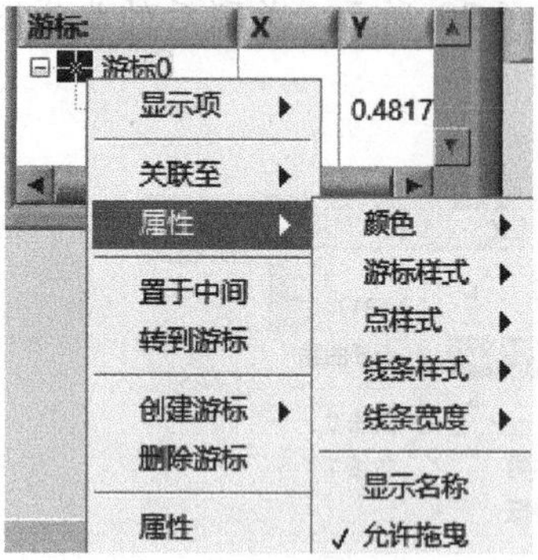

图 6-31　设置游标属性

6.3 XY 图

XY 图也叫“坐标图”，与“波形图”相似，也用于显示完整的曲线数据。XY 图是通用的笛卡儿绘图对象，用于绘制多变量函数曲线，如圆或具有可变时基的波形。XY 图可显示任何均匀采样或非均匀采样的点的集合。

波形图和波形图表均是为绘制均匀采样的波形而设计的，XY 图可以根据输入的 *X*、*Y* 坐标显示任意图形。

XY 图与波形图两者的不同在于：XY 图对[*X*、*Y*]坐标规律并无限制，不要求水平坐标等间隔分布，且允许绘制一对多的映射关系，比如各种封闭曲线等。与波形图的另外一个不同之处是，XY 图无法默认为输入的一维数据指定 *X* 坐标增量，因此 XY 图的输入必须是[*X*、*Y*]一组坐标。因此，对于坐标图的输出（一维数组）无法用 XY 图来显示。对于 XY 图显示的曲线输入要捆绑 *X* 坐标，可设定循环的次数数组输出作为 XY 图的 X 标尺，如图 6-32 所示。

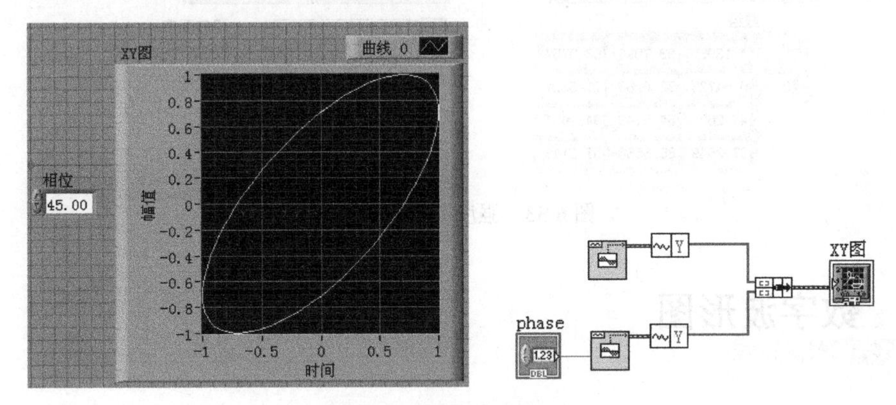

图 6-32　XY 波形图显示

其中产生正统波形的函数来自函数选板→编程→波形→模拟波形→波形生成→正弦波形。

6.4　强度图和强度图表

强度图表和强度图提供了一种在二维平面上使用颜色来显示第三维数据的方法，可用来形象地显示热成像力、地形图等。其数据类型是数值元素构成的二维数组。

强度绘图函数在大部分情况下与二维图表和图形很相似，只是用附加的颜色来表示第三个变量。可以使用色阶设置并显示颜色映射模式。强度图形光标的显示也包括 *Z* 值。

在"强度图表"中，数组的第 0 行对应于最左面的一列，且数组各元素对应的色块按从下到上的顺序排列；数组第 1 行对应于左数第二列（即指明了数组索引与图上色块位置的对应关系）。在强度图表上绘制一个数据块以后，笛卡儿平面的原点将移动到最后一个数据块的右边。图表处理新数据时，新数据出现在旧数据的右边；如图表显示已满，则旧数据将从图表的左边界移出，这一点类似于带状图表。

强度图每次接收新数据以后，一次性刷新历史数据，在图中仅显示新接收到的数据；而强度图表接收新数据以后，在不超过历史数据缓冲区的情况下，将数据都保存在缓冲区中，可显示保存的所有数据。图 6-33 所示为强度图表及强度图。

强度图表和强度图接收 2D 彩色值数组。每个数组元素的索引表示该颜色的绘图位置。既可以使用色阶（使用时类似颜色梯度）定义数字到颜色的映射关系，也可以使用属性节点编程实现。如图 6-33 所示的就是一个绘制在强度图表上的 3×4 数组。颜色映射为：白色 100，蓝色 50，黑色 0。

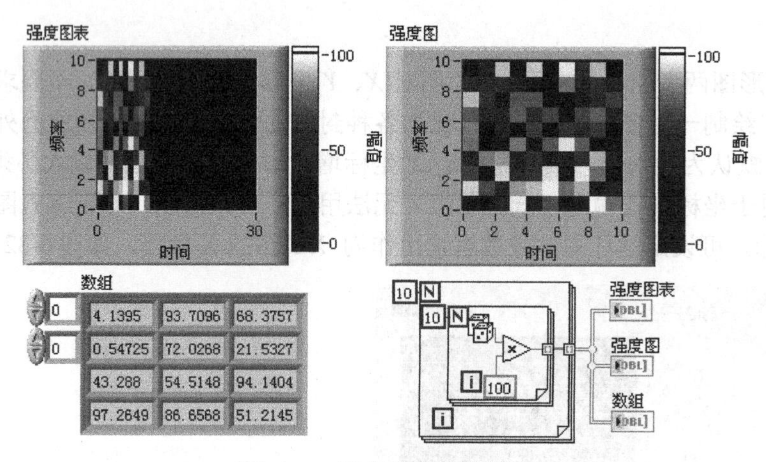

图 6-33 强度图表及强度图

6.5 数字波形图

数字波形图用于显示数字数据，尤其适于在用到定时框图或逻辑分析器时使用。可接收数字波形数据类型、数字数据类型及上述数据类型的数组作为输入，如图 6-34 所示。

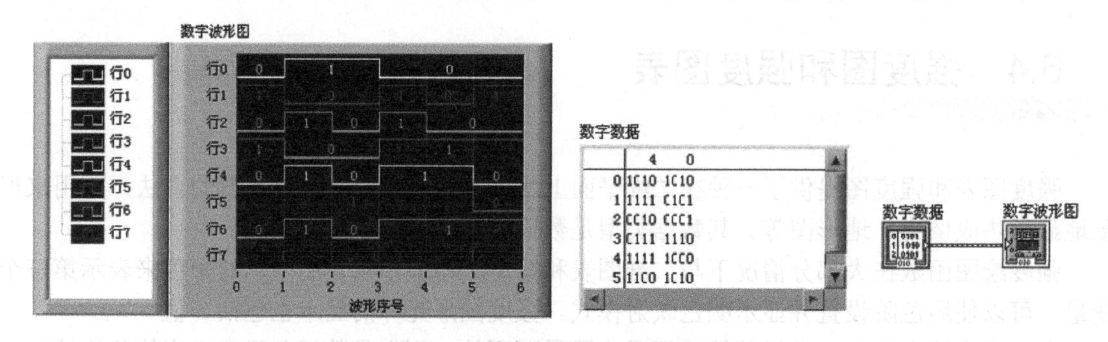

图 6-34 数字数据输入直接显示

自定义数字波形图只显示要在绘图区域查看的数据。按照下列步骤，定义数字波形图显示数字线和总线，或显示数字线和数字总线中的某一种。

（1）显示数字线和总线。默认状态下，数字波形图显示数字线和总线。右击波形图，确认高级→显示总线与线条菜单项已被勾选。

（2）只显示数字线条。如只需显示数字线条，右击数字波形图，从快捷菜单中取消选中高级→显示有总线的曲线菜单项。

（3）只显示数字总线。默认情况下，LabVIEW 启用高级→显示总线与线条和 Y 标尺→扩展数字总线。如只需显示数字总线，右击数字波形图并从快捷菜单中取消选中高级→显示总线与线条菜单项，禁用高级→显示总线与线条。右击数字波形图，取消勾选 Y 标尺→扩展数字总线菜单项。

数字数据中的每一列都对应于数字波形图中的一行信号，数字数据中的每一行就是一个采样。如要查看每个采样的数值，右击 *Y* 轴上的信号值，取消选择扩展数字总线，如图 6-35 及图 6-36 所示。

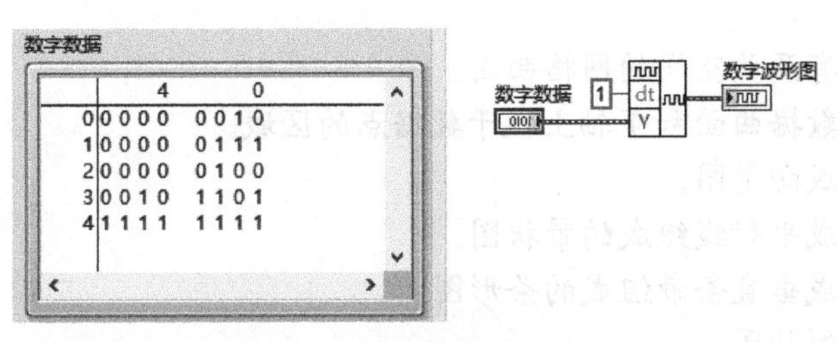

图 6-35 数字波形数据输出

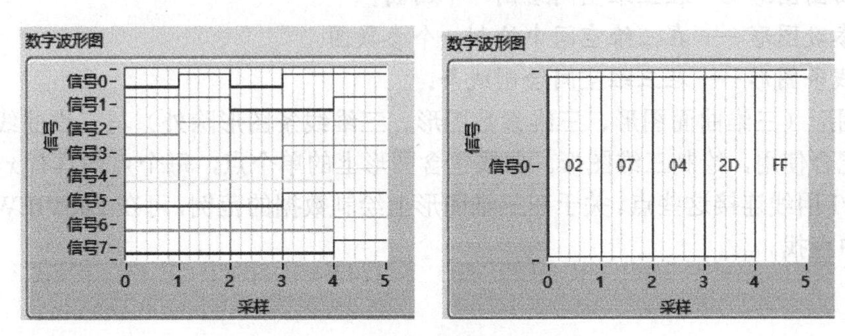

图 6-36 数字波形图显示切换

6.6 三维图形表示

与其他 LabVIEW 控件不同，“图形”选板上提供的 3 个三维图形控件（三维曲面图、三维参数图、三维曲线图）均非独立控件，即它们均包含了名为 CWGraph3D 的 ActiveX 控件的 ActiveX 容器，都是该容器与某个三维绘图函数的组合。

大量实际应用中的数据，例如某个平面的温度分布、联合时频分析、飞机的运动等，都需要在三维空间中可视化显示数据。三维图形可令三维数据可视化，修改三维图形属性可改变数据的显示方式。

LabVIEW 中包含的三维图形如图 6-37 所示。

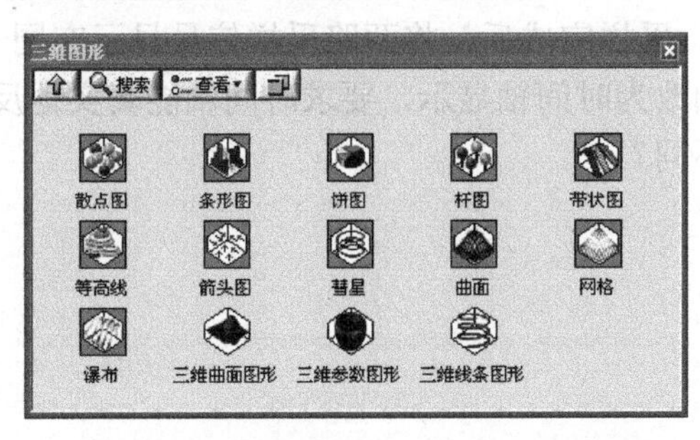

图 6-37 LabVIEW 中包含的三维图形

- 散点图——显示两组数据的统计趋势和关系。
- 杆图——显示冲激响应并按分布组织数据。
- 彗星——创建数据点周围有圆圈环绕的动画图。
- 曲面——在相互连接的曲面上绘制数据。
- 等高线——绘制等高线图。

- 网格——绘制有开放空间的网格曲面。
- 瀑布——绘制数据曲面和 Y 轴上低于数据点的区域。
- 箭头图——生成向量图。
- 带状图——生成平行线组成的带状图。
- 条形图——生成垂直条带组成的条形图。
- 饼图——生成饼状图。
- 三维曲面图形——在三维空间绘制一个曲面。
- 三维参数图形——在三维空间中绘制一个参数图。
- 三维线条图形——在三维空间绘制线条。

将三维图形（三维曲面图形、三维参数图形、三维线条图形除外）与三维曲线属性对话框配合使用，绘制三维图形。曲线包含图形上的单个点，每个点均具有 x、y 和 z 坐标，VI 用线连接这些点。关于在三维图形上绘制数据的范例，可在 LabVIEW 的帮助系统中查找。

波形显示

习题

1．如何绘制不均匀采样的波形？

2．波形图表和波形图有哪些区别？

3．XY 图、波形图、波形图表的数据源有什么不同？如何显示多条曲线？

4．测量一个电压值：30 点采集、前三次测量值的平均滤波显示、实际值显示。

5．两个电压的采样：20 点的采集、40 点的采集、用一个波形图显示。两个电压的采样：采集点数、起始时间、时间间隔都不同。

6．创建一个 VI，用于实时测量和显示温度，同时显示温度的最大值、最小值和平均值。

7．利用随机数发生器仿真一个 0～5V 的采样信号，每 200ms 采一个点，共采集 50 个点，采集完后一次性显示在波形图上。

8．在习题 7 的基础上再增加 1 路电压信号采集，此路电压信号的范围为 5～10V，采样间隔是 50ms，共采 100 个点。采样完成后，将两路采样信号显示在同一个波形图中。

9．将习题 8 中的 X 轴改为时间轴显示，要求时间轴能真实地反映采样时间。分析为什么与习题 5 的显示结果截然不同？

第7章

文件输入/输出

本章知识点：

- LabVIEW 中常见的文件类型、特点和应用场合
- 基本文件输入/输出函数及操作
- 高级文件输入/输出函数及操作
- TDMS 文件、波形文件的操作

基本要求：

- 掌握常用文件的格式特点
- 掌握 LabVIEW 中常用文件操作的方法

能力培养目标：

通过本章的学习，掌握 LabVIEW 软件中进行文件输入/输出操作的方法，包括基本文件输入/输出、高级文件输入/输出、文件目录操作及波形文件的操作方法，培养学生的 LabVIEW 软件编程能力及综合运用知识解决实际问题的能力。

文件输入/输出操作是从计算机磁盘文件中读取信息，或者将信息保存到磁盘文件中。LabVIEW 中有许多通用的文件输入/输出函数，以及一些简单的函数，这些函数几乎包括了文件 I/O 操作的各个方面。文件输入/输出函数位于编程→文件 I/O 中，如图 7-1 所示。

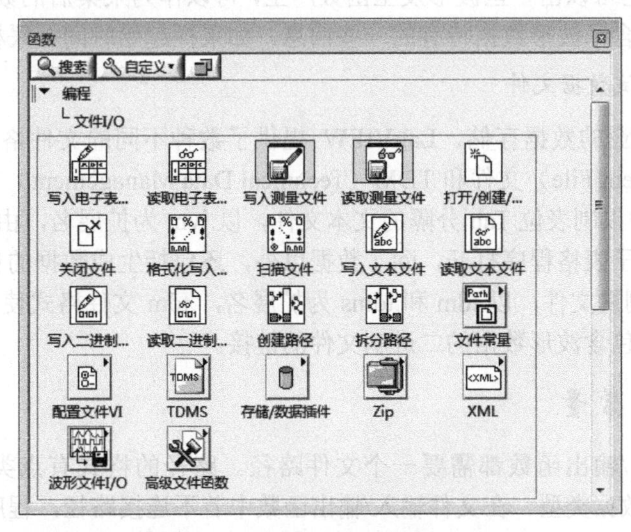

图 7-1 文件输入/输出函数子选板

7.1 基本文件输入/输出操作

数据存储与文件 I/O

7.1.1 选择文件格式

LabVIEW 进行数据存放一般使用以下 5 种格式文件。

1）文本文件

文本文件是最容易使用和共享的格式，它可以用字处理软件或电子表格程序，比如 Word 或 Excel 来读取或处理数据，而且大部分的仪器控制命令也是使用文本字符串。

2）二进制文件

二进制格式的文件是 ASCII 码字节流，这是存取速度最快、格式最紧凑的数据存储方式。存取二进制格式文件必须把数据转换为二进制字符格式，并且必须准确掌握存取数据所用的数据类型。

3）数据记录 Datalog 文件

数据记录 Datalog 文件也是二进制格式文件，它存储复杂结构的数据最简单快捷，而且很容易随机访问数据。但是只有 LabVIEW 才可以读取或处理这种格式的文件。数据记录文件类似于数据库文件，因为它以记录序列的形式存放数据，一个记录中可以存储几种不同类型的数据，但是各个记录的数据类型必须一致。向数据记录文件写数据时，每一个记录即是一个簇。不仅可以在图形代码中访问数据记录文件，而且可以在前面板上访问它。

4）波形数据文件

波形数据是 LabVIEW 不同于其他基于文本模式的编程语言的特有数据类型。这种数据类型更类似于“簇”的结构，由一系列不同数据类型的数据构成。但是波形数据又具有与“簇”不同的特点，例如，它可以由一些波形发生函数产生，可以作为采集后的数据进行显示和存储。

波形数据文件包含了波形数据特有的一些信息，如采样起始时间、采样间隔等。

5）LabVIEW 测试数据文件

针对测试测量行业的数据存储，LabVIEW 提供了数种不同的文件格式，主要包含 LVM（LabVIEW Measurement File）文件和 TDM（Technical Data Management）文件。

LVM 文件是一种以制表位 Tab 分隔的文本文件，以.lvm 为扩展名，由快速 VI 存取，也可以用字处理软件或电子表格程序打开，除了数据以外，还包括生成数据的日期、时间等信息。TDM 文件为二进制测量文件，以.tdm 和.tdms 为扩展名，.tdm 文件格式使用基于 XML 的格式存储波形属性和指向包含波形数据的二进制文件的链接。

7.1.2 文件常量

所有的文件输入/输出函数都需要一个文件路径。路径的格式有点类似于字符串，它是 LabVIEW 中专用的数据类型。在文件输入/输出函数中若不连接路径，程序在运行的过程中将弹出一个对话框，要求对文件的选择进行定位，文件常量函数子选板如图 7-2 所示。

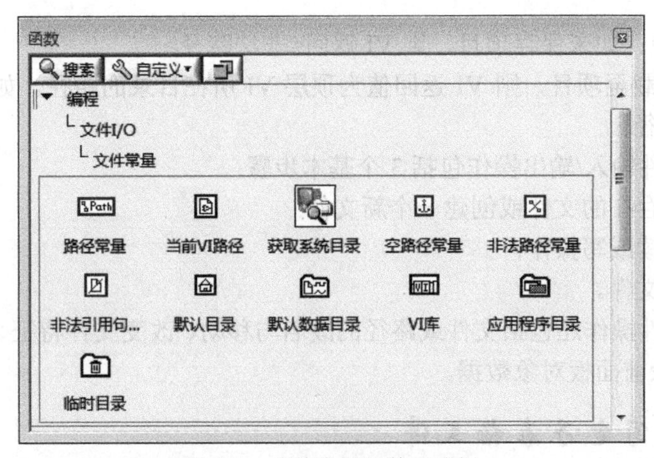

图 7-2　文件常量函数子选板

路径常量：该常量用于为程序框图提供常量路径。右击该常量，从弹出的快捷菜单中选择“浏览路径”，可以浏览并选择路径。也可以用操作工具或标签工具单击该常量并输入所需路径，设置该路径常量的值。如输入位于 LLB 中的 VI 的路径，可在 LLB 路径后添加反斜杠和该 VI 的名称，如 C:\example.llb\color.vi。如需输入位于某个选板上的 VI 的路径，可将该 VI 放置在程序框图上，按 Ctrl 键，同时将 VI 拖曳到路径常量中。

VI 运行时路径常量的值不可改变。可以为该常量指定标签。

空路径常量：返回空路径。

不同于“非法路径常量”，该常量为有效路径。该常量用于在创建路径函数中作为新建路径的起点。

非法路径常量：返回的路径的值为<非法路径>。发生错误而又不希望返回路径时，该路径可作为结构和子 VI 的输出。

非法引用句柄常量：返回值为<非法路径> 的引用句柄。发生错误时，该引用句柄可作为结构和子 VI 的输出。

当前 VI 路径：返回当前 VI 访问的文件路径。如 VI 尚未保存，则函数返回<非法路径>。该函数总是返回 VI 的当前位置。如 VI 的位置被移动，则函数返回值也相应改变。

如 VI 将生成为应用程序，则该函数返回 VI 在应用程序中的路径，并将应用程序视为“VI 库”。

VI 库：返回计算机上当前应用程序实例的“VI 库” 目录的路径。如 VI 将生成为应用程序，则该函数返回包含该应用程序文件目录的路径。

默认目录：返回默认目录的路径。默认目录是在没有指定特定保存位置时，LabVIEW 自动保存信息的目录。可以在“选项”对话框中设置默认目录。

临时目录：返回临时目录的路径。临时目录用于存放不希望存放在默认目录中的信息。可以在“选项”对话框中设置临时目录。

默认数据目录：返回用于保存 VI 或函数生成数据的指定目录。可以在“选项”对话框中设置默认目录。

获取系统目录：系统目录返回当前终端指定的系统目录。

应用程序目录：返回应用程序所在目录的路径。

如通过独立应用程序调用该 VI，则返回值为独立应用程序所在文件夹的路径。

如通过开发环境调用该 VI 且通过 LabVIEW 项目文件（.lvproj）加载，则返回值为项目文件所在文件夹的路径。如未保存项目，则 VI 返回<非法路径>。

如顶层 VI 未加载至项目，则 VI 返回值为顶层 VI 所在目录的路径。如未在磁盘上保存该 VI，则返回<非法路径>。

LabVIEW 的文件输入/输出操作包括 3 个基本步骤：

① 打开一个已存在的文件或创建一个新文件；

② 对文件进行读或写操作；

③ 关闭打开的文件。

LabVIEW 的文件操作还包括文件或路径的改名与移动、改变文件特征、创建、修改和读取系统设置文件、记录前面板对象数据。

7.1.3 读/写电子表格文件

写入电子表格文件函数：将字符串、带符号整数，或者双精度数的二维或一维数组转换为文本字符串，将字符串写入新的字节流文件，或将字符串添加到现有文件。通过将数据连线至二维数据或一维数据输入端，可以确定要使用的多态实例。函数连接如图 7-3 所示。

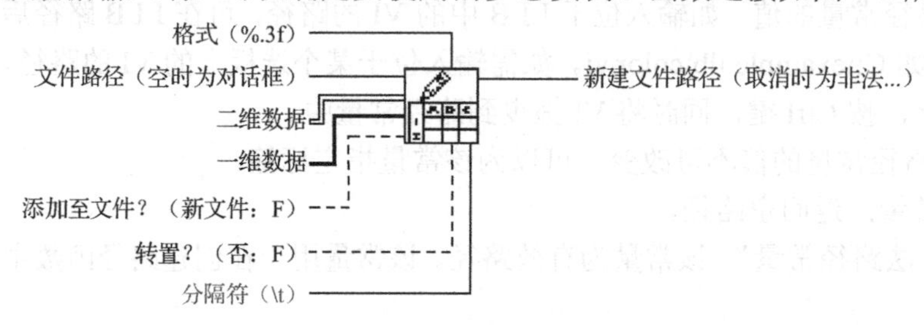

图 7-3 写入电子表格文件函数

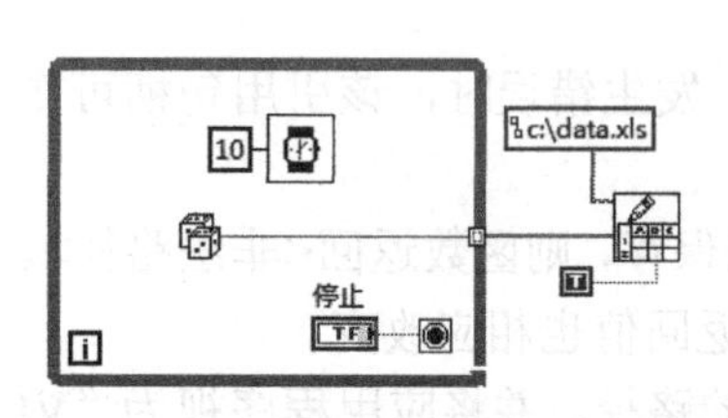

图 7-4 写入电子表格文件函数的应用

图 7-4 所示为将随机数保存到 Excel 文件中，可通过这个例子来理解用 Excel 文件保存数据。运行上面的程序，当循环停止后，将在 C 盘根目录下出现一个 data.xls 文件。在这个例子中，若没有输入文件的保存路径，程序循环运行完毕，将弹出一个对话框来保存数据所在的位置。

读取电子表格文件函数：在数值文本文件中从指定字符偏移量开始读取指定数量的行或列，并将数据转换为双精度的二维数组，数组元素可以是数字、字符串或整数，如图 7-5 所示。

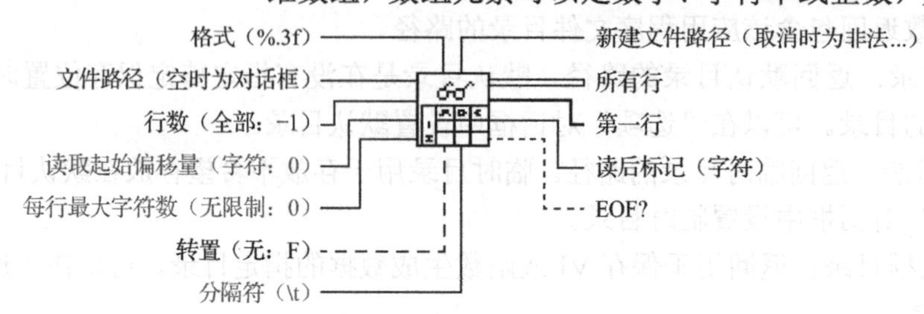

图 7-5 读取电子表格文件函数

从文件中读取数据之前，VI 将先打开该文件，并且在完成读操作时关闭该文件。可以使用该 VI 读取以文本格式存储的电子表格文件。该 VI 调用电子表格字符串至数组转换函数转换数据。与“写入电子表格文件”函数类似，读取到的数据可能是双精度数据、字符串或者整型数据，这里对其他两种类型的函数图形不再赘述。

可以通过图 7-6 所示的例子来理解“读取电子表格文件”函数的应用。该函数的参数“格式（%3f）”指定如何将数字转换为字符。如格式为“%.3f”（默认），VI 将创建包含数字的字符串，小数点后有 3 位数字；如格式为“%d”，VI 将把数据转换为整数，使用尽可能多的字符包含整个数字；如格式为“%s”，VI 将复制输入字符串，使用格式字符串语法。

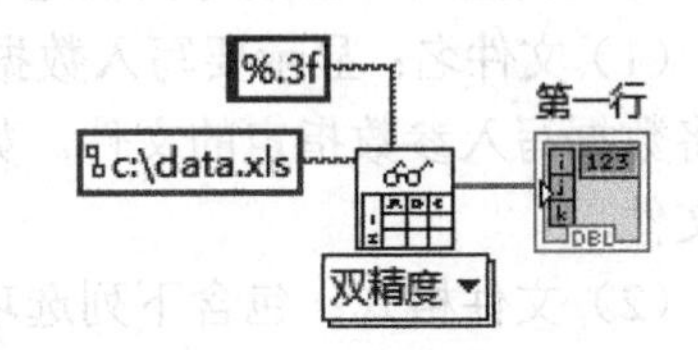

图 7-6 读取电子表格文件函数的应用

7.1.4 读/写测量文件

在 LabVIEW 中，有专门为快速交互式界面配置数据文件的 I/O 操作，使用读/写测量文件函数，函数连接如图 7-7 所示。

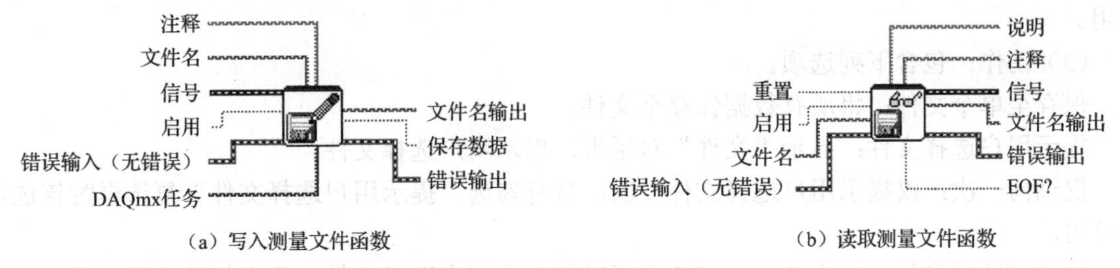

图 7-7 读/写测量文件函数

写入测量文件函数：将数据写入基于文本的测量文件（.lvm）、二进制测量文件（.tdm 或.tdms）。

从子选项卡中拖动“写入测量文件”函数放置于程序框图中，此时将弹出对话框，如图 7-8 所示，从中可以指定文件格式及文件名。

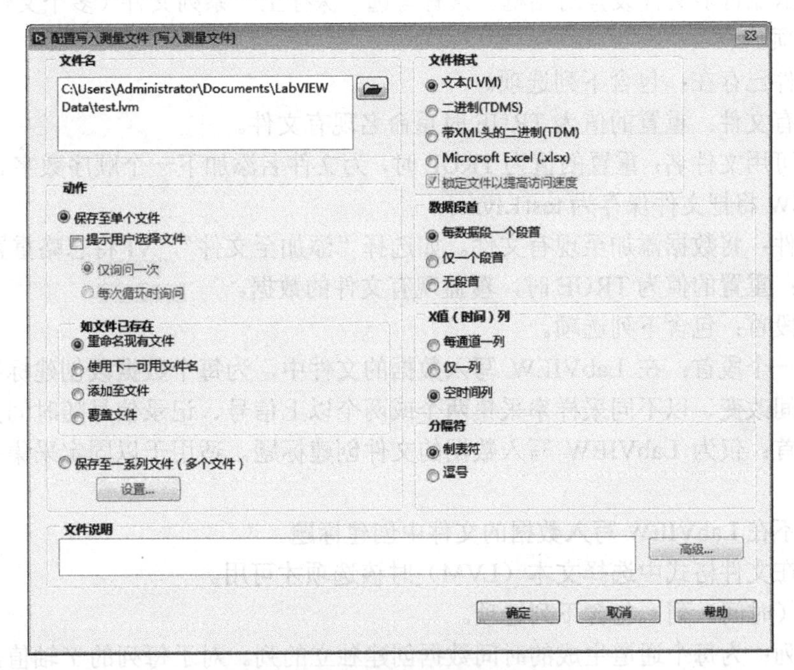

图 7-8 写入测量文件函数对话框

写入测量文件函数对话框选项如下。

（1）文件名：显示要写入数据的文件的完整路径。仅在文件名输入端未连线时，Express VI才将数据写入参数指定的文件。如文件名输入端已连线，Express VI 将把数据写入输入端指定的文件。

（2）文件格式：包含下列选项。

文本（LVM）：将文件格式设置为基于文本的测量文件（.lvm），并在文件名称中将文件扩展名设置为.lvm。选择该文件格式后，可启用“读取一般文本文件”复选框，勾选该复选框可以读取一般的文本文件。

二进制（TDMS）：将文件格式设置为二进制测量文件（.tdms），并在文件名称中将文件扩展名设置为.tdms。如选择该选项，则不可使用分隔符部分，以及数据段首部分的无段首选项。

带 XML 头的二进制（TDM）：将文件格式设置为二进制测量文件（.tdm），并在文件名称中将文件扩展名设置为.tdm。如选择该选项，则分隔符部分、数据段首部分的无段首选项不可用。

（3）动作：包含下列选项。

保存至单个文件：将所有数据保存至文件。

提示用户选择文件：显示“文件”对话框，提示用户选择文件。

仅询问一次：仅提示用户选择文件一次。只有勾选“提示用户选择文件”复选框时该选项才可用。

每次循环时询问：每次 Express VI 运行时都提示用户选择文件。只有勾选“提示用户选择文件”复选框时该选项才可用。

保存至一系列文件（多个文件）：将数据保存至多个文件。重置的值为 TRUE，VI 将从序列中的第 1 个文件开始写入。例如，test_001.lvm 被保存为 test_004.lvm，配置多文件设置对话框现有文件选项的值将决定 test_001.lvm 是否被重命名、覆盖或者跳过。

设置：显示配置多文件设置对话框。只有勾选“保存至一系列文件（多个文件）”复选框时才可使用该选项。

（4）如文件已存在：包含下列选项。

重命名现有文件：重置的值为 TRUE 时重命名现有文件。

使用下一可用文件名：重置的值为 TRUE 时，为文件名添加下一个顺序数字。例如 test.lvm 存在，LabVIEW 将把文件保存为 test1.lvm。

添加至文件：将数据添加至现有文件。如选择“添加至文件”，VI 将忽略重置的值。

覆盖文件：重置的值为 TRUE 时，覆盖现有文件的数据。

（5）数据段首：包含下列选项。

每数据段一个段首：在 LabVIEW 写入数据的文件中，为每个数据段创建标题。适用于数据采样率随时间改变、以不同采样率采集两个或两个以上信号、记录信号随时间变化的情况。

仅一个段首：仅为 LabVIEW 写入数据的文件创建标题。适用于以固定采集率采集同一组信号的情况。

无段首：不在 LabVIEW 写入数据的文件中创建标题。

注：只有在文件格式中选择文本（LVM）时该选项才可用。

（6）X 值（时间）列：包含下列选项。

每通道一列：为每个通道生成的时间数据创建独立的列。对于每列的 Y 轴值，都生成一列相应的 X 轴值。适用于采集率不固定或采集不同类型信号的情况。

仅一列：仅为所有通道生成的时间数据创建列，仅包括一列 X 轴值。适用于以固定采样率采集同一组信号的情况。

空时间列：为所有通道生成的时间数据创建空列，不包括 X 轴数据。

（7）分隔符：包含下列选项。

制表符：用制表符分隔文本文件中的字段。

逗号：用逗号分隔文本文件中的字段。

注：只有在文件格式中选择文本（LVM）时才可使用该选项。

（8）文件说明：包含.lvm、.tdm 或.tdms 文件的说明。LabVIEW 将把本文本框中输入的文本添加到文件的标题中。

高级：显示配置用户定义属性对话框。只有在文件格式中选择二进制（TDMS）或带 XML 头的二进制（TDM）时才可使用该选项。

“写入测量文件”函数的参数如下。

信号：包含一个或多个输入信号。如将多个同名信号连线至信号输入端，LabVIEW 将在要写入文件的名称结尾添加数字，使通道名唯一。例如，把两个名称同为 Sine 的信号连线至信号输入端，LabVIEW 将分别写入名称 Sine 和 Sine1。

重置：如值为 TRUE，根据在“配置写入测量文件”对话框中选择的动作或文件已存在选项，停止并重新开始将数据写入.lvm、.tdm 或.tdms 文件。默认值为 FALSE。

启用：启用或禁用 Express VI。默认为开启或 TRUE。

新建文件：如值为 TRUE，则停止写入当前文件，在序列中创建下一个文件，并写入新文件。只有勾选“保存至一系列文件（多个文件）”复选框时才可使用该选项。

错误输入（无错误）：描述该 VI 或函数运行前发生的错误。

DAQmx 任务：指定用于在配置用户定义属性对话框的 DAQmx 属性页生成数据的 DAQmx 任务。

注释：为每个写入.lvm 或.tdm 文件的数据集合添加注释。

文件名：指定要写入数据的文件的名称。如文件名没有连线，VI 将使用配置对话框中指定的文件名。

写入测量文件函数的应用如图 7-9 所示。

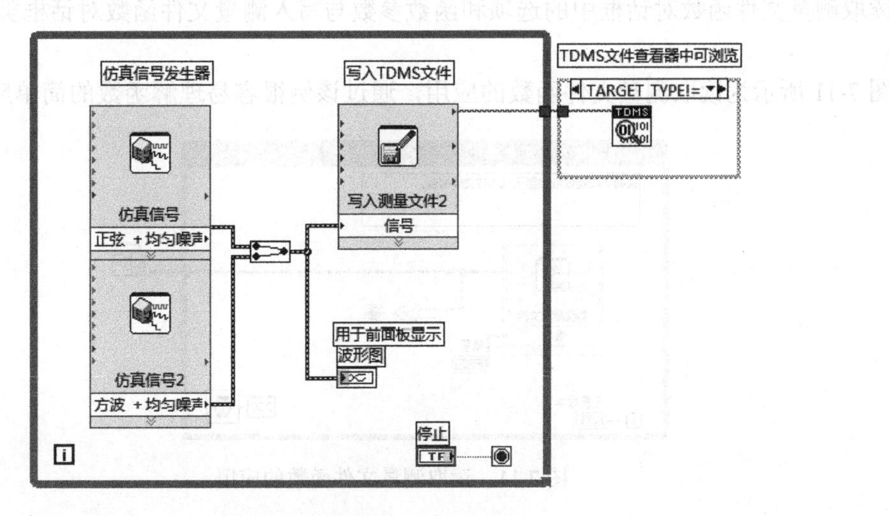

图 7-9　写入测量文件函数的应用

在该程序中，如果“文件名”没有输入，则默认保存在 C:\Documents and Settings\Administrator\My Documents\LabVIEW Data\test.tdms 文件中，对于该函数的默认设置，可以双击该函数查看。

程序框图右方利用一个程序框图禁用结构函数，即当 Target_Type 不为 RT 时，打开所写入的.tdms 文件。读取测量文件函数：从基于文本的测量文件(.lvm)、二进制测量文件(.tdm 或.tdms)中读取数据。从子选项卡中拖动读取测量文件函数放置于程序框图中，此时将弹出对话框，如图 7-10 所示，从中可以指定文件格式及文件名。

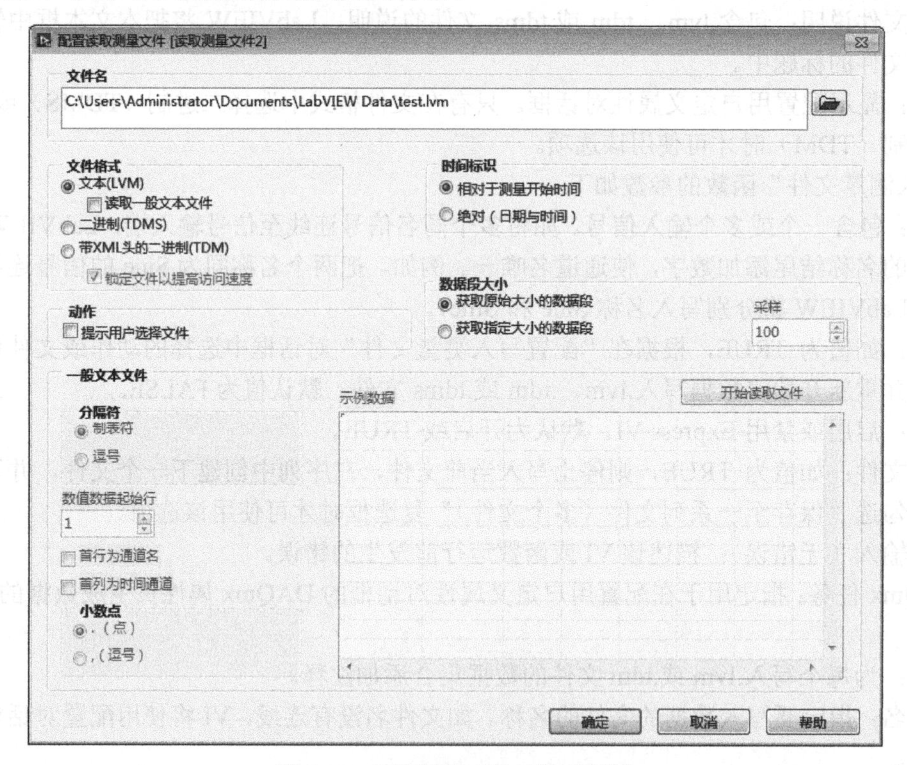

图 7-10 读取测量文件函数对话框

读取测量文件函数对话框中的选项和函数参数与写入测量文件函数对话框类似，这里不再赘述。

图 7-11 所示为读取测量文件函数的应用，通过该例很容易理解函数的简单应用。

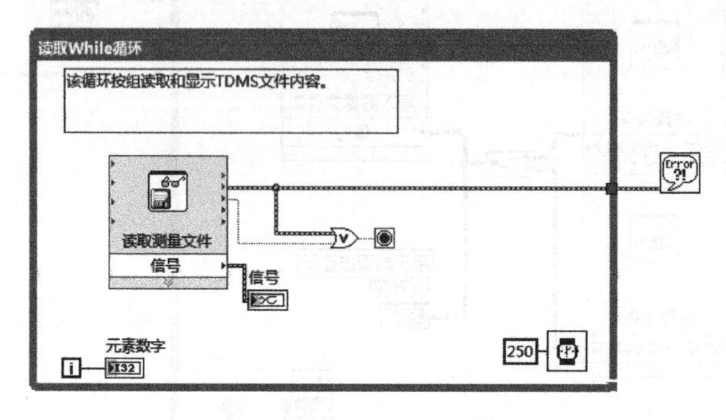

图 7-11 读取测量文件函数的应用

由于读取测量文件函数没有输入“文件名”，所以当运行该程序时，会弹出一个对话框来选择.tdms 文件。函数的“EOF”输出用来控制循环停止按钮，即当“读取测量文件”达到末尾时，该参数输出“TRUE”来停止循环。

7.2　高级文件输入/输出操作

7.2.1　文件输入/输出的基本操作

（1）打开/创建/替换文件函数：通过编程或使用文件对话框交互式地打开现有文件、创建新文件或替换现有文件。该函数不可用于 LLB 中的文件，可指定提示对话框或默认的文件名。该函数可与写入文件或读取文件函数配合使用。使用关闭文件函数可关闭文件的引用，函数连接如图 7-12（a）所示。

该函数包含的参数如下。

提示：出现在文件对话框的文件、目录列表或文件夹上方的信息。

文件路径（使用对话框）：文件的绝对路径。如没有连线文件路径（使用对话框），函数将显示用于选择文件的对话框。如指定空路径或相对路径，函数将返回错误。

操作：要进行的操作。如在对话框内选择取消，将发生错误 43，其定义如表 7-1 所示。

表 7-1　输入参数“操作”的定义

0	（默认）。打开已经存在的文件。如找不到文件，则发生错误 7
1	replace。通过打开文件并将文件结尾设置为 0 替换已存在文件
2	create。创建新文件。如文件已存在，则发生错误 10
3	open or create。打开已有文件。如文件不存在，则创建新文件
4	replace or create。创建新文件。如文件已存在，则替换该文件。VI 通过打开文件并将文件结尾设置为 0 替换文件
5	replace or create with confirmation。创建新文件。如文件已存在且拥有权限，则替换该文件。VI 通过打开文件并将文件结尾设置为 0 替换文件

权限：指定访问文件的方式。默认值为 read/write。

错误输入：表明 VI 或函数运行前发生的错误。

禁用缓存：指定打开文件时不使用缓存，默认值为 FALSE。如要在 RAID 中读取或写入文件，打开文件时不使用缓存可提高数据传输的速度。如需禁用缓存，可将值 TRUE 连线至禁用缓存输入端。只有在大量传输数据时，才能体现缓存对传输速度的影响。

引用句柄输出：打开文件的引用号。如文件无法打开，则值为“非法引用句柄”。

取消：如取消文件对话框或未在建议对话框中选择替换，则值为 TRUE。

错误输出：包含错误信息。

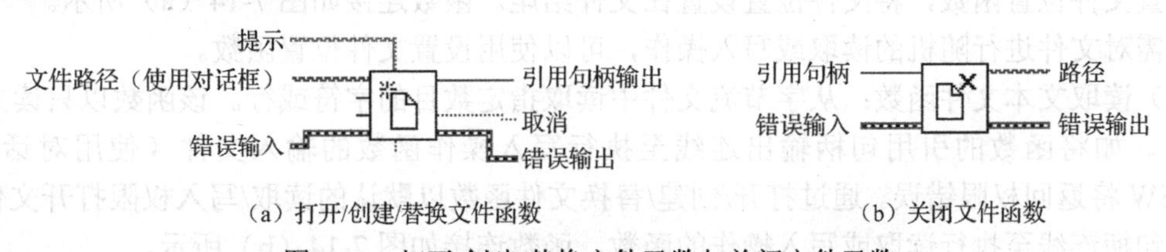

（a）打开/创建/替换文件函数　（b）关闭文件函数

图 7-12　打开/创建/替换文件函数与关闭文件函数

（2）关闭文件函数：关闭引用句柄指定的打开文件，并返回至引用句柄相关文件的路径。错误 I/O 只在该函数中运行，无论前面的操作是否产生错误，错误 I/O 都将关闭。这样可以保证文件被正常关闭，该函数连接如图 7-12（b）所示。

（3）格式化写入文件函数：将字符串、数值、路径或布尔数据格式化为文本并写入文件。如连接文件引用句柄至文件输入端，写入操作将从当前文件位置开始。如需在现有文件之后添加内容，可使用设置文件位置函数，将文件位置设置在文件结尾。否则，函数将打开文件并在文件开始处写入文件。函数连接如图 7-13（a）所示。

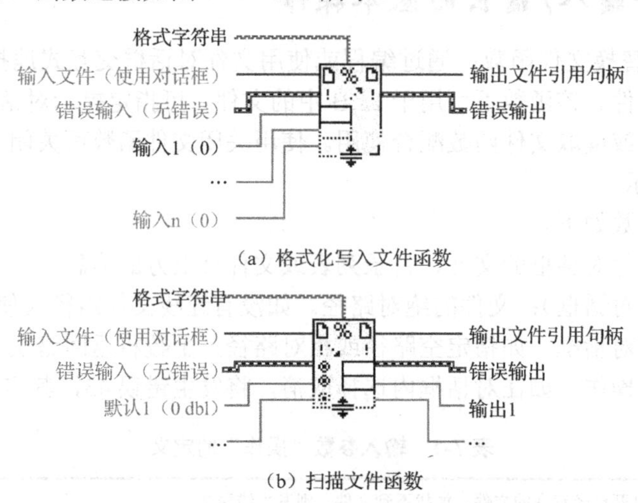

图 7-13　格式化写入文件函数与扫描文件函数

右击函数，从弹出的快捷菜单中选择“添加参数”或“调整函数大小”，都可以添加函数中参数的数量。

（4）扫描文件函数：扫描位于文件文本中的字符串、数值、路径及布尔数据，将文本转换为某个数据类型，并返回重复的引用句柄及转换后的输出，该输出结果以扫描的先后顺序排列。

该函数可扫描文件中的所有文本。但是，该函数无法判断扫描开始的起点。如需判断扫描开始的起点，可使用读取文本文件和扫描字符串函数，函数连接如图 7-13（b）所示。

右击函数，从弹出的快捷菜单中选择“添加参数”或“调整函数大小”，都可以添加函数中参数的数量。

7.2.2　文本文件的输入/输出操作

（1）写入文本文件函数：将字符串或字符串数组按行写入文件。如连接该路径至文件输入端，函数先打开或创建文件，然后将内容写入文件并替换任何先前文件的内容。如连接文件引用句柄至文件输入端，写入操作将从当前文件位置开始。如需在现有文件之后添加内容，可以使用设置文件位置函数，将文件位置设置在文件结尾。函数连接如图 7-14（a）所示。

如需对文件进行随机的读取或写入操作，可以使用设置文件位置函数。

（2）读取文本文件函数：从字节流文件中读取指定数目的字符或行。该函数以只读方式打开文件。如将函数的引用句柄输出连线至执行写入操作函数的输入文件（使用对话框），LabVIEW 将返回权限错误。通过打开/创建/替换文件函数以默认的读取/写入权限打开文件，并将引用句柄连线至执行读取或写入操作的函数，函数连接如图 7-14（b）所示。

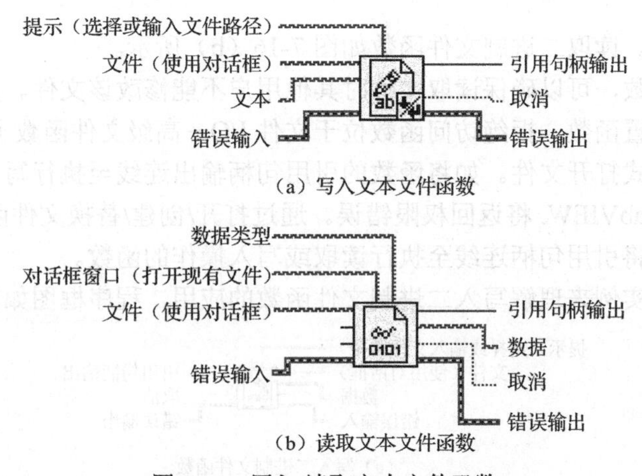

（a）写入文本文件函数

（b）读取文本文件函数

图 7-14　写入/读取文本文件函数

默认情况下，该函数从文本文件中读取所有字符。将整数值连接到计数接线端，指定从第1 个字符开始读取字符的数量。右击函数，从弹出的快捷菜单中勾选读取行选项，从文本文件中读取单独的行。在快捷菜单中选择读取行选项时，连接整数值至计数输入端，指定从第 1 行开始读取行的数量。在计数中输入值-1，从文本文件中读取所有字符和行。

如需进行随机访问，可以使用设置文件位置函数。

下面通过一个实例来理解读取文本文件函数的应用，程序框图如图 7-15 所示。运行程序，在弹出的对话框中选择上个例子中所保存的 TextFile.txt 文件。利用获取文件大小函数返回文件的大小，并以字节为单位。该数据输入到函数“读取文本文件”的“计数”参数中，用字符串控件显示读取的文件内容，然后关闭文件，并处理错误。

在该例中为读取整个文本文件。

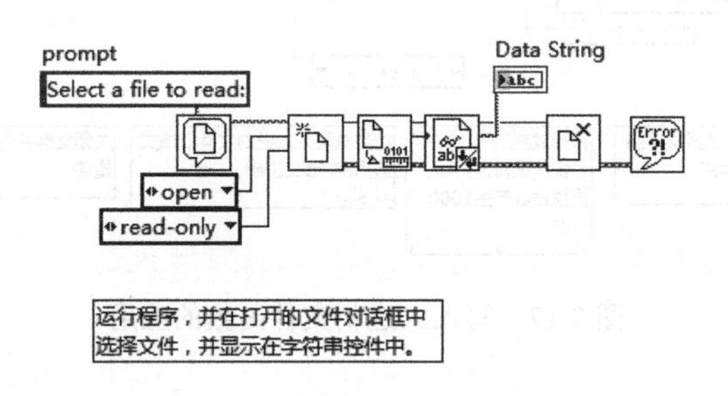

图 7-15　读取文本文件函数的应用

7.2.3　二进制文件的输入/输出操作

（1）写入二进制文件函数：将二进制数据写入新文件，将数据添加到现有文件，或替换文件的内容。如连接该路径至文件（使用对话框）输入端，函数先打开或创建文件，然后将内容写入文件，并替换任何先前文件的内容。如连接文件引用句柄至文件（使用对话框）输入端，写入操作将在当前文件位置开始。如需在现有文件之后添加内容，可以使用设置文件位置函数，将文件位置设置在文件结尾。写入二进制文件函数如图 7-16（a）所示。

使用拒绝访问函数，可以确保写入文件时其他用户不能修改该文件。如需进行随机访问，可以使用设置文件位置函数。拒绝访问函数位于编程→文件 I/O→高级文件函数子选项卡中。

（2）读取二进制文件函数：从文件中读取二进制数据，在数据中返回。读取数据的方式由指定文件的格式确定。读取二进制文件函数如图 7-16（b）所示。

通过拒绝访问函数，可以确保读取文件时其他用户不能修改该文件。如需进行随机访问，可以使用设置文件位置函数。拒绝访问函数位于文件 I/O→高级文件函数子选项卡中。

该函数以只读方式打开文件。如将函数的引用句柄输出连线至执行写入操作函数的输入文件（使用对话框），LabVIEW 将返回权限错误。通过打开/创建/替换文件函数以默认的读取/写入权限打开文件，并将引用句柄连线至执行读取或写入操作的函数。

可以通过下面的实例来理解写入二进制文件函数的应用，程序框图如图 7-17 所示。

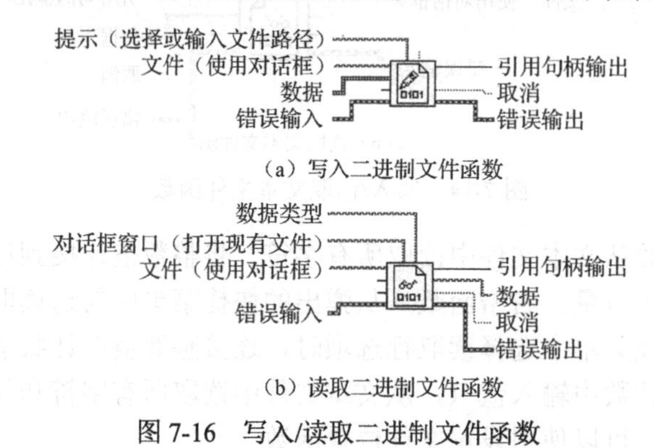

图 7-16　写入/读取二进制文件函数

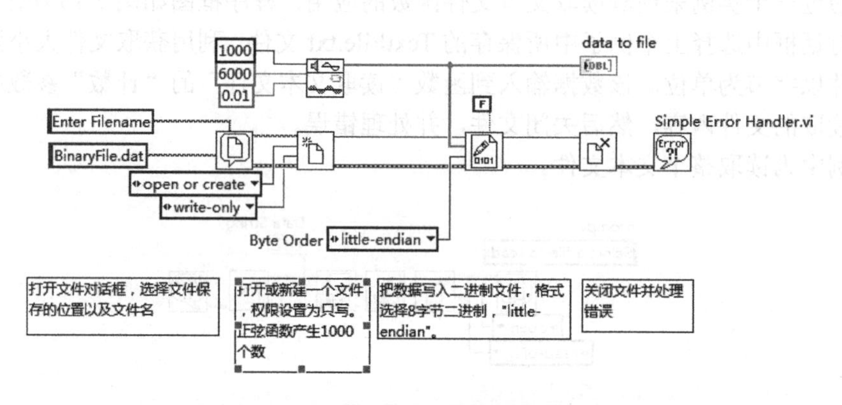

图 7-17　写入二进制文件函数的应用

程序功能如下。

- 文件对话框函数用于设置保存的文件名及选择文件保存的路径。
- 打开/创建/替换文件函数用于设置打开或新建一个文件，权限设置为只写。
- 正弦函数产生 1000 个数，幅值为 6000，频率为 0.01。
- 正弦函数产生的数组通过写入二进制文件函数来写入，格式设置为 8 位 “little-endian” 格式。
- 关闭文件并处理函数。

可以通过下面的实例来理解读取二进制文件函数的应用，程序框图如图 7-18 所示。

程序功能如下。

- 文件对话框函数用于设置读取的文件类型及文件的路径。
- 打开/创建/替换文件函数用于设置打开一个文件，权限设置为只读。
- 拒绝访问函数用于设置在读取过程中，拒绝其他的应用程序对该文件的修改。

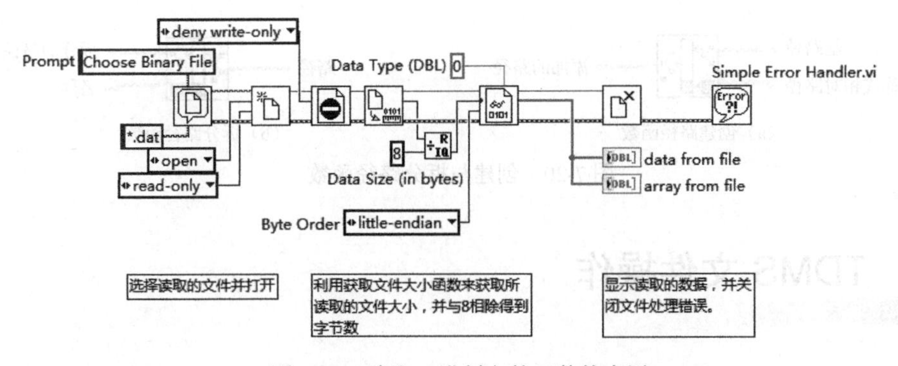

图 7-18　读取二进制文件函数的应用

- “获取文件大小”返回读取的文件字节数，并与 8 相除得到符合读取二进制文件函数的“总数”输入参数。
- 读取文件，并显示。
- 关闭文件，处理错误。

该实例中应用了拒绝访问函数，该函数重新打开引用句柄指定的文件类型，临时改变拒绝其他引用句柄、VI 或应用程序的读或写访问权限。函数的连接如图 7-19 所示。

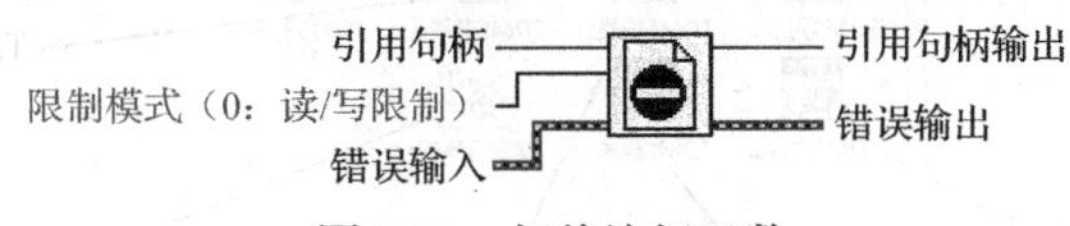

图 7-19　拒绝访问函数

该函数的输入/输出参数如下。

引用句柄：与要拒绝访问的文件关联的文件引用句柄。

限制模式：指定要限制的读取或写入访问。限制模式定义如表 7-2 所示。

表 7-2　限制模式定义

0	deny read/write。禁止对文件进行读取和写入访问（默认）
1	deny read-only。允许对文件进行读取访问，但禁止对文件进行写入访问
2	deny none。允许对文件进行读取和写入访问

错误输入：表明 VI 或函数运行前发生的错误。

引用句柄输出：返回引用句柄。

错误输出：包含错误信息。

该函数临时覆盖特定文件的操作权限，不会改变文件本身的修改权限。如授予对某个文件的访问权，LabVIEW 将移除拒绝文件访问产生的重写，由引用句柄相关的文件权限和拒绝模式确定其他引用句柄、VI 或应用程序是否可读取或写入文件。文件引用句柄关闭后，文件的权限不再被重写。

该函数经常在读取文件程序中使用，可防止文件在读取过程中被其他的应用程序所修改。

（3）创建路径函数：返回路径最后部分的名称和最后部分之前拆分的路径，函数连接如图 7-20（a）所示。

（4）拆分路径函数：返回路径最后部分的名称和最后部分之前拆分的路径，函数连接如图 7-20（b）所示。

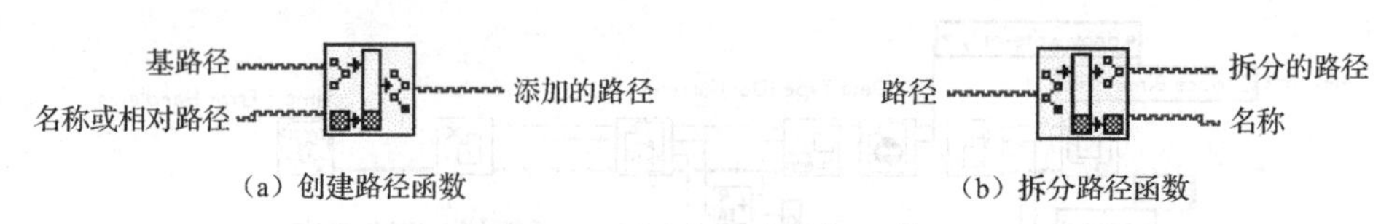

（a）创建路径函数　（b）拆分路径函数

图 7-20　创建与拆分路径函数

7.3　TDMS 文件操作

TDMS 流函数子选板如图 7-21 所示。

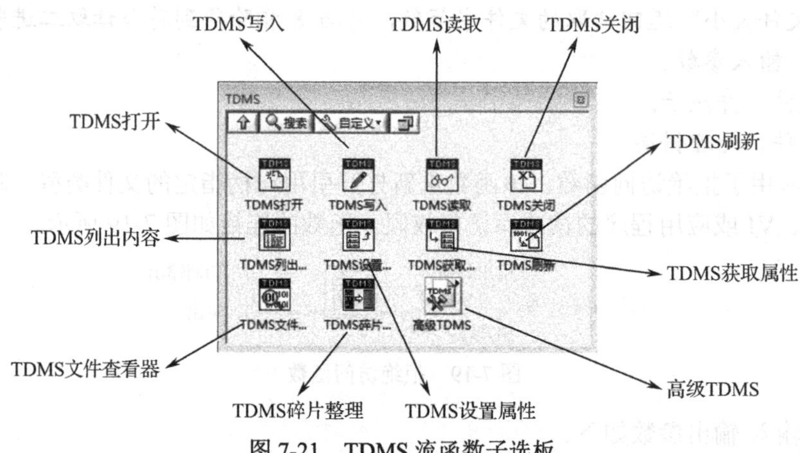

图 7-21　TDMS 流函数子选板

TDMS 打开函数：打开用于读/写操作的.tdms 文件。该 VI 也可用于创建新文件或替换现有文件，如图 7-22（a）所示。

TDMS 关闭函数：关闭用 TDMS 打开函数打开的.tdms 文件，如图 7-22（b）所示。

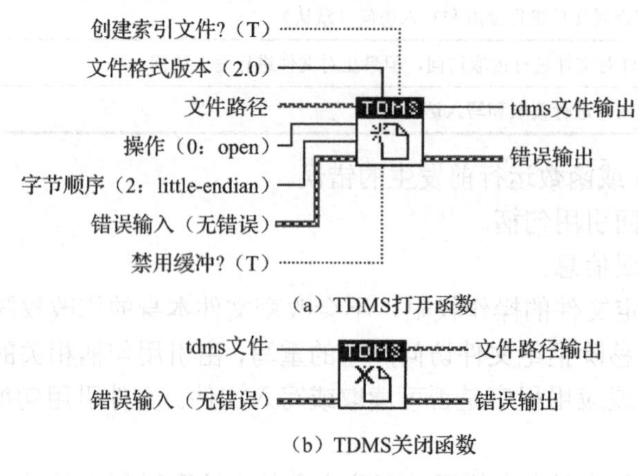

（a）TDMS打开函数

（b）TDMS关闭函数

图 7-22　TDMS 打开/关闭函数

TDMS 写入函数：将数据写入指定的.tdms 文件。“组名称输入”和“通道名输入”输入端中的值决定将被写入的数据，如图 7-23（a）所示。

TDMS 读取函数：读取指定的.tdms 文件，并以数据类型输入端所指定的格式返回数据。“总数”和“偏移量”输入端用于读取某个指定的数据子集，如图 7-23（b）所示。

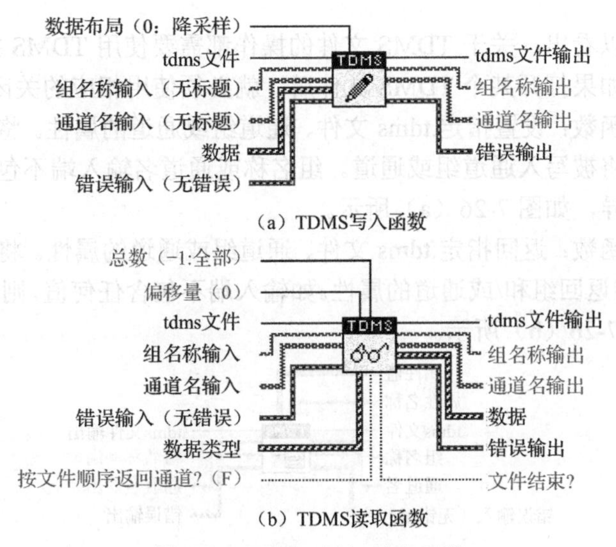

图 7-23　TDMS 写入/读取函数

下面为 TDMS 写入函数的应用，通过该例可以深刻理解 TDMS 关于这方面的应用，如图 7-24 所示。

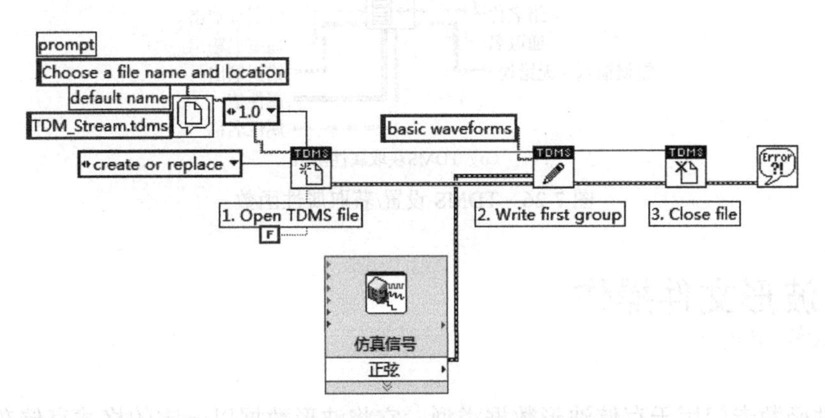

图 7-24　TDMS 写入函数的应用

程序功能如下。

- TDMS 打开函数用于创建新的 TDMS 文件，文件名称默认为“TDM_Stream.tdms”。
- 仿真信号函数用于仿真正弦波形，并用 TDMS 写入函数写入 TDMS 文件中。
- 关闭 TDMS 文件，并处理错误。

下面为 TDMS 读取函数的应用，该例与 TDMS 写入函数的应用相对应，可以两个例子结合起来理解以加深印象，如图 7-25 所示。

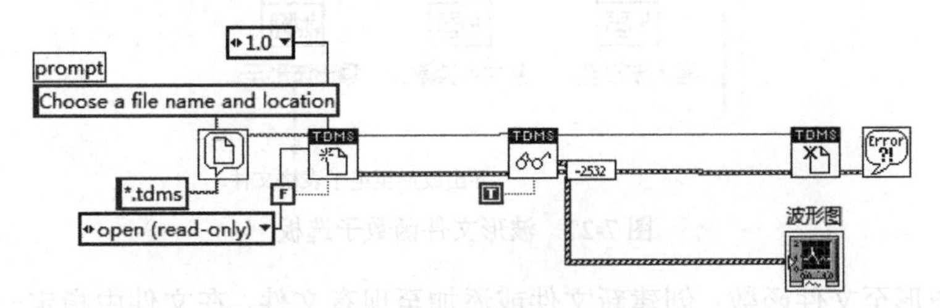

图 7-25　TDMS 读取函数的应用

从这两个例子可以看出，关于 TDMS 文件的操作都需要使用 TDMS 打开函数与 TDMS 关闭函数，而每个操作如果打开某个 TDMS 文件后，就必须使用相应的关闭函数。

TDMS 设置属性函数：设置指定.tdms 文件、通道组或通道的属性。将值与组名称或通道名输入端连接，则属性将被写入通道组或通道。组名称或通道名输入端不包含任何值，则属性的值将因连入的文件而异，如图 7-26（a）所示。

TDMS 获取属性函数：返回指定.tdms 文件、通道组或通道的属性。将值与组名称或通道名输入端连接，该函数将返回组和/或通道的属性。如输入端不包含任何值，则函数将返回指定.tdms 文件的属性值，如图 7-26（b）所示。

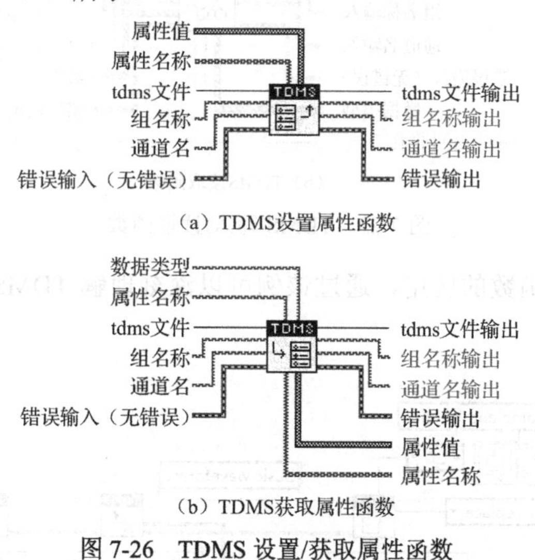

图 7-26　TDMS 设置/获取属性函数

7.4　波形文件操作

波形文件函数专门用于存储波形数据类型，它将波形数据以一定的格式存储在二进制文件或表单文件中。如图 7-27 所示，波形文件 I/O 的 3 个节点位于函数选板上的文件 I/O→波形文件 I/O 子选板。

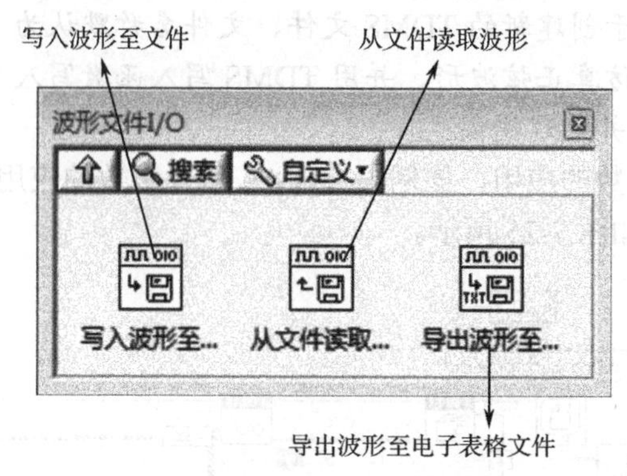

图 7-27　波形文件函数子选板

（1）写入波形至文件函数：创建新文件或添加至现有文件，在文件中指定一定数量的记录，然后关闭文件，检查是否发生错误。写入波形至文件函数是一个多态 VI，它的输入端“波形”

可以输入单个波形、波形一维数组或波形二维数组，如图 7-28 所示。

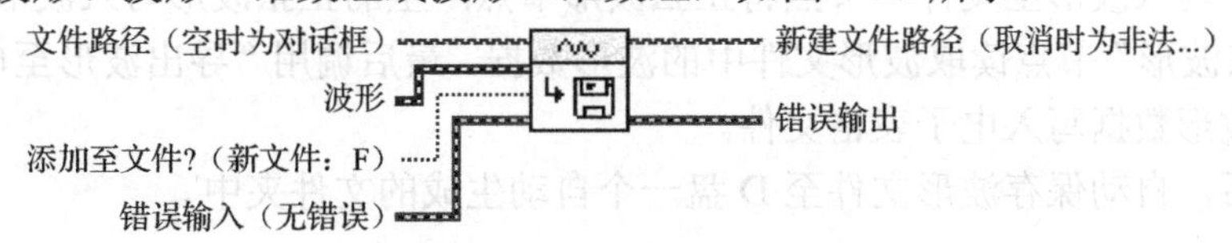

图 7-28　写入波形至文件函数

（2）从文件读取波形函数：打开使用写入波形至文件 VI 创建的文件，每次从文件中读取一条记录。该 VI 可返回记录中所有波形和记录中的第一波形，单独输出，如图 7-29 所示。

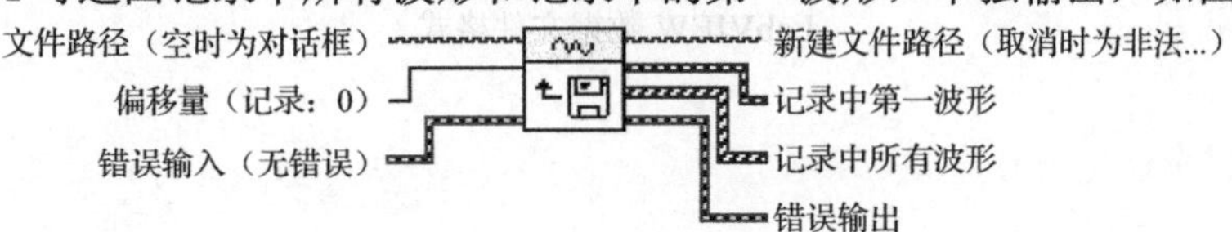

图 7-29　从文件读取波形函数

如果保存波形数据时只存储了一个波形，或只需要读出存储的波形数据中第一个波形，就连接读波形文件函数返回的记录中第一波形参数，这样就只读出第一个波形。如果保存波形数据时存储了一个波形数组，波形文件中有多个波形数据时，要全部读出这些波形，就连接记录中所有波形的这个参数。在波形图上读出全部波形，也可以用索引数组函数索引出其中某一个波形进行分析处理。对于一个波形，还可以用取波形成员函数解析出其中某个成员。

（3）导出波形至电子表格文件函数：使波形转换为文本字符串，然后使字符串写入新字节流文件或添加字符串至现有文件，如图 7-30 所示。

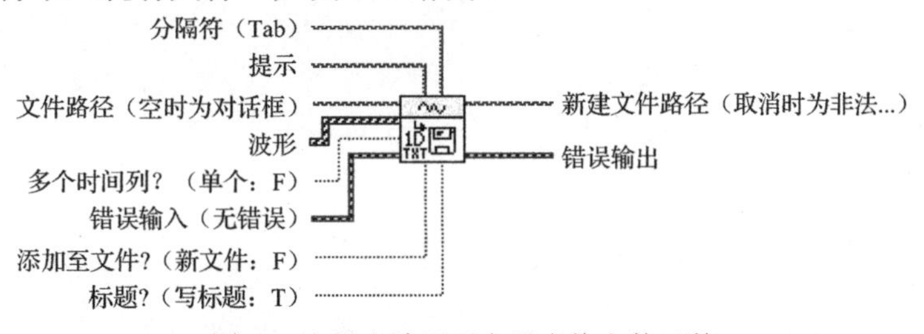

图 7-30　导出波形至电子表格文件函数

图 7-31 所示为波形文件操作的应用实例。

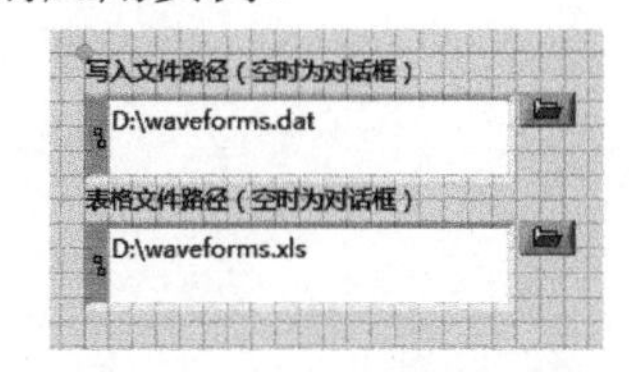

（a）波形文件操作应用的输入控件

写入文件路径（空时为对话框）　表格文件路径（空时为对话框）

20　Path　Path　模拟

（b）波形文件操作应用的程序框图

图 7-31　波形文件操作的应用实例

首先调用“写入波形至文件”节点将正弦波形节点产生的正弦波形写入波形文件，然后调用“从文件读取波形”节点读取波形文件中的波形数据，最后调用“导出波形至电子表格文件”节点将读取的波形数据写入电子表格文件。

程序运行后，自动保存波形文件至D盘一个自动生成的文件夹中。

LabVIEW 数据文件格式

习题

1. 产生若干个周期的正弦波数据，以当前系统日期和自己的姓名为文件名，分别存储为文本文件、二进制文件和电子表文件。

2. 分别用 Windows 记事本、Excel 和 LabVIEW 程序将习题 1 存储的数据文件读出来。

3. 将一组随机信号数据加上时间标记存储为数据记录文件，然后再用 LabVIEW 程序将存储的数据读出并显示在前面板上。

4. 产生矩形脉冲数据并记录为波形文件。

第 8 章 LabVIEW 的数据采集编程

本章知识点：

- 数据采集的基本概念
- 信号采集系统的基本构成、数字信号/模拟信号采集系统的搭建
- DAQ 助手及其使用方法、模拟 I/O 与数字 I/O 的术语及定义
- LabVIEW 中数据采集及其编程方法

基本要求：

- 掌握数据采集的基本概念
- 掌握 LabVIEW 中实现数据采集的方法

能力培养目标：

通过本章的学习，掌握数据采集的基本概念、基本原理，掌握 LabVIEW 软件中进行数据采集的方法，包括模拟 I/O、数字 I/O、高级数据采集的实现等内容，培养学生的 LabVIEW 软件编程能力及理论联系实际、解决实际问题的能力。

LabVIEW 作为一种图形化的虚拟仪器开发平台，在数据采集，信号的发生、分析与处理上有明显的优势。LabVIEW 提供了非常丰富的数据采集，信号发生、分析与处理函数。本章将主要介绍在 LabVIEW 中进行数据采集的方法和技巧。

8.1 数据采集基础

数据采集（Data Acquisition，DAQ）是指从传感器和其他待测设备等模拟和数字被测单元中自动获取非电量或电量信号，并送到上位机中进行分析、处理的过程。数据采集系统是结合基于计算机或者其他专用测试平台的测量软硬件产品来实现灵活的、用户自定义的测量系统。本节从数据采集基础知识入手，介绍数据采集相关概念及采集系统结构。

8.1.1 数据采集相关术语

数据采集

数据采集常用术语如下。

1）通道

在 LabVIEW 的数据采集系统中，通道分为物理通道（Physical Channel）和虚拟通道（Virtual Channel）两种。物理通道是测试或产生模拟信号或数字信号实际进出计算机的路径，是一个端子或者引脚。每个信号各自走一个独立的通道，每个通道有一个编号。虚拟通道是一系列设置

的集合，包括通道名、对应的物理通道、信号连接方式、测试类型和比例信息等。

2）任务

任务是指定时、触发和其他属性的一个或多个虚拟通道的集合。

3）定时和触发

定时用时钟信号（也称为时基信号）实现，它和触发最大的区别是时钟信号一般不产生任何行为，但当时钟信号用作采样信号时，每个时钟信号边沿都会进行一次采样，这样就会产生一个行为。触发有3种方式：数字边沿触发、模拟窗口触发和模拟边沿触发。

4）缓存

缓存通常指计算机为某个特殊目的而开辟的临时数据存取空间。例如，当需要采集很多数据时，就可以先把采集来的数据放进缓存区，稍后再进行分析。

5）采样率

采样率（sample rate）是指每秒从各通道采样数据的次数。它等于单个通道的采样率。

6）采样数

采样数（number of samples）指数据采集函数被调用一次，从一个通道采集的数据点数。

7）扫描

扫描（scan）指对数据采集中所有通道的一次采集或读数。

8.1.2 信号采集系统的基本构成

信号采集过程就是将来自传感器的模拟量转换为数字量的过程。信号采集系统随着新型传感器技术、微电子技术和计算机技术的发展而得到迅速发展，目前信号采集系统一般都使用计算机进行控制。信号采集系统的结构如图8-1所示。

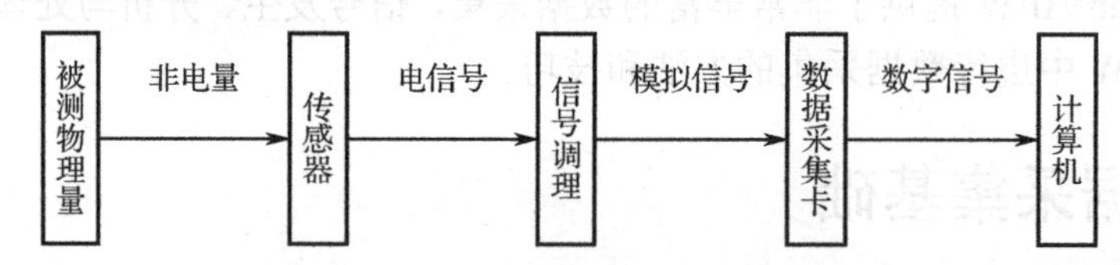

图8-1 信号采集系统的结构

信号采集系统通常由传感器、信号调理电路、多功能数据采集卡（通常集成有模拟多路开关、程控放大器、采样/保持器、定时器、A/D转换器及D/A转换器）、计算机及外设部分等组成。其中，传感器是将被测量（通常为非电量）转换为电信号的信号转换元件，由于传感器所产生的电信号一般不可能直接输入至PC，必须进行调理才能被数据采集设备精确、可靠地采集。信号调理就是将传感器所输出的电信号进行放大、隔离、滤波等，以便数据采集卡实现数据的采集。一般而言，信号调理电路是基于PC的通用数据采集系统不可或缺的组成部分。

目前常用的虚拟仪器硬件结构有以下一些类型。

插卡式的数据采集设备：插卡式的数据采集设备一半是插入台式计算机PCI插槽或笔记本电脑的PCMIA槽的数据采集卡，这好似一种典型的虚拟仪器硬件结构，通常在计算机外面根据需要配备某种信号调理设备。这种硬件结构配置可以满足一般测试的要求，价格也多为用户所接受。

分布式数据采集设备：这种数据采集设备可以安装在工业现场被测试对象附近，通过计算机网络或串口与计算机通信。NI 公司的这种产品以 FiledPoint 和 CompactFiledPoint 模块为代表，后者的尺寸比较小，适合便携式操作，而且抗冲击和抗震动等性能更好。

VXI 与 PXI 设备：对于某些特殊的测试场合和非常高的测试要求，还可以选择 VXI 和 PXI 虚拟仪器硬件结构。VXI 是 VME 总线的仪器扩展，它的结构形式是将信号采集、信号调理等各种模块装入标准机箱，机箱通过插入计算机的卡与计算机通信，或将计算机嵌入机箱插槽。PXI 是 PCI 总线的仪器扩展，它的结构形式与 VXI 基本相同，区别在于总线不同和价格更容易接受。

LAN 接口设备：以太网提供了一个低成本、适中吞吐量的方法来实现交换数据和远程控制命令。工程师们可以使用以太网来实现远程测试系统控制、分布式 I/O 及企业级数据共享。

CPIB 或串口设备：前面几种虚拟仪器硬件属于通用目的的数据采集设备，它们可以完成各种测试系统通用的任务，比如信号放大、滤波、A/D 转换等。而不同的测试系统特有的任务则由软件来完成，即改变测试任务只需要改变软件即可。为了有效利用现有的技术资源和发挥传统仪器的某些优势，还可以采用 GPIB 或串口形式的虚拟仪器结构。GPIB 通用接口总线是计算机与传统仪器的接口，将 GPIB 通信卡插入计算机，再通过 GPIB 电缆，实现计算机对传统仪器的控制和访问。串口也是计算机与传统仪器接口的一种普遍采用的方式，实现对满足一定协议（RS232）的传统仪器与计算机的连接。这些与计算机连接的仪器功能是专一而固定的，它们的软件同化在仪器内部。它们完成测试任务也不依赖于计算机，只是利用计算机的存储、显示和打印等功能，或对测试过程加以控制。

基于计算机的仪器：基于计算机的仪器也称为模块化仪器，是在一块卡上继承了仪器的全部功能，这个卡插入计算机。由于模块化仪器的软件运行在计算机上，所以可以更容易地对仪器进行控制。

8.1.3 针对不同信号的采集系统搭建

DAQ 基础知识

数据采集前，必须对所采集的信号的特性有所了解，因为不同信号的测量方式和对采集系统的要求是不同的，只有了解被测信号，才能选择合适的测量方式和采集系统配置。任意一个信号是随时间而改变的物理量。一般情况下，信号所运载的信息是很广泛的，比如状态（state）、速率（rate）、电平（level）、形状（shape）、频率成分（frequency content）。根据信号运载信息方式的不同，可以将信号分为模拟或数字信号。数字（二进制）信号分为开关信号和脉冲信号，模拟信号可分为直流、时域、频域信号。

一个电压信号可以分为接地和浮动两种类型。测量系统可以分为差分（Differential）、参考地单端（RSE）、无参考地单端（NRSE）3 种类型。

1. 接地信号和浮动信号

接地信号就是将信号的一端与系统地连接起来，如大地或建筑物的地。因为信号用的是系统地，所以与数据采集卡是共地的。接地最常见的例子是通过墙上的接地引出线，如信号发生器和电源。

一个不与任何地（如大地或建筑物的地）连接的电压信号称为浮动信号，浮动信号的每个端口都与系统地独立。一些常见的浮动信号的例子有电池、热电偶、变压器和隔离放大器等。

2．测量系统分类

1）*差分测量系统*

差分测量系统中，信号输入端分别与一个模入通道相连接。具有放大器的数据采集卡可配置成差分测量系统。图 8-2 描述了一个 8 通道的差分测量系统，用一个放大器通过模拟多路转换器进行通道间的转换。标有 AIGND（模拟输入地）的引脚就是测量系统的地。

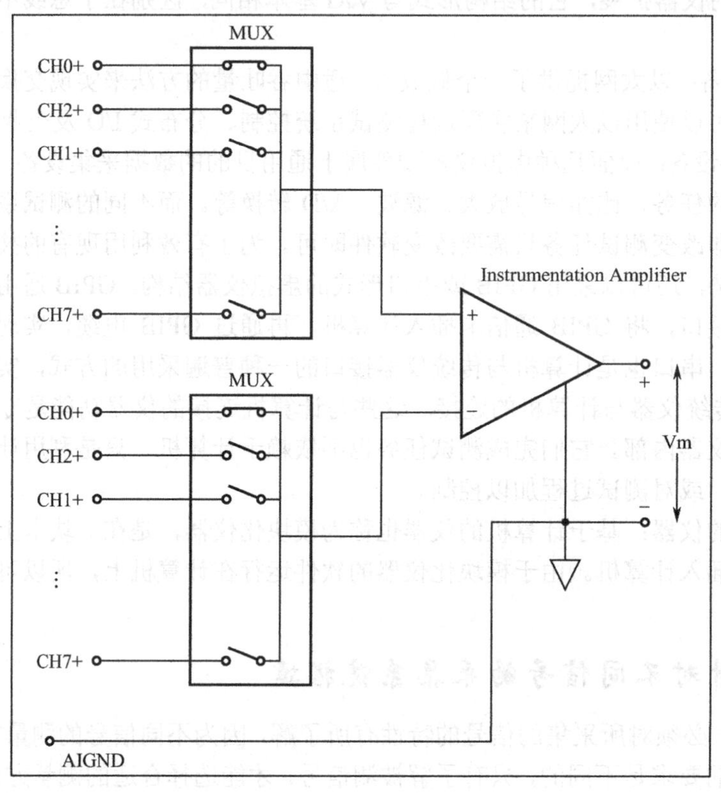

图 8-2　差分测量系统

一个理想的差分测量系统仅能测出（+）和（−）输入端口之间的电位差，完全不会测量到共模电压。然而，实际应用的板卡却限制了差分测量系统抵抗共模电压的能力，数据采集卡的共模电压的范围限制了相对于测量系统地的输入电压的波动范围。共模电压的范围关系到一个数据采集卡的性能，可以用不同的方式来消除共模电压的影响。如果系统共模电压超过允许范围，则需要限制信号地与数据采集卡的地之间的浮地电压，以避免测量数据错误。

2）*参考地单端（RSE）测量系统*

RSE 测量系统也称为接地测量系统，被测信号一端接模拟输入通道，另一端接系统地 AIGND。图 8-3 描绘了一个 16 通道的 RSE 测量系统。

3）*无参考地单端（NRSE）测量系统*

在 NRSE 测量系统中，信号的一端接模拟输入通道，另一端接一个公用参考端，但这个参考端电压相对于测量系统的地来说是不断变化的。图 8-4 描绘了一个 NRSE 测量系统，其中 AISENSE 是测量的公共参考端，AIGND 是系统的地。

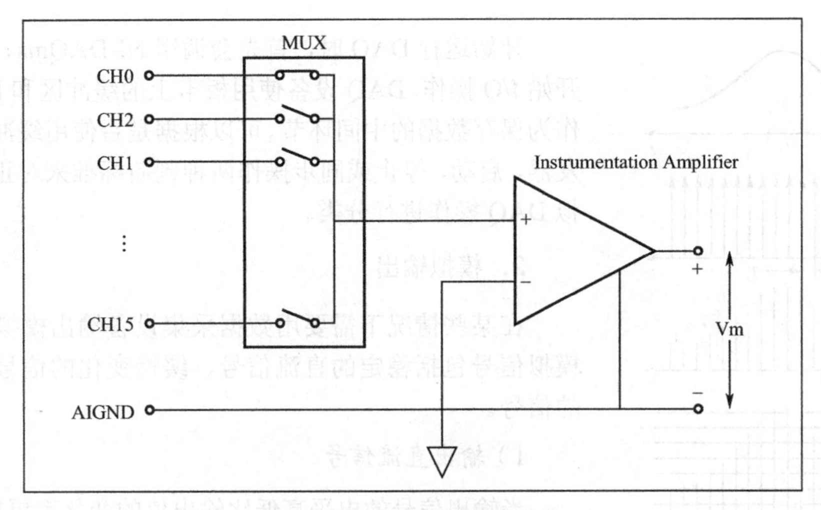

图 8-3　参考地单端测量系统

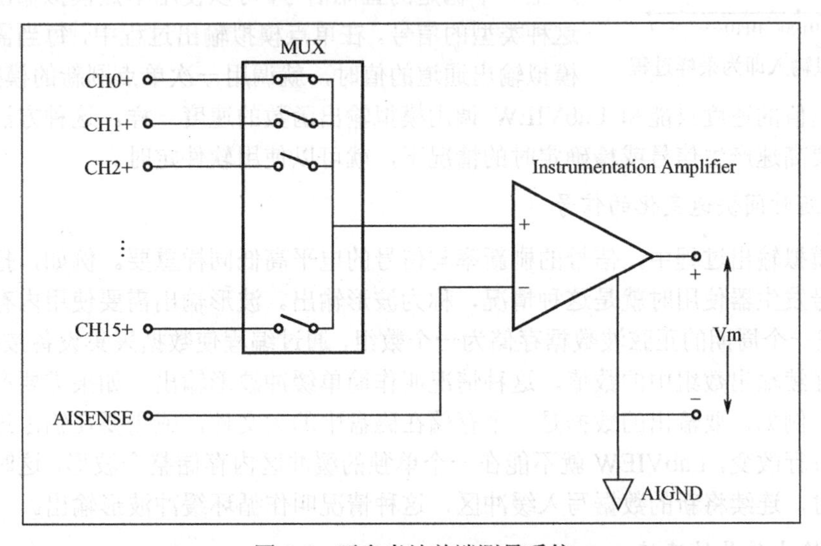

图 8-4　无参考地单端测量系统

8.2 模拟和数字 I/O

配置管理软件 MAX

DAQ 基础知识简介

8.2.1　模拟 I/O 的术语及定义

模拟 I/O 即模拟量的输入（Input）/输出（Output），它是数据采集最重要也是最基本的部分。

1．模拟输入

模拟输入的过程就是如图 8-5 所示的将模拟量转化为数字量的过程，模拟信号 $x(t)$经脉冲序列采样后，成为时间离散信号 $x(n)$，再量化以后得到取值也离散化的数字信号。T_s 为采样周期，它的倒数就是采样率。

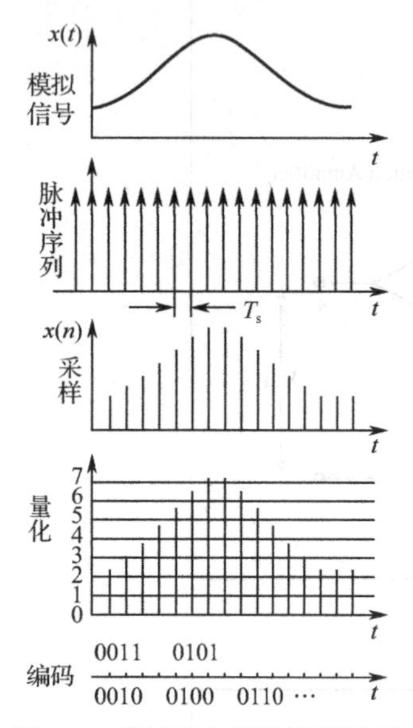

图 8-5 模拟输入即为采样过程

开始运行 DAQ 时，首先会调用 NI-DAQmx，它通知硬件开始 I/O 操作。DAQ 设备使用板卡上的缓冲区和 RAM 缓冲区作为保存数据的中间环节。可以根据是否使用缓冲区和外部触发器，启动、停止或同步操作两种判断标准来对正在进行的模拟 DAQ 操作进行分类。

2. 模拟输出

在某些情况下需要用数据采集设备输出模拟信号，这些模拟信号包括稳定的直流信号、缓慢变化的信号和连续变化的信号。

1）输出直流信号

当输出信号的电平高低比输出值的变化率更重要时，需要产生一个稳定的直流信号。可以使用单点模拟输出的方法产生这种类型的信号。在单点模拟输出过程中，每当需要改变一个模拟输出通道的值时，就调用一次单点刷新的模拟输出函数，因此改变输出值的速度只能和 LabVIEW 调用模拟输出函数的速度一样。这种方法叫作软件定时，在不需要高速产生信号或精确定时的情况下，就可以使用软件定时。

2）输出随时间快速变化的信号

有时在模拟输出过程中，信号的刷新率与信号的电平高低同样重要。例如，把数据采集设备当一个信号发生器使用时就是这种情况，称为波形输出。波形输出需要使用内存缓冲区，具体方法是，把一个周期的正弦波数据存储为一个数组，通过编程使数据采集设备按指定的频率，每次一个点连续输出数组中的数值，这种情况叫作简单缓冲波形输出。如果需要产生一个连续变化的波形，例如，要输出的数据是一个存储在磁盘中的大文件，或需要在输出过程中对信号的某些参数进行改变，LabVIEW 就不能在一个单独的缓冲区内存储整个波形，这时就必须在信号输出的同时，连续将新的数据写入缓冲区，这种情况叫作循环缓冲波形输出。

3）模拟输出信号的连接

使用不同的数据采集卡和接线端子，输出信号有不同的连接方法。对于典型的模拟输出设备，如 E 系列多功能数据采集卡，AO0 和 AO1 分别是模拟输出 0 通道和模拟输出 1 通道，AOGND 是模拟输出地。至于 AO0、AO1 和 AOGND 在不同的卡上的引脚号和接线端子板上的端子号，就只能查其硬件手册了。

模拟输出和模拟输入在通道定址、数据组织、函数模板的结构及操作方法等许多方面都非常相似。

8.2.2 数字 I/O 的术语及定义

1. 数字 I/O 的基本概念

数字信号一般用于二进制表示和运算方面，数字输入/输出接口通常用于与外围设备的通信和产生某些测试信号。例如，在过程控制中与受控对象传递状态信息，测试系统报警等。数字输入/输出接口处理的是二进制的开关信号，ON 通常为 5V 的高电平，在程序中的值为 TRUE；OFF 通常为 0V 的低电平，在程序中的值为 FALSE。NI 公司有专门的数字输入/输出板卡和信号调理设备，但是许多功能数据采集卡也具备不同的数字输入/输出功能。

数字线：连接或获取单个数字信号的途径。数字线通常为输入线或输出线，但有时也可能是双向输入/输出线。在大多数 DAQ 设备上，数字线必须配置为输入或输出。

端口：数字线的集合，其中的数字线要配置为相同的方向，并且可以同时使用。每个端口的数字线数量取决于 DAQ 设备，但大部分端口由 4 位或 8 位数字线组成。如一个多功能设备可能具有位数字线，可配置为 1 个 8 位端口、两个 4 位端口，接至 8 个 1 位端口。端口被指定为数字通道。

端口宽度：端口中的位数。

状态：O 或 I。

模式：数字状态序列，通常用二进制数字表示，描述端口中每一位的状态。

数字输入/输出方式：立即方式（非锁存方式）和握手方式（锁存方式）。

2. 数字 I/O VI

数字输入/输出 VI 与模拟信号输入/输出一样是分级的。图 8-6 所示是数字输入/输出 VI 模板。其中第一行是易用 VI，右下角是高级 VI 子模板，其余是中级 VI。易用 VI 和中级 VI 的应用将通过实例介绍，而高级 VI 因为很少应用，则不做介绍。

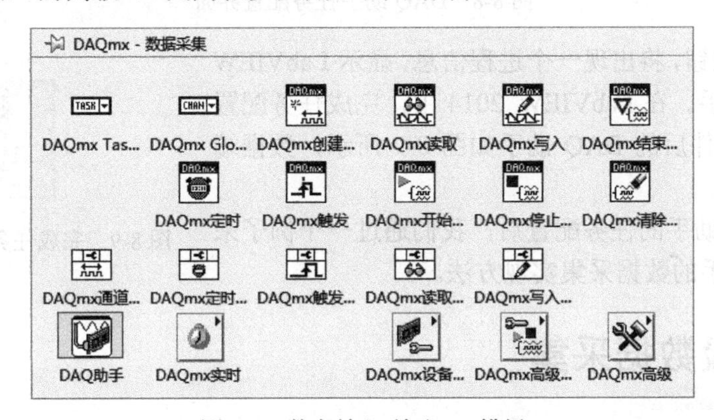

图 8-6　数字输入/输出 VI 模板

8.2.3　使用 DAQ 助手

DAQ 助手是一个 Expressive VI，用来创建、编辑并使用 NI-DAQmx 运行任务。从 DAQmx 数据采集子选板中选择 DAQ 助手放置于程序框图中，如图 8-7 所示。

图 8-7　DAQ 助手

DAQ 助手是 LabVIEW 中一个重要的工具，它是一个设置测试任务、通道与缩放的图形接口。在 MAX 和 LabVIEW 中都可以通过多种途径启动 DAQ 助手。

选择 DAQ 助手后，系统将自动打开一个新的界面，即 DAQ 助手任务配置界面，如图 8-8 所示。

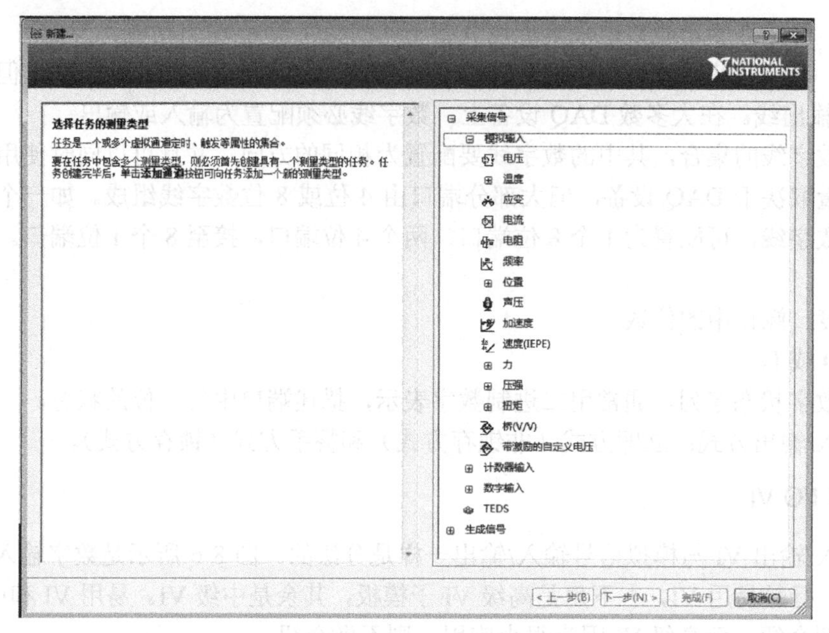

图 8-8　DAQ 助手任务配置界面

单击“确定”按钮，将出现一个进程信息，显示 LabVIEW 正在创建 DAQ 助手。在 LabVIEW 2014 中，完成任务配置并创建图形显示控件后的 DAQ 助手如图 8-9 所示，数据端子为动态数据类型。

图 8-9　完成任务配置的 DAQ 助手

在完成 DAQ 助手的任务配置后，我们通过一个例子来说明基于 DAQ 助手的数据采集实现方法。

8.3　高级数据采集

本节介绍数据采集中更高级的情况，如定时和触发、连续数据采集和事件计数等。

8.3.1　DAQmx 定时和 DAQmx 触发

DAQmx 定时函数：配置要获取或生成的采样数，并创建所需的缓冲区。该多态 VI 的实例分别对应于任务使用的定时类型，如图 8-10 所示。

DAQmx 触发函数：配置任务的触发。该多态 VI 的实例分别用于要配置的各种触发或触发类型，如图 8-11 所示。

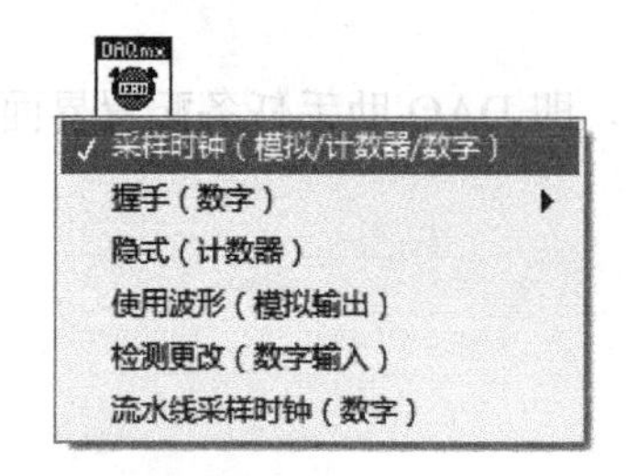

图 8-10　DAQmx 定时函数

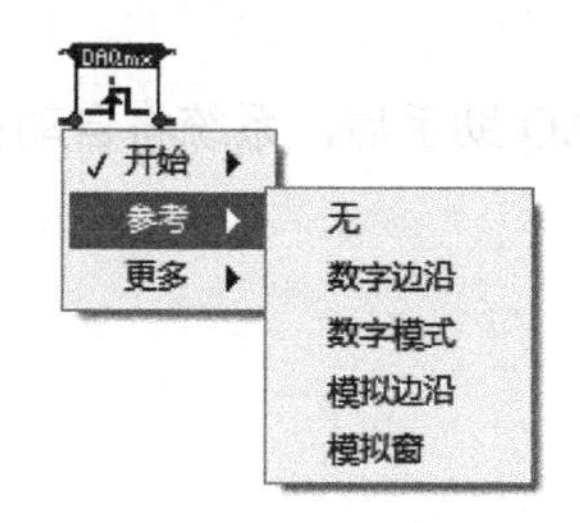

图 8-11　DAQmx 触发函数

数据采集在开始使用任务之前可以配置定时和触发，在这种情况下，程序框图流程一般如图 8-12 所示，大致流程为创建—触发—定时—读取/写入—清除任务。

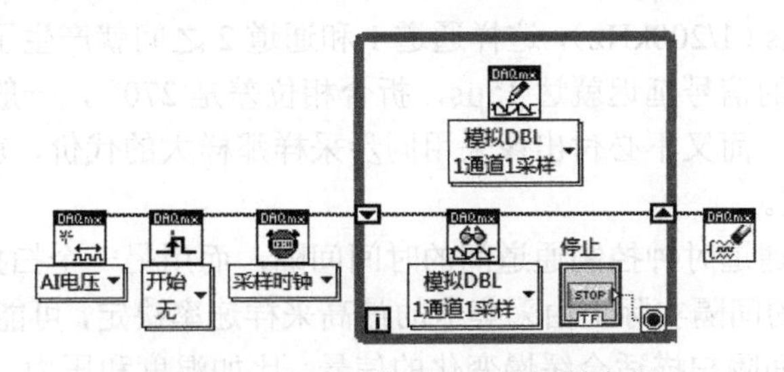

图 8-12　定时触发 DAQmx 框图流程

8.3.2　多通道采集

多数通用采集卡都有多个模入通道，但是并非每个通道都配置一个 A/D，而是大家共用一套 A/D，在 A/D 之前有一个多路开关（MUX）及放大器（AMP）、采样保持器（S/H）等。通过这个开关的扫描切换，实现多通道的采样。多通道的采样方式有 3 种：循环采样、同步采样和间隔采样。在一次扫描（scan）中，数据采集卡将对所有用到的通道进行一次采样，扫描速率（scan rate）是数据采集卡每秒进行扫描的次数。

当对多个通道采样时，循环采样是指采集卡使用多路开关以某一时钟频率将多个通道分别接入 A/D 循环进行采样。如图 8-13 给出两个通道循环采样的示意图。此时，所有的通道共用一个 A/D 和 S/H 等设备，比每个通道分别配一个 A/D 和 S/H 的方式要廉价。循环采样的缺点在于不能对多通道同步采样，通道的扫描速率是由多路开关切换的速率平均分配给每个通道的。因为多路开关要在通道间进行切换，对两个连续通道的采样，采样信号波形会随着时间变化，产生通道间的时间延迟。当通道间的时间延迟对信号的分析不很重要时，使用循环采样是可以的。

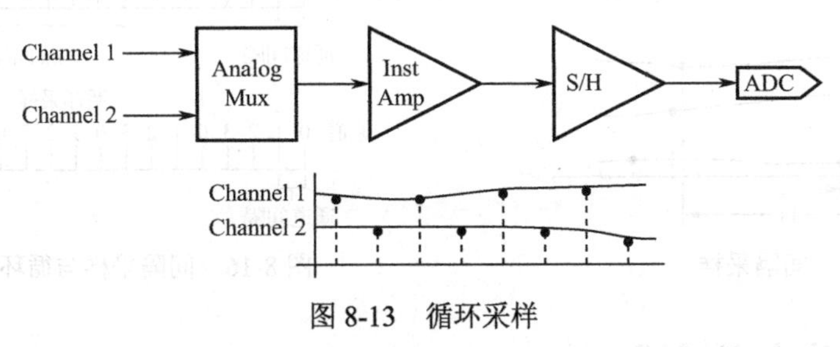

图 8-13　循环采样

当通道间的时间关系很重要时，就需要用到同步采样方式。支持这种方式的数据采集卡每个通道使用独立的放大器和 S/H 电路，经过一个多路开关分别将不同的通道接入 A/D 进行转换。图 8-14 给出两个通道同步采样的示意图。还有一种数据采集卡，每个通道各有一个独立的 A/D，这种数据采集卡的同步性能更好，但是成本显然更高。

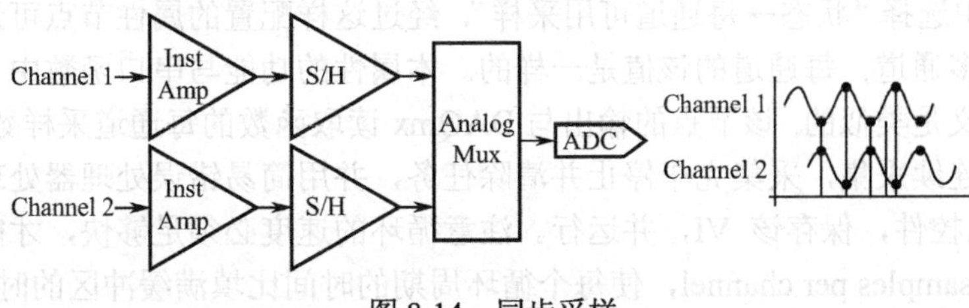

图 8-14　同步采样

假定用 4 个通道来采集均为 50kHz 的周期信号（其周期是 20μs），数据采集卡的采样速率设为 200kHz，则采样间隔为 5μs（1/200kHz）。如果用循环采样，则每相邻两个通道之间的采样信号的时间延迟为 5μs（1/200kHz），这样通道 1 和通道 2 之间就产生了 1/4 周期的相位延迟，而通道 1 和通道 4 之间的信号延迟就达 15μs，折合相位差是 270°，一般说来这是不行的。

为了改善这种情况，而又不必付出像采用同步采样那样大的代价，就有了如下的间隔扫描（interval scanning）方式。

在这种方式下，用通道时钟控制通道间的时间间隔，而用另一个扫描时钟控制两次扫描过程之间的间隔。通道间的间隔实际上由采集卡的最高采样速率决定，可能是微秒甚至纳秒级的，效果接近于同步扫描。间隔扫描适合缓慢变化的信号，比如温度和压力。假定一个 10 通道温度信号的采集系统采用间隔采样，设置相邻通道间的扫描间隔为 5μs，每两次扫描过程的间隔是 1s，这种方法提供了一个以 1Hz 同步扫描 10 通道的方法，如图 8-15 所示。1 通道和 10 通道扫描间隔是 45μs，相对于 1Hz 的采样频率是可以忽略不计的。对一般采集系统来说，间隔采样是性价比较高的一种采样方式。

NI 公司的数据采集卡可以使用内部时钟来设置扫描速率和通道间的时间间隔。多数数据采集卡根据通道时钟（channel clock）按顺序扫描不同的通道，控制一次扫描过程中相邻通道间的时间间隔，而用扫描时钟（scan clock）来控制两次扫描过程的间隔。通道时钟要比扫描时钟快，通道时钟速率越快，在每次扫描过程中相邻通道间的时间间隔就越小。

对于具有扫描时钟和通道时钟的数据采集卡，可以通过把扫描速率（scan rate）设为 0，使用 AI Config VI 的 interchannel delay 端口来设置循环采样速率。LabVIEW 默认的是扫描时钟，换句话来说，当选择好扫描速率时，LabVIEW 自动选择尽可能快的通道时钟速率，大多数情况下，这是一种比较好的选择。图 8-16 说明循环采样和间隔采样的不同。

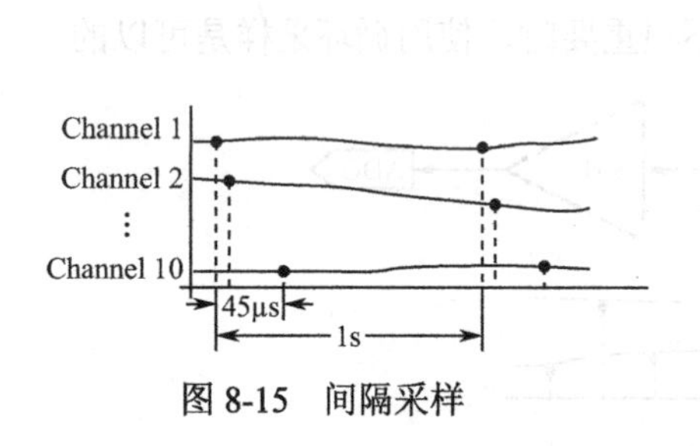

图 8-15　间隔采样

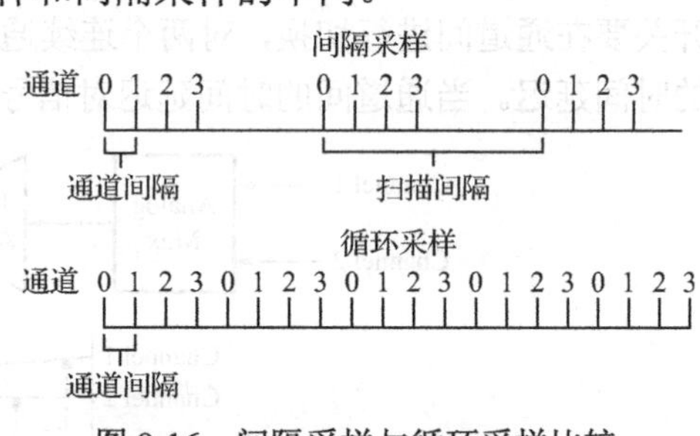

图 8-16　间隔采样与循环采样比较

8.3.3 连续数据采集

按图 8-17 创建程序框图。

其中 DAQmx 定时函数设置为连续采集，采样率和采集点数通过前面板输入。循环中的属性节点为 DAQmx 读取属性节点，从子选板中选择该节点，放置于程序框图的循环中。单击该节点，从下拉框中选择“状态→每通道可用采样”，经过这样配置的属性节点可返回每通道可用的采样数。对于多通道，每通道的该值是一样的。本属性的功能与串口函数中 VISA 串口字节数对于串口的意义是类似的。该节点的输出与 DAQmx 读取函数的每通道采样数连接。通过“停止”按钮来控制连续采集，采集完毕停止并清除任务，并用简易错误处理器处理错误。配置该 VI 的前面板输入控件，保存该 VI，并运行。注意循环的速度必须足够快，才能使输出过程不至于溢出。调整 samples per channel，使每个循环周期的时间比填满缓冲区的时间要少。

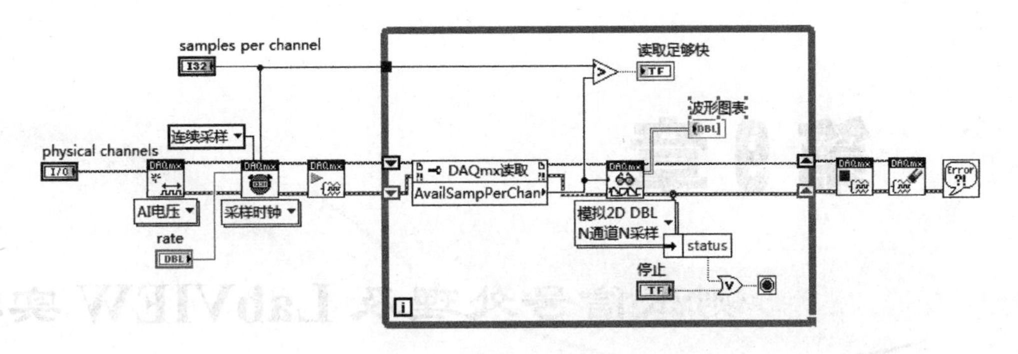

图 8-17　连续数据采集

习题

1．信号采集系统的基本构成包括什么？如何搭建数字信号/模拟信号采集系统？

2．以两种方式（利用 DAQmx 有关函数、借助 DAQ 助手）输出一段方波电压信号波形，具体参数配置为：初相位 0°，频率 4Hz，采样频率 1000，采集点数 1000，幅值 3V。自己改变其中的某些参数设置，再重复本任务。

3．借助 DAQ 助手产生一个连续的正弦波信号，具体参数配置为：初相位 30°，频率 3Hz，采样频率 1000，采集点数自定，正弦波幅值 1.5V。自己改变其中的某些参数设置，再重复本任务。

4．借助 DAQ 助手采集一段两个周期的三角波信号，具体参数配置为：初相位 45°，幅值 2.5V，采样频率为 1500，采集点数自定。自己改变其中的某些参数设置，再重复本任务。

5．尝试对利用 MAX 工具建立的数据采集任务，与直接在 LabVIEW 环境下使用 DAQ 助手建立的数据采集任务的相同性和差异性做出简明归纳。

6．经路径“函数”选板→“测量 I/O”→DAQmx-数据采集，找到“DAQmx 创建虚拟通道”、“DAQmx 读取”、“DAQmx 写入”和“DAQmx 定时（采样时钟）”四个函数，打开它们的多态 VI 选择器，设置不同的函数功能，并编写一个单点连续模拟采集程序。

7．课后分组基于 myDAQ 实现模拟输入、模拟输出、数字 I/O 等功能，使用 DAQmx 的底层 API 完成；在模拟信号采集之后，尝试增加简单信号分析和处理功能，如测算信号峰值、频谱等。

第9章 测试信号处理及LabVIEW实现

本章知识点：

- 信号处理的基本概念
- LabVIEW 中信号处理函数

基本要求：

- 掌握常用信号处理方法的基本原理
- 掌握 LabVIEW 中常用信号处理函数的应用方法

能力培养目标：

通过本章的学习，掌握 LabVIEW 软件中进行信号处理的方法，包括波形和信号的生成方法、信号时域分析方法、信号频域分析方法、信号变换方法等，培养学生的 LabVIEW 软件编程能力及综合运用知识解决实际问题的能力。

9.1 信号处理概述

在我们周围数字信号无处不在。因为数字信号具有高保真、低噪声和便于处理的优点，得到了广泛的应用。例如，电话公司使用数字信号传输语音，广播、电视和高保真音响系统也都在逐渐数字化；天空中的卫星将测得的数据以数字信号形式发送到地面接收站；对遥远星球和外部空间拍摄的照片也是采用数字方法处理，去除干扰，获得有用的信息；经济信息数据、人口普查结果、股票市场价格等都可以采用数字信号的形式获得。因为数字信号处理具有这么多优点，在用计算机对模拟信号进行处理之前也常把它们转化为数字信号。本章将介绍数字信号处理的冷知识，并介绍数字信号处理和分析的 LabVIEW 分析软件库。

目前，对于实现分析系统，高速浮点运算和数字信号处理已经变得越来越重要。这些系统被广泛应用到生物医学数字处理、语音识别、数字音频和图像处理等各种领域。从刚刚采集的数据中无法立即得到有用的信息，必须消除因噪声干扰、纠正设备故障而破坏的数据，或补偿环境影响，如温度和湿度等。

9.1.1 信号处理的任务

LabVIEW 分析与信号处理

用于测量的虚拟仪器（VI）所执行的典型测量任务有：

- 计算信号的幅频特性和相频特性。
- 决定系统的脉冲响应或传递函数。
- 估计系统的动态响应参数，如上升时间、超调量等。

- 计算信号中存在的总的谐波失真。
- 估计信号中含有的交流成分和直流成分。

用于测量的虚拟仪器可以使这些测量工作通过LabVIEW的程序语言在台式电脑上进行。

9.1.2 信号处理的方法

1）时域分析

通过时域分析可以得到信号在时域的各种特征量，如测量波形的幅度信息（峰值、均值、有限值）和时间信息（周期、频率等），主要的时域分析方法有相关性分析、卷积处理及对信号的其他一些处理。

2）频域分析

测量时直接采集到的信号是时域波形，由于时域分析的局限性，往往把问题转换为频域来处理。通过频域分析可以得到信号在频域的各种特征量及信号的频率组成信息。最主要的频域分析方法就是快速傅里叶变换及其反变换。

3）加窗处理

LabVIEW中提供了多种窗处理函数，如汉宁窗（Hanning）、海明窗（Hanmming）、布拉克曼窗（Blackman）及凯塞窗（Kaiser）等。

4）滤波处理

使用滤波器对信号进行滤波，可以得到想要的频率分量。滤波器分为模拟滤波器和数字滤波器，可以用软件实现的只有数字滤波器。

5）信号仿真

当信号没有输入时，可以用数字函数通过计算机得到数据，用来模拟实际信号的离散值，称为仿真信号。仿真信号可用于检验后续的信号分析是否正确，这种方法称为信号仿真。

在测试系统设计和软件开发过程中，数学分析和信号处理是两个不可或缺的重要内容。系统采集的测量信号与数据必须经过一定的数学分析和处理，才能给人们提供需要的信号和结果，数学分析与信号处理已经形成了标准的算法程序。

9.1.3 LabVIEW中的信号处理实现

LabVIEW中，信号处理功能选板可以用于执行信号生成、数字滤波、数据加窗及频谱分析，如表9-1所示。

表9-1 信号处理功能选板

子 选 板	说 明
Real-Time分析工具VI	Real-Time分析工具VI用于处理RT应用程序中分析函数使用的资源
变换VI	变换VI用于实现信号处理中的常见变换。LabVIEW FFT VI使用特殊的输出单位和缩放因子
波形测量VI	波形测量VI用于执行常见的时域和频域测量（如直流、RMS、单频频率/幅值/相位、谐波失真、SINAD及平均FFT测量）
波形生成VI	波形生成VI用于生成各种类型的单频和混合单频信号、函数发生器信号及噪声信号
波形调理VI	波形调理VI用于执行数字滤波和加窗

续表

子 选 板	说 明
窗 VI	窗 VI 用于实现平滑窗并执行数据加窗
滤波器 VI	滤波器 VI 用于实现 IIR、FIR 及非线性滤波器的相关操作
谱分析 VI	谱分析 VI 用于在频谱上执行数组的相关分析
信号生成 VI	信号生成 VI 用于生成描述特定波形的一维数组。信号生成 VI 生成的是数字信号和波形
信号运算 VI	信号运算 VI 用于信号操作并返回输出信号
逐点 VI	逐点 VI 用于方便而有效地逐点处理数据。逐点 VI 只在 LabVIEW 完整版和专业版开发系统中可用

下面将介绍测量 VI 中常用的一些数字信号处理函数。

9.2 波形和信号生成

典型数字信号的生成是数字信号处理中首先遇到的问题，准确、快捷地产生符合所需参数的信号波形，是准确进行后续分析和处理的基础。

9.2.1 波形和信号生成相关的 VI

在 LabVIEW 中提供了两类 VI 库，波形生成和信号生成，分别用于生成数据类型为波形和数值型数组的信号。这两类 VI 库所包含的 VI 分别如图 9-1 和图 9-2 所示。

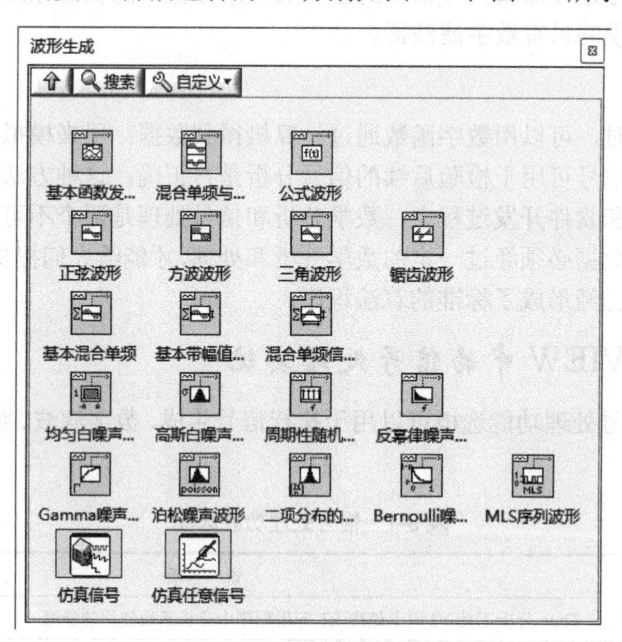

图 9-1 波形生成 VI 库

这些波形生成和信号生成 VI 所涉及的信号类型相当广泛，不仅包括基本的正弦波、三角波、锯齿波、方波等波形信号，也包括各种高斯信号、脉冲信号和噪声信号，通过设定适当的参数，几乎可以生成一切所需要的波形信号。在此以波形生成 VI 库中的几个常用的 VI 为例进行介绍，其他波形生成 VI 和信号生成 VI 用法类似，可以在实际需要时结合帮助文档中的详细说明进行设置和调用。

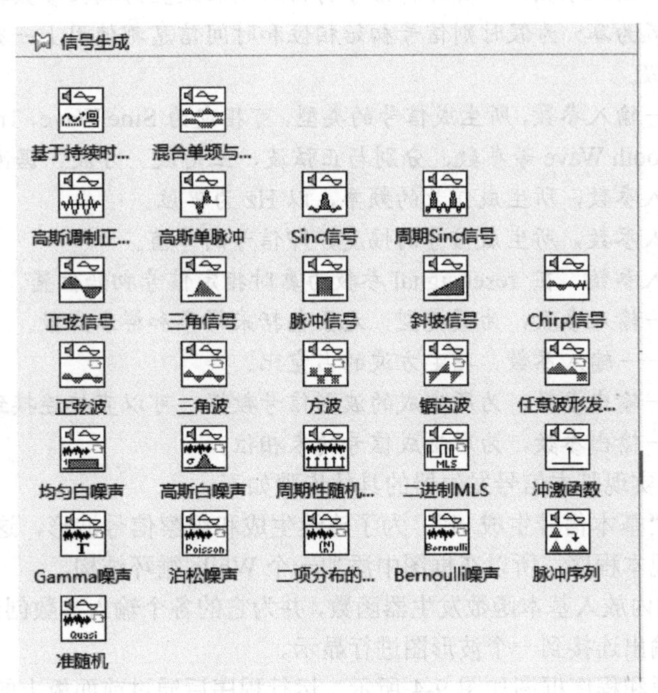

图 9-2　信号生成 VI 库

信号分析与处理

9.2.2　波形与信号生成举例

下面通过几个实例，讲述如何使用 LabVIEW 中波形与信号生成相关的 VI 来产生信号。

1. 基本信号生成实例

信号处理中最常用的几类基本信号为正弦波、三角波、方波和锯齿波，在波形生成子选板中，可以由各自对应的函数生成，也用一个通用的基本函数发生器生成。

该函数的功能类似于一个简单的信号发生器，其连线板如图 9-3 所示。

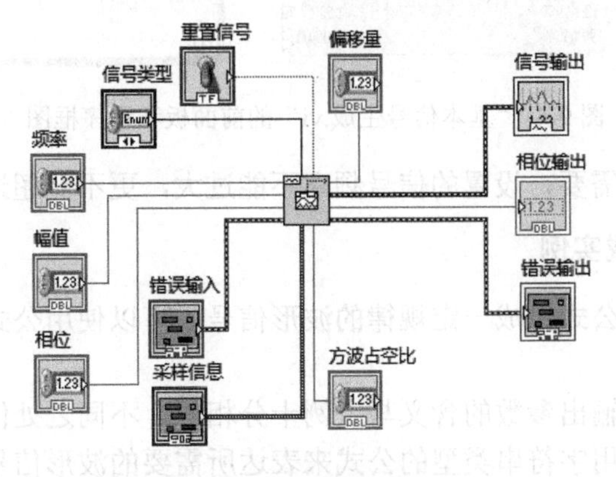

图 9-3　基本函数发生器的连线板

该函数主要输入/输出参数的含义如下。

- 偏移量——输入参数，所生成信号的偏移量，也就是直流分量。

- 重置信号——输入参数，为真时将信号的初始相位设置为相位参数指定的角度值，并将时间信息重置为零；为假时则信号初始相位和时间信息都使用上一次调用后的末值，该参数默认为假。
- 信号类型——输入参数，所生成信号的类型，可指定为 Sine Wave、Triangle Wave、Square Wave、Sawtooth Wave 等参数，分别与正弦波、三角波、方波、锯齿波相对应。
- 频率——输入参数，所生成信号的频率，以 Hz 为单位。
- 幅值——输入参数，所生成信号的幅度，即信号的峰值。
- 相位——输入参数，在 reset signal 参数为真时指定信号初始位置。
- 采样信息——输入参数，为簇类型，元素包括采样率和样本点数。
- 方波占空比——输入参数，指定方波的占空比。
- 信号输出——输出参数，为所生成的波形信号数据，可以直接连接到波形图显示。
- 相位输出——输出参数，为所生成信号的末相位。

使用 LabVIEW 实现基本信号发生器的具体步骤如下。

（1）新建文件“基本信号生成.vi”，为了连续生成和观察信号波形，这里使用基于 While 循环结构的框架实现本程序，所以在框图中添加一个 While 循环结构。

（2）在循环结构内放入基本函数发生器函数，并为它的各个输入参数创建相应的输入控件，将其输出参数信号输出连接到一个波形图进行显示。

最终程序前面板和程序框图如图 9-4 所示。运行程序后通过前面板上的各个控件调整输入参数，就可以观察到所生成的波形的动态变化。

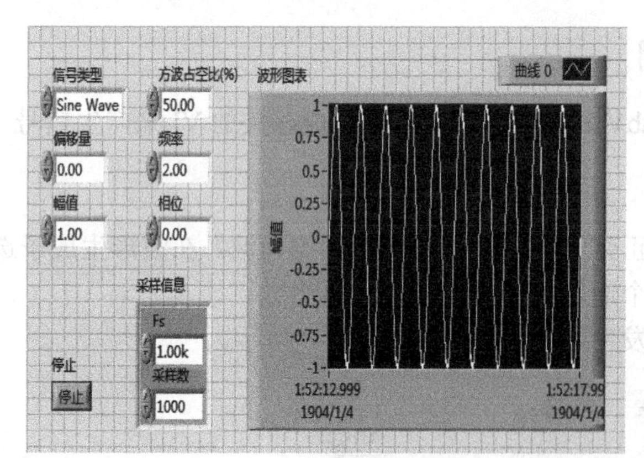

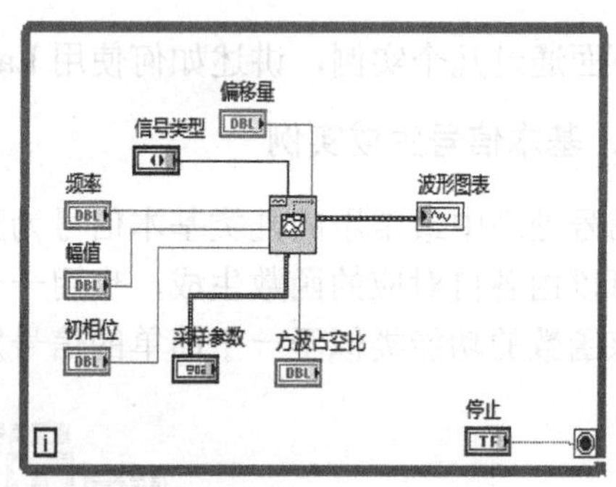

图 9-4 “基本信号生成.vi”的前面板和程序框图

为了满足采样定理的需要，设置的信号频率不能过大，更不能超过采样率的一半。

2．公式设定信号生成实例

如果需要根据已知的公式生成一定规律的波形信号，可以使用公式波形函数生成，该函数的连线板如图 9-5 所示。

该函数的各个输入和输出参数的含义与上例十分相似，不同之处仅在于多了一个新的参数公式，通过这个参数可使用字符串类型的公式来表达所需要的波形信号函数式。

公式可以为任意形式的合法公式表达式，而且预先定义了一些变量，可以在表达式中直接使用，这些变量的含义如表 9-2 所示。

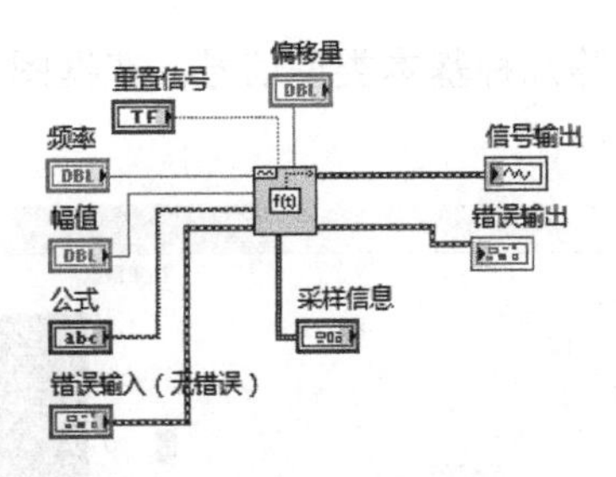

图9-5 公式波形的连线板

表9-2 公式表达式中预定义的变量

变 量	含 义
f	输入的频率参数
a	输入的幅度参数
w	$2*\pi*f$
n	已生成的采样数
t	已用时间
f_s	输入的采样频率

新建一个名为“公式设定信号生成”的VI，添加一个While循环结构，以便连续生成和观察信号波形。在While循环中放入公式生成函数，并为它的各个输入参数添加相应的控件，将它的参数“信号输出”连接到一个波形图进行显示。

程序前面板和程序框图如图9-6所示。运行程序后通过前面板上的各个控件调整输入参数，以及写入正确的公式，就可以观察所生成波形的动态变化。

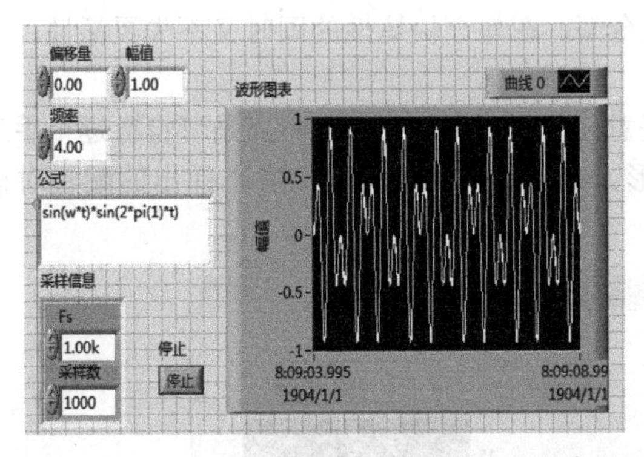

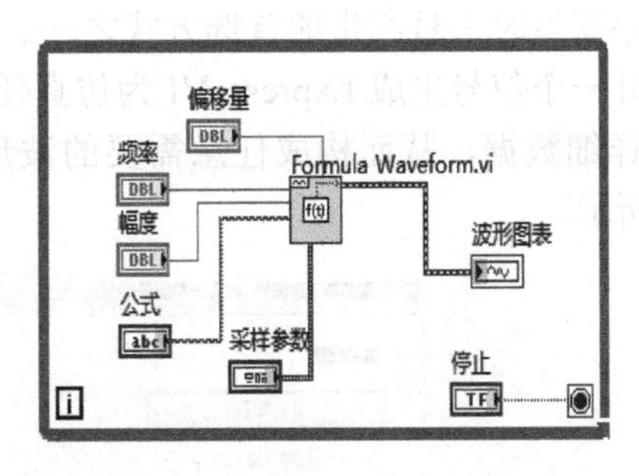

图9-6 “公式设定信号生成”的前面板和程序框图

除了基本函数发生器和公式波形这两类最常用的信号生成函数外，还有生成各种其他类型信号，如高斯信号、白噪声信号等的各种函数可供调用，在此不再一一举例。

9.2.3 仿真信号的生成

值得说明的是，在Express子选板中的“信号分析”中有信号生成的Express VI函数，这里提供两个信号生成Express VI，可快速生成所需的信号，分别是“仿真信号”和“仿真任意信号”。

仿真信号 Express VI的适用场合与基本信号的生成类似，可根据指定参数生成正弦波、三角波、方波、锯齿波、直流信号等几种基本类型信号。在框图上放入该 VI 后，弹出的配置对话框如图 9-7 所示。

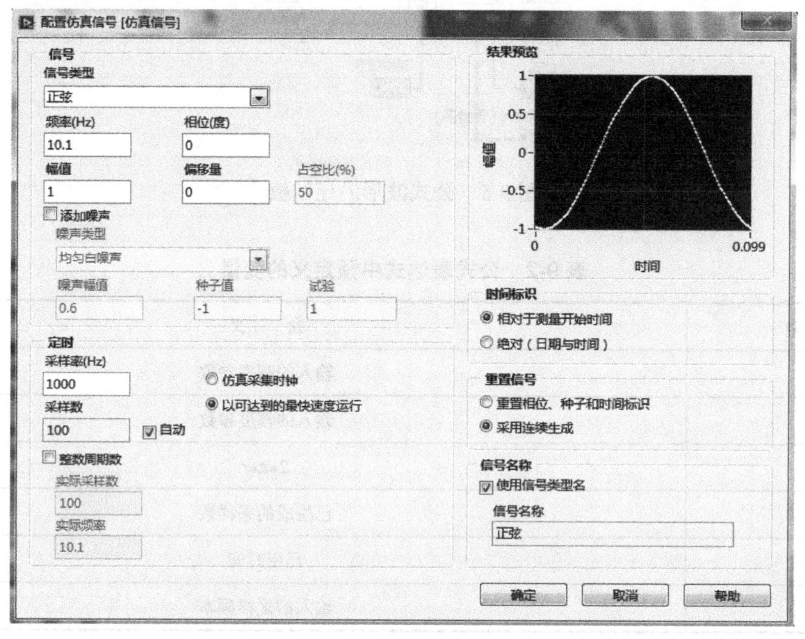

图 9-7　仿真信号 Express VI 的配置对话框

从对话框中不仅可以配置基本的信号类型、频率、初始相位、幅度、偏移量、采样率等参数，还可以选择是否叠加上某种类型的噪声（同样也提供了多种常见噪声类型以供选择），以及是否微移采样率及保证周期采样（即保证一个周期里的采样点数为整数个，这在抑制傅里叶分析和抑制谱泄漏时需要考虑）。

该对话框中所提供的配置功能已经相当全面，在保证快捷性的同时又不失灵活性，是快速搭建程序原型时信号产生的首选方式之一。

另外一个信号生成 Express VI 为仿真任意信号 Express VI，其特点是可自行逐个手工添加信号的详细数据，从而构成任意需要的波形。在框图上放入该 VI 后，弹出的配置对话框如图 9-8 所示。

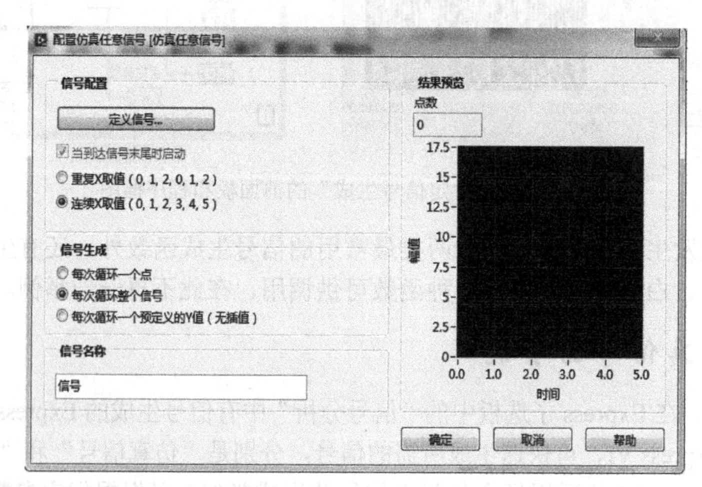

图 9-8　仿真任意信号 Express VI 的配置对话框

单击该对话框中左上方的“定义信号”按钮后，可以弹出另外一个专用对话框，用来逐点编辑信号点的精确数据，编辑完毕返回主对话框后就可以即时预览到波形曲线。另外，也对信号 *X* 轴数据的重复方式及信号循环生成方法等提供了可设置的选项。这种可精确设置信号点数数据的 Express VI 在信号数据量不是很大或需要生成某些特殊类型的信号时非常实用。

9.3　信号时域分析

信号时域分析是指在时间域上对信号的时域参数进行测量和计算，从而提取出有助于研究和分析的信号时域特征。

时域分析往往是对原始信号进行分析的第一个步骤，信号的时域特征往往也是使用其他方法进行分析的重要参考和基础。

9.3.1　信号时域分析相关的函数

信号时域分析相关的函数主要分为波形测量函数和信号运算函数。

1．波形测量函数

波形测量函数库如图 9-9 所示，具体函数如下。

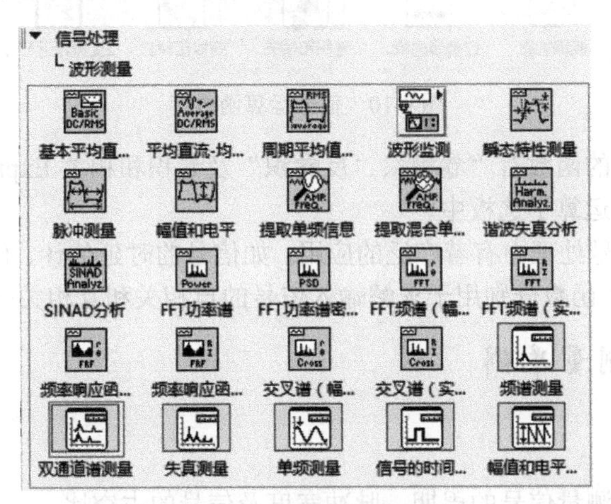

图 9-9　波形测量函数库

（1）“基本平均直流-均方根”是从信号输入端输入一个波形或数组，对其加窗，根据平均类型输入端口的值计算加窗后信号的平均直流及均方根值。此函数对于每个输入的波形只返回一个直流值和一个均方根值。

（2）“平均直流-均方根”同样也用于计算信号的平均直流及均方根值。

（3）“周期平均值和均方根”可以测量信号在一个周期中的均值及均方根值。

（4）“瞬态特性测量”用于测量信号的过渡态量：上升时间及其超调量。

（5）“脉冲测量”用于测量信号的周期、脉冲宽度及信号的占空比。

（6）“幅值和电平”Express VI 用于测量信号的电压。将 Express VI 放置在框图中，会自动弹出一个初始化配置窗口。

（7）“提取单频信息”用于提取信号的频率、幅值和相位等信息。

（8）“提取混合单频信息”用于提取幅值超过指定阈值的单频信号的频率、幅值和相位等信息。

（9）“谐波失真分析”、“SINAD 分析”、“失真测量”能够实现输入信号的谐波分析，输出 THD、SINAD 和各次谐波分量幅值的信息。

2．信号运算函数

信号运算函数库如图 9-10 所示，具体函数如下。

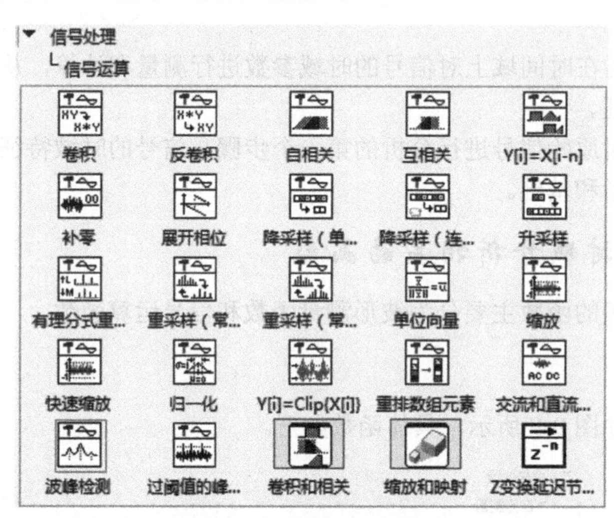

图 9-10　信号运算函数库

（1）实现卷积运算的函数有“卷积”、“反卷积”及卷积和相关 Express VI。它们位于函数选板→信号处理→信号运算子选板中。

（2）相关分析在信号处理中有着广泛的应用，如信号的时延估计、信号识别、故障诊断等。“自相关”与“互相关”函数分别用于求解输入信号的自相关和互相关序列。

9.3.2　波形测量举例

1．脉冲测量函数

脉冲测量函数用于测量信号的周期、脉冲宽度及信号的占空比。

编写程序演示该函数的使用方法，前面板与程序分别如图 9-11、图 9-12 所示。

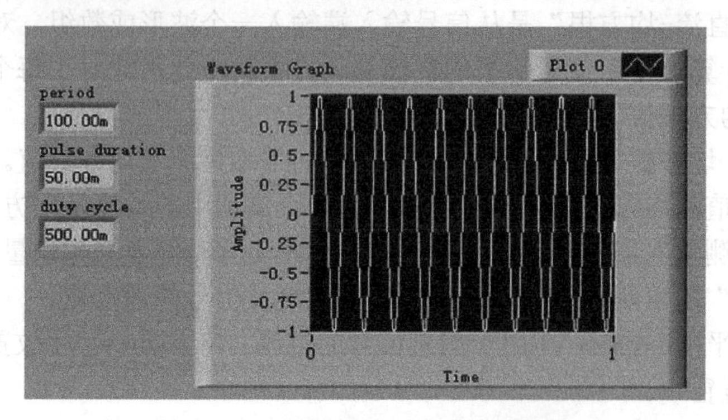

图 9-11　脉冲测量演示程序的前面板

2．幅值及极大值、极小值函数

幅值及极大值、极小值函数用以测量信号的幅值及极大值和极小值。

编写程序演示幅值和电平函数的使用方法，前面板与程序分别如图 9-13、图 9-14 所示。

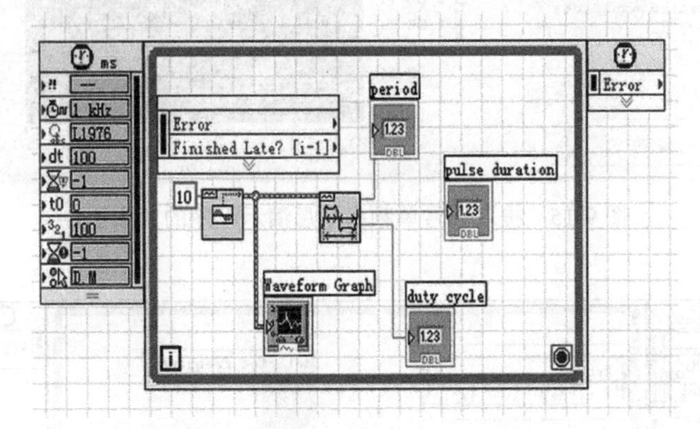

图 9-12 脉冲测量演示程序的程序

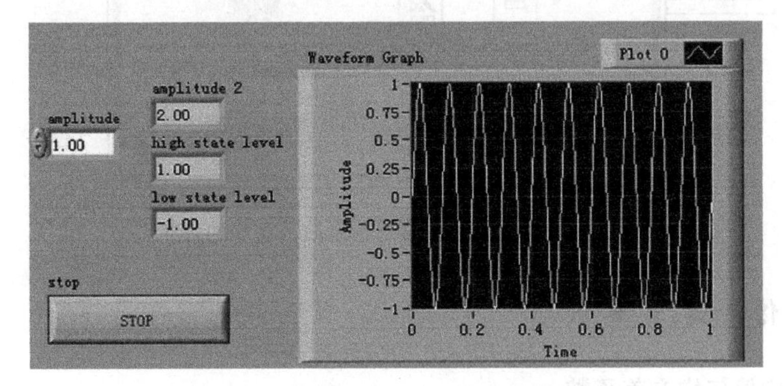

图 9-13 幅值和电平演示程序的前面板

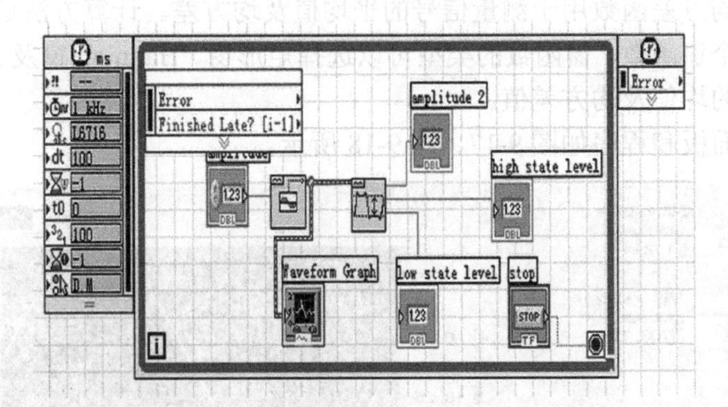

图 9-14 幅值和电平演示程序的程序

3．提取信号单频率信息函数

提取信号单频率信息函数用以提取信号的频率、幅值和相位等信息。

编写程序演示该函数的使用方法，前面板与程序分别如图 9-15、图 9-16 所示。

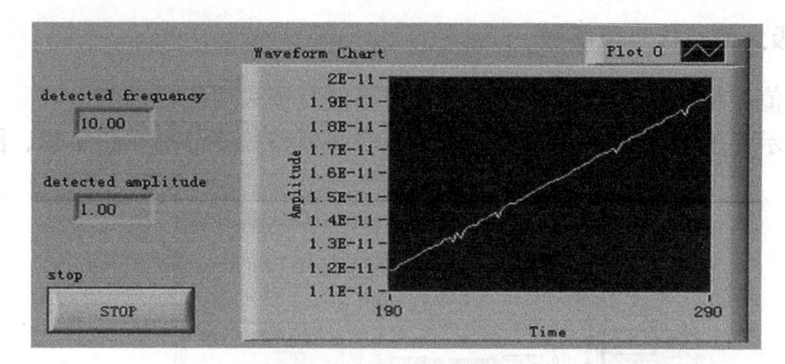

图 9-15 提取信号单频率信息演示程序的前面板

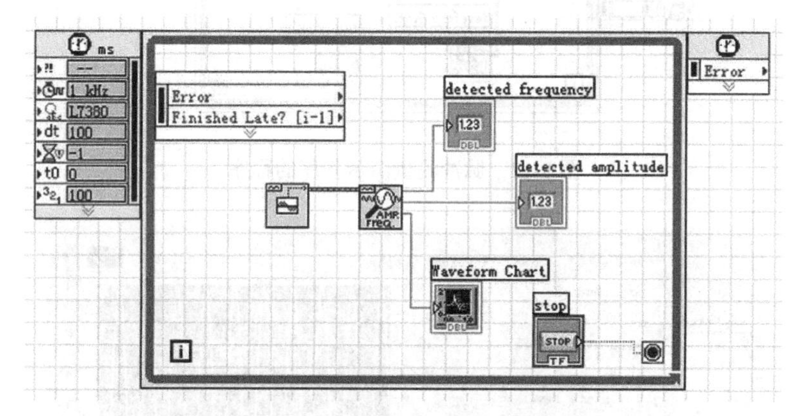

图 9-16 提取信号单频率信息演示程序的程序

9.3.3 信号运算举例

1. 基本平均值与均方差函数

基本平均值与均方差函数用于测量信号的平均值及均方差。计算方法是在信号上加窗，即将原有信号乘以一个窗函数，窗函数的类型可以选择矩形窗、Hanning 窗及 Low side lob 窗，然后计算加窗后信号的均值及均方差值。

演示程序的前面板和程序如图 9-17、图 9-18 所示。

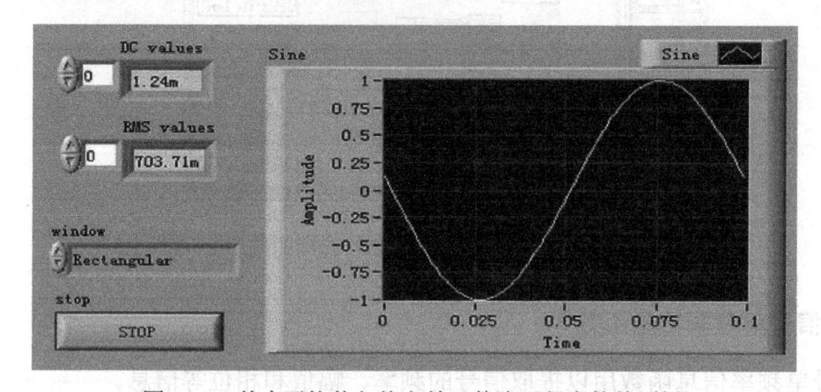

图 9-17 基本平均值与均方差函数演示程序的前面板

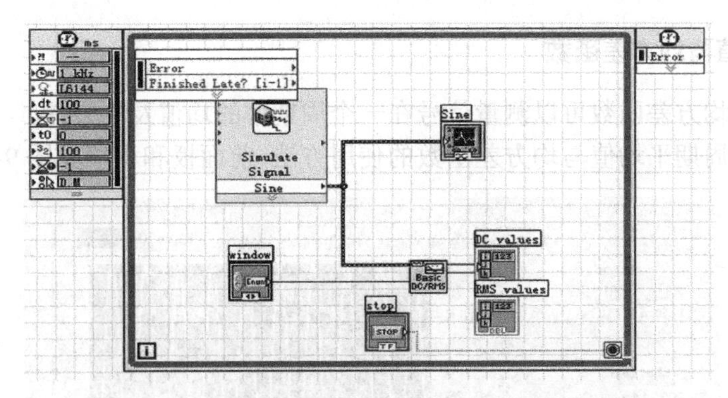

图 9-18　基本平均值与均方差函数演示程序的程序

2．平均值与均方差函数

平均值与均方差函数同样也用于计算信号的平均值与均方差，这里可以看到加窗截断后，正弦信号的平均值和均方差随时间变化的波形。

编写程序演示平均值与均方差函数的使用方法，前面板和程序如图 9-19、图 9-20 所示。

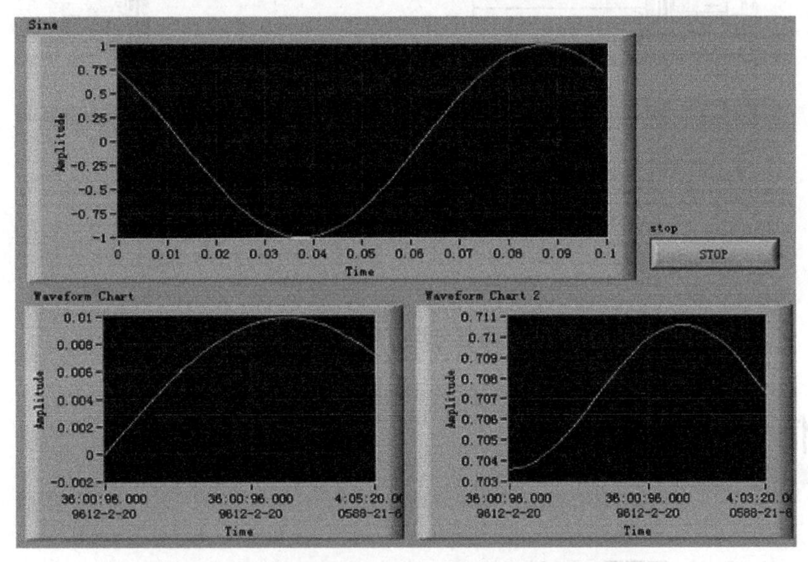

图 9-19　平均值与均方差函数演示程序的前面板

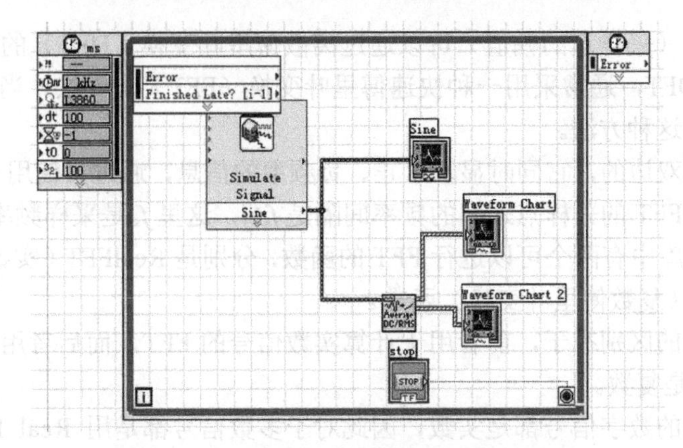

图 9-20　平均值与均方差函数演示程序的程序

3. 周期平均值与均方差函数

周期平均值与均方差函数可以测量信号在一个周期中的均值及均方差。

编写程序演示周期平均值与均方差函数的使用方法，前面板和程序如图 9-21、图 9-22 所示。

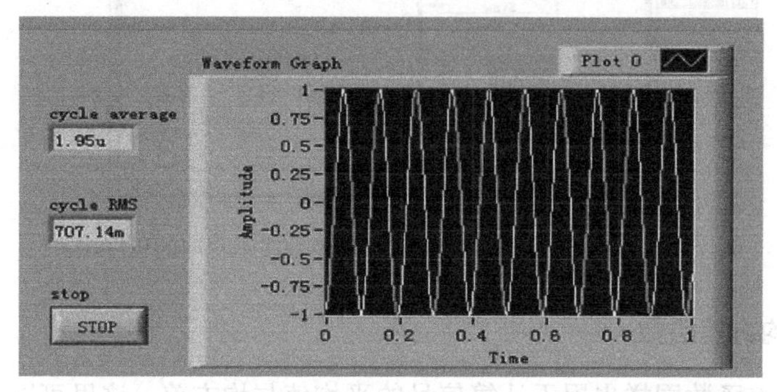

图 9-21 周期平均值与均方差函数演示程序的前面板

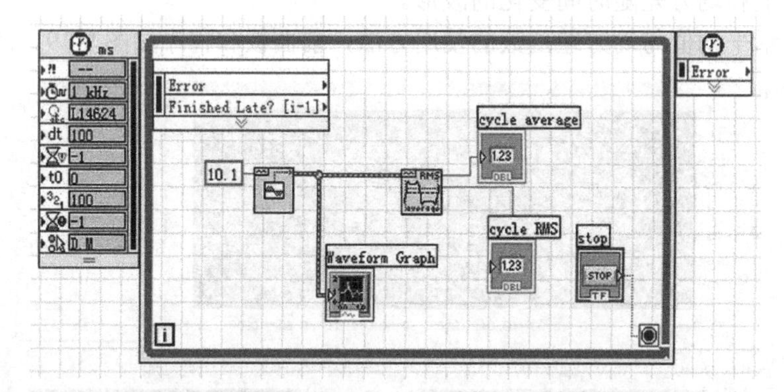

图 9-22 周期平均值与均方差函数演示程序的程序

9.4 信号频域分析

9.4.1 信号的 FFT 分析

信号的时域显示（采样点的幅值）可以通过离散傅里叶变换（DFT）的方法转换为频域显示。为了快速计算 DFT，通常采用一种快速傅里叶变换（FFT）的方法。当信号的采样数是 2 的幂时，就可以采用这种方法。

FFT 的输出都是双边的，它同时显示了正、负频率的信息，通过只使用一半 FFT 输出采样点转换成单边 FFT。FFT 的采样点之间的频率间隔是 f_s/n，这里 f_s 是采样频率，n 是采样点数。Analyze（分析）模板库中有两个可以进行 FFT 的函数，分别是 RealFFT（实数快速傅里叶变换）函数和 ComplexFFT（复数傅里叶变换）函数。

这两个函数之间的区别在于，前者用于计算实数信号的 FFT，而后者用于计算复数信号的 FFT。它们输出的都是复数。

大多数实际采集的数字信号都是实数，因此对于多数信号都是用 Real FFT 函数。当然也可以通过设置信号的虚部为 0，使用 ComplexFFT 函数。使用 ComplexFFT 函数的一个实例是信号含有实部和虚部。这种信号通常出现在数据通信中，因此这时需要用复指数调制波形。

计算每个 FFT 显示的频率分量，用能量的方法是对频率分量的幅值取平方。高级分析库中 Power Spectrum 函数可以自动计算能量频谱。Power Spectrum 函数输出的能量频谱不能提供任何相位信息。

FFT 和能量频谱可以用于测量静止或动态信号的频率信息。FFT 提供了信号在整个采样期间的平均频率信息。因此，FFT 主要用于固定信号的分析（即信号在采样期间的频率变化不大）或者只需要求取每个频率分量的平均能量。

9.4.2 数字滤波器

滤波技术是信号处理技术的重要分支。无论是信号的获取、传输，还是信号的处理和交换都离不开滤波技术，对信号安全可靠和有效灵活地传递是至关重要的。

在实际应用中，信号通常可以分为两种形式：模拟信号和数字信号，相应的滤波器按照处理的信号性质分为模拟滤波器和数字滤波器两大类。

数字滤波器是数字信号分析中最广泛应用的工具之一。所谓数字滤波器，即以数值计算的方法来实现对离散化信号的处理，以减小干扰信号在有用信号中所占的比例，从而提高信号的质量，达到滤波或加工信号的目的。

数字滤波器按照离散系统的时域特性，可以分为无线冲激响应滤波器（Infinite Impulse Response Digital Filter，IIR）和有限冲激响应滤波器（Finite Impulse Response Digital Filter，FIR）两大类。前者是指冲激响应 $h(n)$是无限长序列，后者是指 $h(n)$是有限长序列。这两种滤波器中都包含有低通、高通、带通、带阻等几种类型。

一般离散系统可以用 N 阶差分方程来表示，有

$$y(n)+\sum_{k=1}^{N} b_k y(n-k)=\sum_{r=1}^{M} a_r x(n-r)$$

其系统函数为

$$H(z)=\frac{Y(z)}{X(z)}=\frac{\sum_{r=0}^{M} a_r z^{-r}}{\sum_{k=1}^{N} b_k z^{-k}}$$

当 b_k 全为零时，$H(z)$为多项式形式，此时 $h(n)$为有限长，成为 FIR 系统；当 b_k 不全为零时，$H(z)$为有理式形式，此时 $h(n)$为无限长，称为 IIR 系统。

FIR 和 IIR 这两种滤波器之间最基本的区别是：对于 FIR，输出只取决于当前和以前的输入值；而对于 IIR，输出不仅取决于当前和以前的输入值，还取决于以前的输出值。IIR 滤波器的优点在于它的递归性，可以减少存储需求，其缺点是响应为非线性，在需要线性相位响应的情况下应当使用 FIR。

由于数字滤波器实际是采用数字系统实现的一种运算过程，因此它具有一般数字信号系统的固有特点。与模拟滤波器相比，它具有精度高、稳定性好、灵活性强、处理功能强等优点。

1. 调用数字滤波器子程序

调用数字滤波器子程序的问题是直接应用现成的数字滤波器子程序，这样可以减少自己设计滤波器的复杂性，提高工作效率。但在调用数字滤波器子程序时，除了了解滤波器的基础知识外，还需要注意以下几个问题。

1）调用时的参数设置

工程上常用的有巴特沃斯、切比雪夫、贝塞尔等数字滤波器，它们都是借助于已相当成熟的同名模拟滤波器而设计的，因此有类似的特性参数。

（1）滤波器类型选择。首先要选择滤波器的通过频带类型，即在低通、高通、带通、带阻滤波器中选择一个类型；其次要确定选择有限冲激响应滤波器还是无限冲激响应滤波器，因为这两者涉及完全不同的设计模板和参数。如果选择无限冲激响应滤波器，最后还要选择用哪种特性逼近方式实现滤波器特性，即在巴特沃斯滤波器、切比雪夫滤波器、贝塞尔滤波器等类型中选择一个。选择的依据是滤波器的类型满足测试要求。

（2）截止频率确定。对低通滤波器只需要上截止频率，高通滤波器只需要下截止频率，对带通及带阻滤波器应确定上、下限截止频率。

（3）采样频率设定。一般软件中数字滤波器模板中的频率都是归一化的频率，归一化的频率通过采样频率这一参数和实际频率对应起来。因此，除非实际输入信号的采样频率是 1，否则都要对数字滤波器设定一个采样频率参数。这个参数很重要，设置不对，滤波结果则不正确。对各种类型的滤波器，采样频率均应设置成滤波器输入信号的采样频率。

（4）滤波器的阶数。滤波器的阶数越高，其幅频特性曲线过渡带衰减越快。

（5）纹波幅度。切比雪夫滤波器通带段幅频特性呈波纹状，需要控制纹波幅度，一般取 0.1dB。巴特沃斯和贝塞尔滤波器通带段幅频特性曲线较为平坦，不需要此参数。

2）滤波器过程响应时间

输入信号经过滤波器，相当于输入信号和数字滤波器的单位抽样响应进行卷积运算，从运算的时间起点到获得正确的滤波结果，中间会有一个过渡过程，需要一定的响应时间。在后续处理时应该忽略这一段的滤波结果。

3）A/D 转换前的抗混滤波器

A/D 转换获得数字信号时，若采样频率满足采样定理，会产生频率混叠，这时信号中频率大于 1/2 采样频率的高频成分已经混进数字信号的低频段。数字滤波器是不可能将这些混在一起的频率成分再分离的，因此数字滤波器并不能完全取代 A/D 转换之前的模拟抗混滤波器。

2．LabVIEW 中的数字滤波器

LabVIEW 中提供了多种常用的数字滤波器，包括巴特沃斯滤波器、切比雪夫滤波器、贝塞尔滤波器、椭圆滤波器、IIR 滤波器、FIR 滤波器等，使用起来非常方便，只需要输入相应的指标参数（如滤波器的阶数、截止频率、阻带和通带等）即可。

3．窗函数

计算机中只能处理有限长度的信号，原始信号 $x(t)$要以时间 T（采样时间或采样长度）来截断，即有限化，也称“矩形窗”。加矩形窗导致信号突然被截断，造成信号在截断点的突变，时域内的突变将会带来很宽的附加频率成分，这些附加频率成分在原信号 $x(t)$中其实是不存在的。一般将这种由有限化数据带来的频谱之间相互泄漏的现象称为“频谱泄漏”。“频谱泄漏”使得原来集中在 f_0 上的能量分散到全部频率轴上。

频谱泄漏带来许多问题：

（1）频率曲线上产生许多“波纹”（Ripple），较大的波纹可能与小的共振峰值相互混淆。

（2）如果信号为两幅值一大一小、频率很接近的正弦波合成，则幅值较小的一个信号可能被淹没。

（3）f_0 附近曲线过于平缓，无法准确确定 f_0 的值。

为了减少泄漏，可以采用如下两种方法。

（1）对周期信号做整周截断，但这是很难做到的，因为精确地确定信号周期并非易事，对非周期信号做整周截断意味着采样点数为无穷大，这根本无法实现。

（2）降低离散傅里叶变换（DFT）等效滤波器幅频特性的旁瓣，具体办法是对采样序列 $x(n)$ 加窗。即先使用窗函数 $w(n)$ 对 $x(n)$ 进行加权，然后再做离散傅里叶变换，这种办法是行之有效的。

在函数选板的“信号处理”→“窗”子选板中提供了 20 种窗函数，包括矩形窗、Hanning 窗、Hanmming 窗等。用户可以根据需要来选择合适的窗函数，注意，频谱泄漏的降低是以分辨率的下降为代价的，所以不能要求频谱分析的精度和分辨率这两个指标同时达到最好。一般来说，窗函数的选择可以考虑如下方式：对持续时间较短的信号进行分析，可选择矩形窗，并使整个信号都包括在窗内，这时，因两端截断处信号为零，也就没有泄漏产生；对于包含周期信号在内的无限长的信号，可采用 Hanning 窗、Hanmming 窗平滑，以减小泄漏误差；如果分析无精确参照物且要求精确测量的信号，则适宜选用 Flat Top 窗；如果区分频率接近而形状不同的信号，则适宜选用 Kaiser-Bessel 窗；如果信号的瞬时宽度大于窗，则适宜选用指数窗；如果信号分析的目的主要是准确确定频谱中的尖峰频率，如系统的结构自振频率，此时最重要的指标是频率分辨率，因而适宜用主瓣最窄的矩形窗。

9.5　信号变换

数字信号处理理论及其技术从诞生发展到现在，随着解决各种信号处理问题的需要，已经产生了许多信号处理变换的方法。各种信号变换的本质实际上都是从各种不同角度对原始的时域信号进行转换，换一个视角去观察和分析信号中的隐藏信息。

9.5.1　信号变换相关的函数

在 LabVIEW 程序框图函数控件选板中选择“信号处理”→“变换”，便可得到与信号变换相关的函数，如图 9-23 所示。

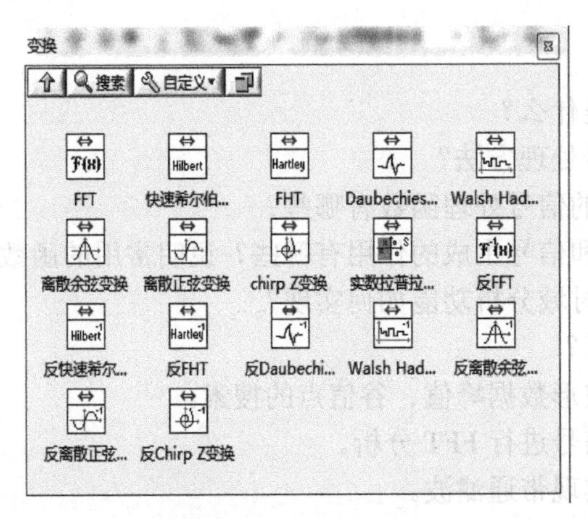

图 9-23　信号变换函数库

FFT 是计算输入序列 X 的快速傅里叶变换（FFT）。通过连线数据至 X 输入端，可确定要转换的数据类型。

快速希尔伯特变换是一种重要的变换，它常用于通信系统和数字信号处理系统中，如提取瞬时频率和相位信息，计算单边频谱，获取振荡信号的包络，进行回声检测和降低采样频率等。

9.5.2 信号变换举例

利用快速希尔伯特变换提取信号的包络，具体步骤如下。

新建“提取信号包络.vi”文件，添加高斯调制正弦波函数，以生成一个高斯调制正弦信号，对其各个参数幅值、中心频率、采样数、时延等创建各个输入控件，以便进行调节。

添加快速希尔伯特变换函数计算信号的希尔伯特变换结果，并与原信号组成希尔伯特变换对，计算出其复数的模值，就是原信号的上包络结果。

由于该信号上下对称，所以可对上包络直接取负后得到信号的下包络。将原信号、上包络和下包络绘制于同一个波形图中，如图 9-24 所示。

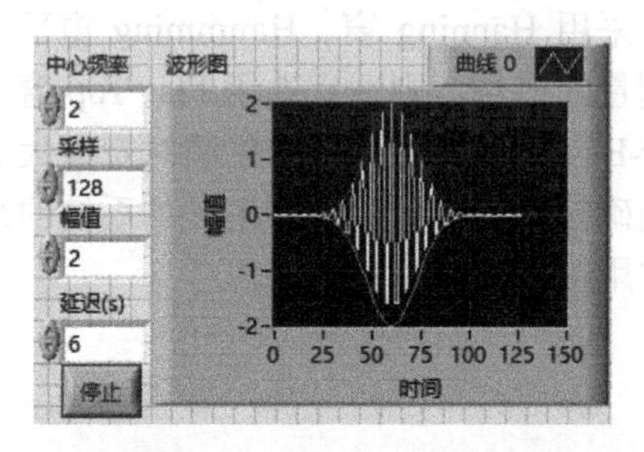

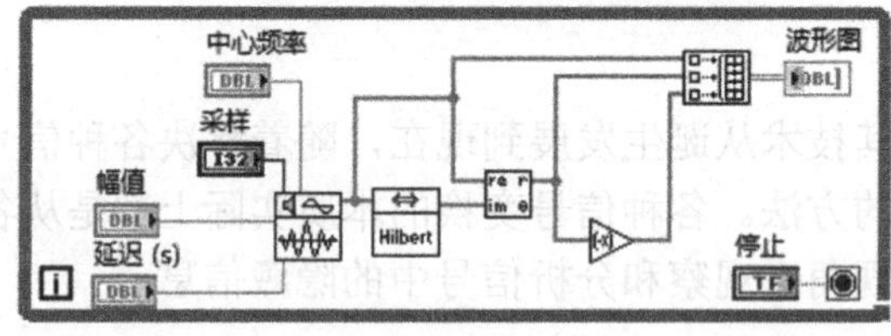

图 9-24 希尔伯特变换提取信号包络前面板和程序

习题

1. 信号处理的任务是什么？
2. 有哪些常用的信号处理方法？
3. LabVIEW 中常用的信号处理函数有哪些？
4. LabVIEW 中波形和信号生成的作用有哪些？说明常用的函数。
5. LabVIEW 中信号时域分析功能如何实现？
6. 如何产生仿真信号？
7. 编程实现对一个波形数据峰值、谷值点的搜索。
8. 编程实现对一个信号进行 FFT 分析。
9. 利用数字滤波器实现带通滤波。
10. 编程实现对某个模型的包络提取。

第 10 章 LabVIEW 调用操作系统功能

本章知识点：

- 读/写系统注册表的方法
- 在 LabVIEW 中配置 ODBC 数据源
- 输入设备控制方法
- 动态链接库与 API 的调用及配置
- 调用 ActiveX
- 执行系统命令

基本要求：

- 学习系统注册表调用函数的使用
- 掌握 LabVIEW 中 ODBC 数据源的配置方法
- 了解不同输入设备相关参数的调用及配置
- 学习掌握 DLL 的调用及相关参数配置，掌握外部 DLL 及 API 调用方法
- 学习 ActiveX 容器设置及其应用
- 掌握调用应用程序的方法

能力培养目标：

通过本章的学习，掌握 LabVIEW 软件中进行操作系统功能调用的方法，主要包括读/写系统注册表、配置 ODBC 数据源、输入设备控制、调用动态链接库、实现 ActiveX 及执行系统命令，掌握 LabVIEW 与其他应用程序进行交互的基本方式。培养学生的 LabVIEW 软件编程能力，能够熟练地综合运用其他软件的功能，以弥补 LabVIEW 开发平台的不足。

任何一个应用程序开发平台都有其自身的优势与不足，LabVIEW 也不例外。作为一个高级编程人员，为使项目更加完善，应该能够熟练地综合运用其他软件的功能，以弥补 LabVIEW 开发平台的不足。

10.1 读/写系统注册表

在 VI 的编程中可实现访问 LabVIEW 注册表及 license 信息。LabVIEW 的相关注册信息存储在 Windows 注册表下的 HKEY_LOCAL_MACHINE\Software\National Instruments\LabVIEW\14.0。

可以用 LabVIEW 的后面板工具选板中的互连接口打开 Windows 注册表访问 VI，在编程

中同注册表交互。这些 VI 在函数→高级→Windows 注册表访问 VI 下，如图 10-1 所示。Windows 注册表访问 VI 用于创建、打开、查询、枚举、关闭及删除 Windows 注册表项。也可枚举、读取、写入及删除 Windows 注册表项的值完成一个写操作需要的流程。

需要特别提示的是，错误修改注册表可能会损坏 Windows 或造成 Windows 无法启动。

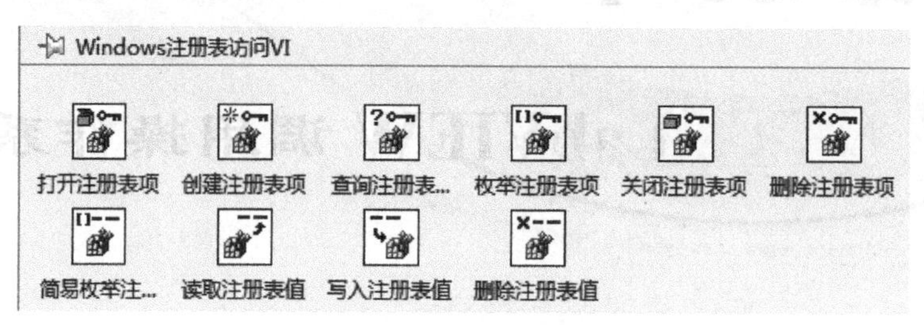

图 10-1 注册表访问函数

10.2 在 LabVIEW 中配置 ODBC 数据源

开放数据库互连 ODBC（Open Database Connectivity）是微软公司开放服务结构（Windows Open Services Architecture，WOSA）中有关数据库的一个组成部分，它建立了一组规范，并提供了一组对数据库访问的标准 API（应用程序编程接口）。这些 API 利用 SQL 来完成其大部分任务。ODBC 本身也提供了对 SQL 语言的支持，用户可以直接将 SQL 语句送给 ODBC。

著名的数据库管理系统有 SQL Server、Oracle、DB2、Sybase ASE、Visual ForPro、Microsoft Access 等。Microsoft Access 是在 Windows 环境下非常流行的桌面型数据库管理系统，它作为 Microsoft Office 组件之一，安装和使用都非常方便，并且支持 SQL 语言，所以本文将基于 Access 来介绍数据库的操作。

一个完整的 ODBC 由下列几个部件组成：

- 应用程序（Application）。
- ODBC 管理器（Administrator）。该程序位于 Windows 控制面板（Control Panel）的管理工具内，其主要任务是管理安装的 ODBC 驱动程序和管理数据源。
- 驱动程序管理器（Driver Manager）。驱动程序管理器包含在 ODBC32.DLL 中，对用户是透明的。其任务是管理 ODBC 驱动程序，是 ODBC 中最重要的部件。
- ODBC API。
- ODBC 驱动程序。它是一些 DLL，提供 ODBC 和数据库之间的接口。
- 数据源。数据源包含数据库位置和数据库类型等信息，实际上是一种数据连接的抽象。

应用程序要访问一个数据库，首先必须用 ODBC 管理器注册一个数据源，管理器根据数据源提供的数据库位置、数据库类型及 ODBC 驱动程序等信息，建立起 ODBC 与具体数据库的联系。这样，只要应用程序将数据源名提供给 ODBC，ODBC 就能建立起与相应数据库的连接。

NI LabVIEW 数据库连接（Database Connectivity）工具包提供了一套简单易用的工具，使用户可以站在应用的层次，从而快速连接本地或远程数据库，并且无须进行结构化查询语言（SQL）编程就可以执行诸多常用的数据库操作，实现数据的保存、修改、删除和查询等功能。该工具包可方便连接各种常用数据库，如 Microsoft Access、SQL Server 和 Oracle。如需高级数据库的功能和灵活性，LabVIEW 数据库连接工具包还可以提供所有 SQL 功能。

1．建立数据源

实现数据库功能的第一步便是建立数据源。LabVIEW 数据库工具包只能操作而不能创建数据库，所以必须借助第三方数据库管理系统，比如 Access，来创建数据库。打开 Access 数据库，选择新建“空白桌面数据库”，将数据库命名为 mydata.mdb，单击“创建”后建成，如图 10-2 所示。

图 10-2 建立空白桌面数据库

2．建立与数据库的连接

在利用 LabVIEW 数据库工具包操作数据库之前，需要先连接数据库，这就如同在操作文件之前，先要打开文件一样。连接数据库有两种方法：

（1）利用 DSN 连接数据库。LabVIEW 数据库工具包基于 ODBC 技术。在使用 ODBC API 函数时，需要提供数据源名 DSN（Data Source Names）才能连接到实际数据库，所以我们需要首先创建 DSN。

在 Windows 控制面板→系统和安全中双击管理工具，然后双击 ODBC 数据源管理程序，进入 ODBC 数据源管理器，如图 10-3 所示。

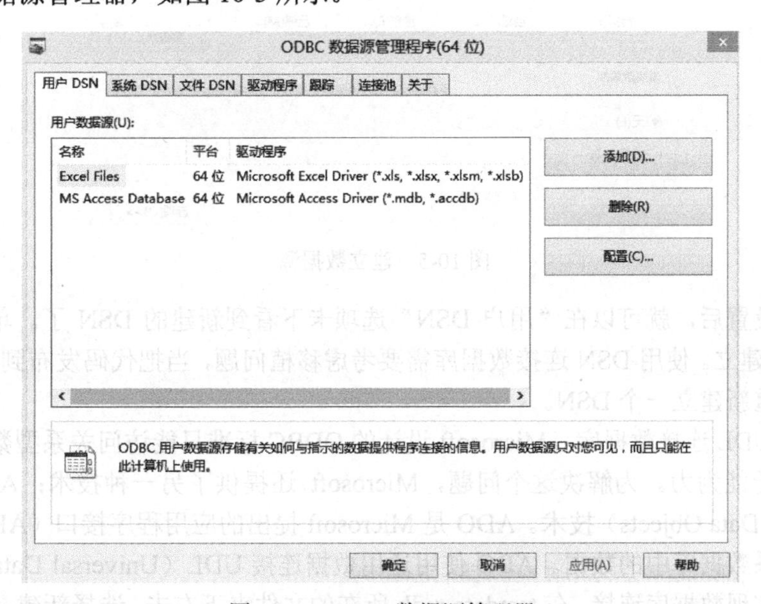

图 10-3 ODBC 数据源管理器

“用户 DSN”（用户数据源名）选项卡下建立的数据源名只有本用户才能访问，“系统 DSN”

（系统数据源名）选项卡下建立的数据源名在该系统下的所有用户都可以访问。在“用户 DSN”选项卡下单击“添加”按钮，会弹出数据源驱动选择对话框，选择Microsoft Access Driver(*.mdb)，如图 10-4 所示。

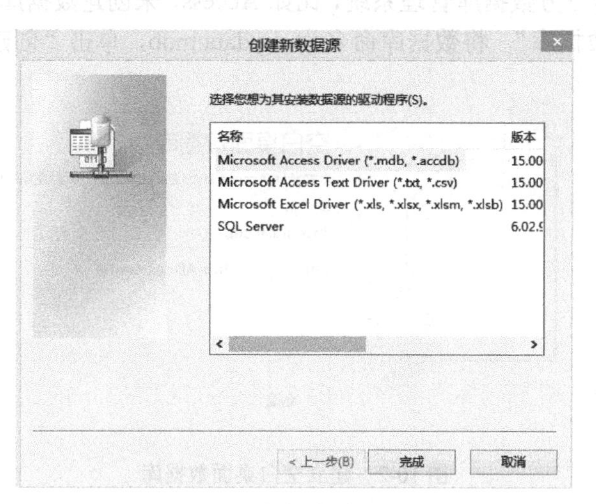

图 10-4　安装数据源驱动

单击“完成”按钮后，会弹出“ODBC Microsoft Access 安装”窗口，在“数据源名”文本框中填入一个名字，比如 mydata，然后在“数据库”栏中单击“选择”按钮选择先前已经建立好的 mydata.mdb 数据库文件，其他参数保持默认设置，单击“确定”按钮，如图 10-5 所示。

图 10-5　建立数据源

完成上述设置后，就可以在“用户 DSN”选项卡下看到新建的 DSN 了。单击“确定”按钮完成 DSN 的建立。使用 DSN 连接数据库需要考虑移植问题，当把代码发布到其他机器上时，需要手动为其重新建立一个 DSN。

（2）利用 UDL 连接数据库。Microsoft 设计的 ODBC 标准只能访问关系型数据库，对非关系型数据库则无能为力。为解决这个问题，Microsoft 还提供了另一种技术：Active 数据对象 ADO（ActiveX Data Objects）技术。ADO 是 Microsoft 提出的应用程序接口（API）用以实现访问关系或非关系数据库中的数据。ADO 使用通用数据连接 UDL（Universal Data Link）来获得数据库信息以实现数据库连接。在 testdata.mdb 所在的文件夹下右击，选择新建→Microsoft Data Link，并把文件命名为“testdata.udl”。

如何创建一个.UDL 文件取决于 Windows 的安装情况。可以通过桌面的快捷菜单创建，用鼠标右击桌面或者想创建文件的子目录，从快捷菜单中选择“新建”。如果 Microsoft Data Link 被列出，则选择这个选项。如果在快捷菜单中没有 Microsoft Data Link 列表，用鼠标右击桌面或者想创建文件的子目录，从快捷菜单中选择“新建”，然后是“文本文件”。给这个文本文件起一个名字，并保证其后缀为.udl。（此时 Windows 的文件夹选项中需要选中“显示文件后缀”，Windows 将会弹出一个警告：“如果您改变一个文件的后缀，这个文件可能将不能被使用。您确认要改变吗？”选择确认，现在就已经成功地创建了一个.udl 文件！）

如果有了一个 Microsoft Data Link 文件，下面就需要让它和 Access 连接起来，从而用于数据的应用。右击*.UDL 文件，选择打开方式，并且双击，选择 OLE DB Core Services 将打开数据连接属性设置对话框，如图 10-6 所示。

单击“提供程序”选项卡，选择“Microsoft Office 12.0 Access Database Engine OLE DB Provider”，然后单击“连接”选项卡，就可以浏览到刚才所创建的.MDB Access 数据库。这样.UDL 就可以在 LabVIEW 中使用了。

在“连接”选项卡中，选择已建立好的数据库文件，然后单击“测试连接”按钮，如果没有什么问题，会弹出“测试连接成功”对话框，如图 10-7 所示。

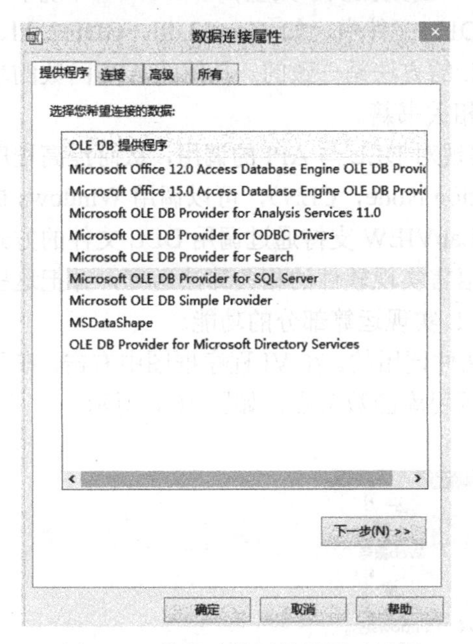

图 10-6　数据连接属性设置对话框

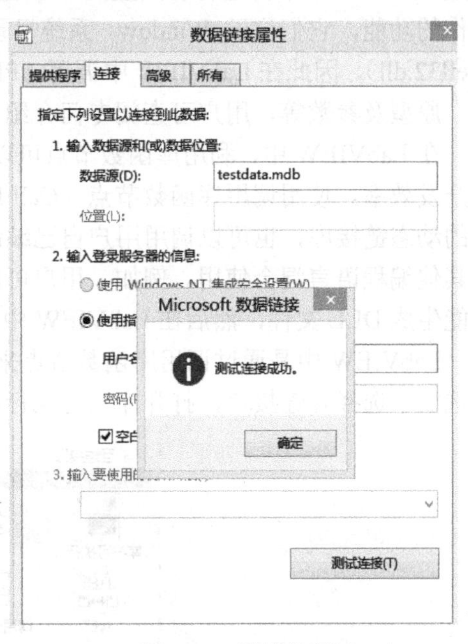

图 10-7　连接并测试

完成数据库连接之后，就可以对数据库进行操作了。

10.3　调用动态链接库（DLL）

动态链接库 DLL（Dynamic Link Library）是一种允许程序共享执行特殊任务所必需的代码和其他资源的可执行文件。其多数情况下是带有 DLL 扩展名的文件，但也可能是 EXE 或其他扩展名。Windows 提供的 DLL 文件中包含了允许基于 Windows 的程序在 Windows 环境下操作的许多函数和资源。

动态链接提供了一种方法，使进程可以调用不属于其可执行代码的函数。这些函数的可执行代码位于一个DLL中，该DLL包含一个或多个已被编译、链接并与使用它们的进程分开存储的函数。DLL还有助于共享数据和资源，多个应用程序可同时访问内存中单DLL副本的内容。

10.3.1 LabVIEW动态链接库简介

在开发自动测量系统时，经常遇到计算机与仪器的通信问题，涉及仪器控制及数据处理问题，LabVIEW 在这一领域的应用有着独到的优势。为了能够充分利用其他编程语言的优势，LabVIEW 提供了外部程序接口能力，包括动态链接库（DLL）、C 语言接口（CIN）、ActiveX 和 Matlab 等。

动态链接库是基于 Windows 程序设计的一个非常重要的组成部分。LabVIEW 开发中使用 DLL，可以使代码更简洁，内存资源的使用更经济，而且可以便捷地利用仪器厂商或第三方提供的仪器控制子程序加速开发进程。

应用程序编程接口（Application Programming Interface，API）是一套用来控制 Windows 的各个部件(从桌面的外观到为一个新进程分配的内存)的外观和行为的一套预先定义的 Windows 函数。Windows 平台包含有大量的 API 函数，这些 API 函数提供了大量在 Windows 环境下可操作的功能，它们位于 Windows 系统目录下的多个 DLL 文件中（如 User32.dll、GDI32.dll、Shell32.dll)，因此在 LabVIEW 中调用 API 函数和 DLL 的方法是一致的。具体的 API 函数的功能、原型及参数等，用户可查阅专门介绍 API 函数的相关书籍。

在 LabVIEW 中，利用库函数节点可以较容易地实现对 DLL 与 API 的调用，从而提高程序的开发效率。使用调用库函数节点（Call Library Function Node，CLN），可以调用 Windows 标准的动态链接库，也可以调用用户自己编制的 DLL。LabVIEW 支持通过调用 DLL 文件的方式与其他编程语言混合使用。例如，用户可以采用 C++语言实现软件的相关算法运算，并把这些功能生成 DLL 文件，然后在 LabVIEW 中调用相应 DLL 实现运算部分的功能。

LabVIEW 中是通过调用库函数节点来完成 DLL 文件调用的。在 VI 程序框图中右击，在函数选板中选择互连接口，打开库与可执行程序，选择调用库函数节点，如图 10-8 所示。

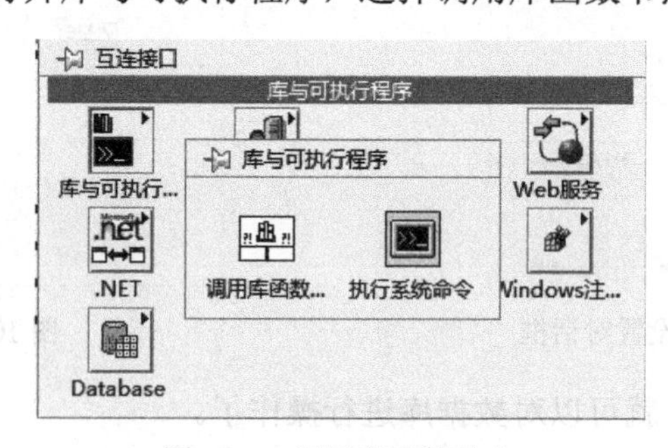

图 10-8 调用库函数节点

10.3.2 调用参数配置

在 LabVIEW 中无论使用自己开发的 DLL，还是硬件驱动供应商（操作系统）提供的 API，都可以通过配置 CLF 来完成，如图 10-9 所示。在 CFN 图标的右键菜单中选择“配置”，打开配置对话框，通过该对话框，可以指定动态库存放路径、调用函数名及传递给函数的参数类型和函数返回值的类型。在配置完成后，CFN 节点会根据用户的配置自动更新其显示。通过“Browse”按钮或者直接在“库名/路径”输入框中指定调用函数所在.dll 文件的路径，将节点放置在程序框图中，双击会出现它的配置对话框，共有 4 页。

第一页为被调用函数的信息。需给出 DLL 文件名和路径，操作系统路径下的 DLL 文件，直接输入文件名也可调用，否则必须输入全路径。在这里已经给出名字的 DLL 是被静态加载到程序中的，也就是说当调用了这个 DLL 的 VI 被装入内存时，DLL 同时被装入内存。LabVIEW 也可动态加载 DLL，只要勾选上“在程序框图中指定路径”选项即可。选择了这个选项，在“库名/路径”中输入的内容就无效了，取而代之的是 CLN 节点多出一对输入/输出，用于指明所需要使用的 DLL 的路径。这样，当 VI 被打开时，DLL 不会被装入内存，只用程序运行到需要使用这个 DLL 中的函数时，才把其装入内存。函数名是需要调用的函数的名称，LabVIEW 会把 DLL 中所有的暴露出来的函数都列出，用户只要在下拉框中选取即可。“线程”栏用于设定哪个线程里运行被调用的函数。用户可以通过 CLN 节点的配置面板来指定被调用函数运行所在的线程。

如何在 LabVIEW 工程中创建 DLL？

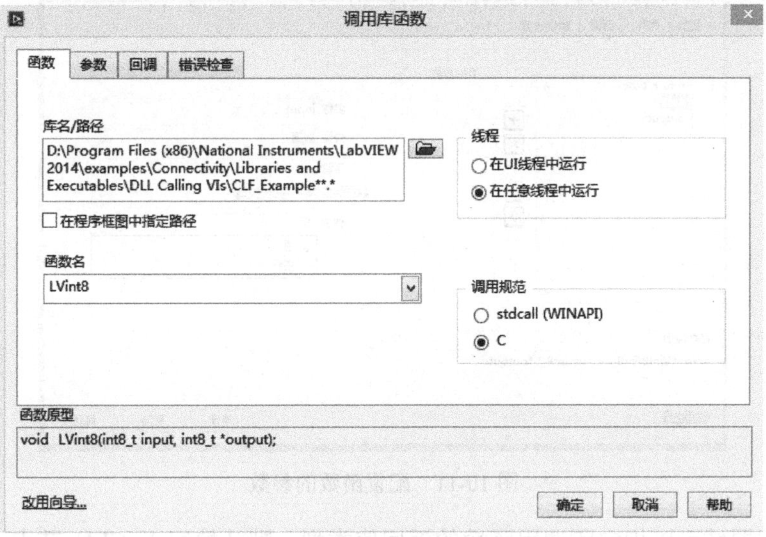

图 10-9 填写被调用函数信息

CLN 的线程选项包括：“在 UI 线程中运行”和“在任意线程中运行”。在 LabVIEW 的程序框图中，如果是在 UI 线程中运行，节点颜色是橙色的；如果是在任意线程中运行，则节点是浅黄色的，见图 10-10。

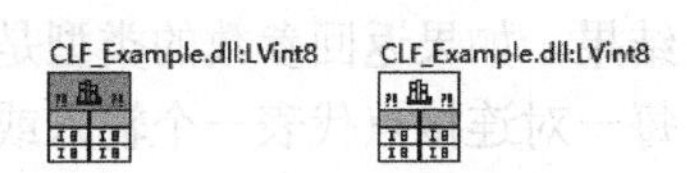

图 10-10 CLN 不同线程对比

通常情况下，除非使用的动态链接库是多线程安全的，CLN 中选择“在任意线程中运行”方式；否则必须选择“在 UI 线程中运行”方式。判断一个动态链接库是不是多线程安全的，需通过以下方法：如果一个动态链接库的文档中没有明确说明它是多线程安全的，那么就要当作是非多线程安全的；在可以看到动态链接库源代码的条件下，如果代码中存在全局变量、静态变量或者代码中看不到有 lock 一类的操作，那么这个动态链接库也就肯定不是多线程安全的。

选择了“在任意线程中运行”方式，LabVIEW 会在最方便的线程内运行动态链接库函数，且一般会与调用它的 VI 在同一个线程内运行。因为 LabVIEW 是自动多线程的语言，它也很可能会把动态链接库函数分配给一个单独的线程运行。如果程序中存在没有直接或间接先后关系的两个 CLN 节点，LabVIEW 很可能会同时在不同的线程内运行它们所调用的函数，也许是同一函数。对于非多线程安全的动态链接库，这是很危险的操作，很容易引起数据混乱，甚至是程序崩溃。

选择“在UI线程中运行”方式，因为LabVIEW只有一个界面线程，所以如果所有的CLN设置都是界面线程，那么就可以保证这些CLN调用的函数肯定全部都运行在同一线程下，肯定不会被同时调用。对于非多线程安全的动态链接库，这种方式就保证了它的安全。

“调用规范”用于指明被调用函数的调用约定，支持两种约定stdcall（WINAPI）和C调用。其中，stdcall由被调用者负责清理堆栈，C调用由调用者清理堆栈。这个设置错误时，可能会引起LabVIEW的崩溃，也就是说如果LabVIEW调用DLL函数时出现异常，首先应该考虑这个设置是否正确。Windows API一般使用的都是stdcall；标准C的库函数大多使用C调用。如果函数声明中有类似_stdcall这样的关键字，它就是stdcall的。如果库函数是在VC环境下编译的，则需要选择C调用。

第二页是函数参数的配置，如图10-11所示。

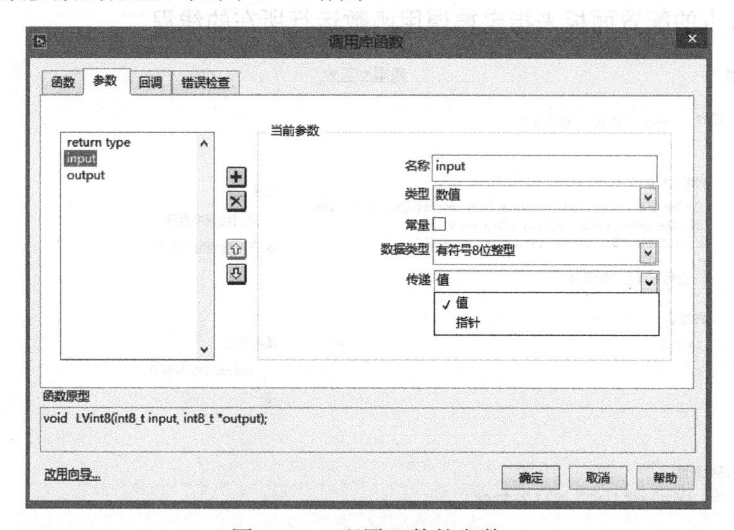

图10-11 配置函数的参数

通过参数配置域可以指定所调用函数的返回值类型。默认情况下CFN节点没有输入参数而且只有一个void类型的返回参数。该参数由CFN节点第一对连接点的右端返回，代表CFN执行结果。如果返回参数的类型是void类型，则CFN连接点为未启用状态（保持为灰色）。CFN的每一对连接点代表一个输入或输出参数，若要传递参数给CFN，则将参数连接至相应连接点的左端；若要读取返回值，则将相应连接点的右端连接到输出控件。CFN返回参数的类型可以是空、数值、数组、字符串、波形、数字波形、数字数据、ActiveX及匹配至类型，如表10-1所示。

表10-1 输入参数类型及说明

参数类型	说明
数值	数据类型包括8、16、32、64位符号和无符号整型，4字节单精度类型，8字节双精度类型。 如使用有符号指针大小整型或无符号指针大小整型，调用库函数节点可根据所在操作系统向库函数返回合适大小的数据。在64位平台上，LabVIEW可使此类数值数据转换为64位整型数据；在32位平台上，LabVIEW可使此类数值数据转换为32位整型数据
数组	数组型参数的数据类型同数值型参数的数据类型。 数组类型：Array Data Pointer传递一维指针到数组值；Array Handle传递一个指向数组每一维的4个字节长度的指针，其后为数组的值；Array Handle Pointer为数组的句柄传递一个指针

续表

参 数 类 型	说　明
字符串	用下拉列表选择字符串类型： C String Pointer——以 NULL 字符结束的字符串。 Pascal String Pointer——附加长度字节的字符串。 LabVIEW String Handle——一个指向 4 个字节长度信息指针，其后为字符串的值。 LabVIEW String Handle Pointer——为字符串的句柄传递一个指针
波形	波形类型的参数默认类型为 8-byte double，因此一般没有必要为其指定数据类型。但是必须指定维数，如参数为单个波形，可指定维数为 0；如参数为波形数组，可指定维数为 1。LabVIEW 不支持超过一维的波形数组
数字波形	指定使用数字波形数据类型。维数——指定参数的维数。如参数为单个数字波形，可指定维数为 0；如参数为数字波形数组，可指定维数为 1。LabVIEW 不支持大于一维的数字波形数组
数字数据	使用数字数据类型。维数——指定参数的维数。如参数为数字数据数组，可指定维数为 1；否则，可指定维数为 0。LabVIEW 不支持超过一维的数字数据数组
ActiveX	数据类型下拉列表中有以下选择： ActiveX Variant Pointer——传递一个指向 ActiveX 数据的指针。 IDispatch* Pointer——传递一个指向 ActiveX 自动化服务器 IDispatch 接口的指针。 IUnknown* Pointer——传递一个指向 ActiveX 自动化服务器 IUnknown 接口的指针
匹配至类型	用来传递 LabVIEW 独有的数据类型给 DLL。选择 Adapt To Type 后，连接到端口的数据类型是什么，与函数接口的数据类型就是什么

通过参数旁边的添加与删除按钮可以增加、删除及修改 CFN 的输入参数和类型。当用户选择某参数的类型后，其详细的数据类型列表和参数传递方式列表将显示出来，以方便进行详细设定。表 10-1 列出了可以设定的输入参数类型及其详细数据类型信息。在第三方的 DLL 中不会使用到数组参数作为输出值时，要记得为输出的数组数开辟空间。开辟数据空间的方法有两种：第一种方法，创建一个长度满足要求的数组，作为初始值传递给参数，输出数的数据就会被放置在输入数组所在的内存空间内。第二种方法是直接在参数配置面板上进行设置，如图 10-12 所示。在“最小尺寸”栏中写入一个固定的数值，LabVIEW 就会按此大小为输出的数组开辟空间。在“最小尺寸”栏中选择函数的其他数值参数，而不是固定数值，这样 LabVIEW 会按照当时被选择的参数值的大小来开辟空间。

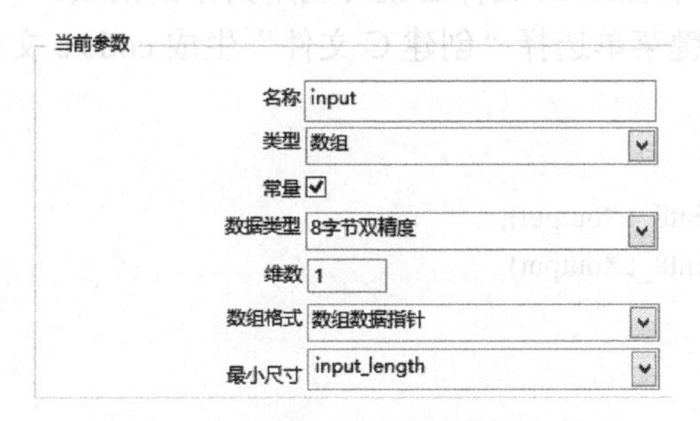

图 10-12　参数配置面板

字符串的使用与数组是非常类似的，实际上在 C 语言中字符串就是一个 I8 数组。在 NI 软件的安装路径下打开 LabVIEW 文件夹，打开后可查找相应例程\examples\Connectivity\Libraries and Executables\External Code（DLL）Execution.v，可以查看相应数据类型在 LabVIEW 与 C 之间的对应关系。还有其他一些技巧请参见 NI 手册。

第三页用于为 DLL 设置一些回调函数，可以使用这些回调函数在特定的情形下完成初始化、清理资源等工作，如图 10-13 所示。

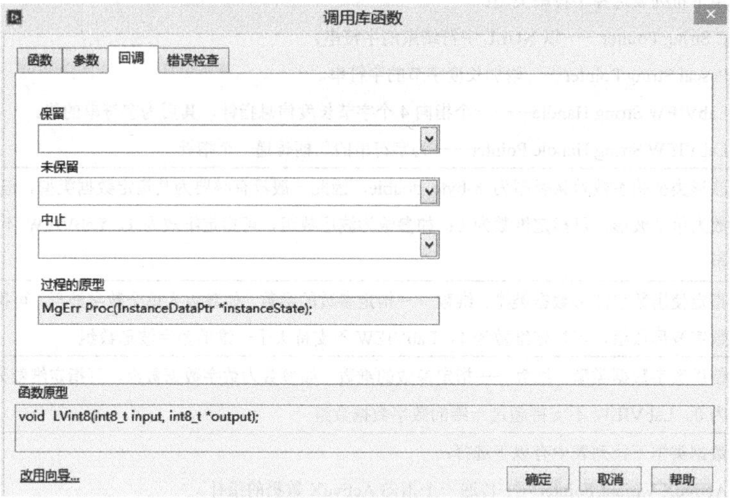

图 10-13　设置回调函数

如果为“保留”选择了一个回调函数，那么当一个新的线程开始调用这个 DLL 时，这个回调函数首先被调用。可以利用这个函数为新线程使用到的数据做初始化工作。线程在使用完这个 DLL 之后，它会去调用“未保留”中指定的回调函数。“中止”中指定的函数用于 VI 非正常结束时被调用，也就是让一个程序在运行完前停止。这些回调函数的原型在“过程的原型”中列出，必须要由 DLL 的开发者按照特定的格式实现。如果使用的 DLL 不是专为 LabVIEW 设计的，一般不会包含这样的回调函数。

第四页是错误检查，用户可根据需要选择相应的错误检查级别。

10.3.3　调用外部 DLL

开发人员可以在 LabVIEW 中指定 DLL 函数的原型，然后在外部集成开发环境 IDE（Integrated Development Environment）中生成.C 或.C++文件，完成实现函数功能的代码并为函数添加 DLL 导出声明。编译生成.dll 文件后就可调用其中的函数。

在 CLF 节点上通过右键菜单选择“创建 C 文件”生成 code.c 文件，其内容如下。

```
/* Call Library source file */
#include "extcode.h"
void LVint8（int8_t input, int8_t *output);
void LVint8（int8_t input, int8_t *output)
{
    /* Insert code here */
}
```

在完成实现函数功能的代码后，还必须为函数添加导出声明以便能在 LabVIEW 中使用这些函数。C/C++声明导出函数的关键字是_declspec(dllexport)，使用该关键字可以代替模块定义文件。对于此处的例子来说，只要在函数声明和定义部分添加关键字即可。最终代码如下。

```
#include "extcode.h"
_declspec(dllexport) void LVint8(int8 input, int8 *output);
```

```
_declspec(dllexport) void LVint8(int8 input, int8 *output)
{
    *output = input + input;
}
```

图 10-14 中 CLF 根据配置自动进行更新。

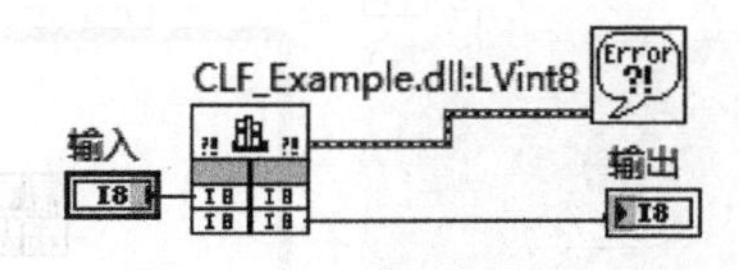

图 10-14　调用 CLF 函数

调用 API 与调用 ActiveX 的例子可参考安装路径\examples\Connectivity 中相应的自带例子。

10.3.4　调用 Windows API

Windows 作为多线程系统除了协调应用程式的执行、分配记忆体、管理系统资源之外，同时也是一个很大的服务中心，呼叫这个服务中心的各种服务（每一种服务就是一个函数），可以帮助应用程式达到开启视窗、描绘图形、使用周边设备等目的。由于这些函数服务的对象是应用程式（Application），所以便称之为 Application Programming Interface，简称 API 函数。

在 LV 中设置 API 其实与调用其他.DLL 相同。选择 DLF 节点，然后右击，从快捷菜单中选择"配置"，出现图 10-15 所示对话框。

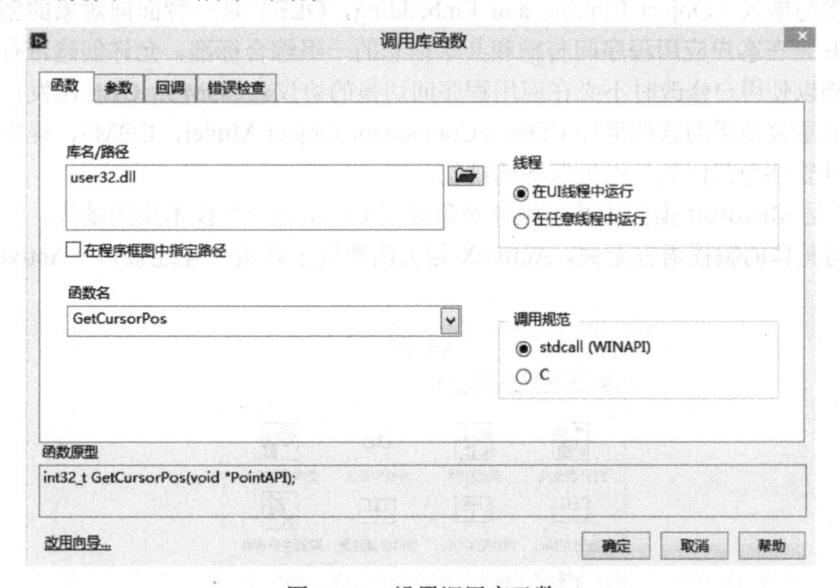

图 10-15　设置调用库函数

使用浏览器到 Windows（或 WinNT）下面的 system32 中先选择 API 的库函数，如 user32.dll，然后在"函数名"下拉框中选择"GetCursorPos"函数，或直接输入函数名；在"线程"中选择"在 UI 线程中运行"；在"调用规范"中选择"stdcall（WINAPI）"。下面的工作是设置传递参数。在"参数"页中单击+ 添加一个参数，并命名为 lpPoint，设置类型为"匹配至类型"，选择数据格式为"按值处理"。命名添加参数名为 lpPoint，是因为在前面所选的"GetCursorPos"函数声明中已经定义了参数 lpPoint。单击"确定"按钮退出配置属性对话框后会发现"调用库函数节点”函数图标的“返回值”端口中显示为I32，说明返回值的数据类型为I32。

程序中“鼠标坐标值”是一个簇，包含两个数值控件，分别用于显示鼠标屏幕位置的横、纵坐标，见图10-16。

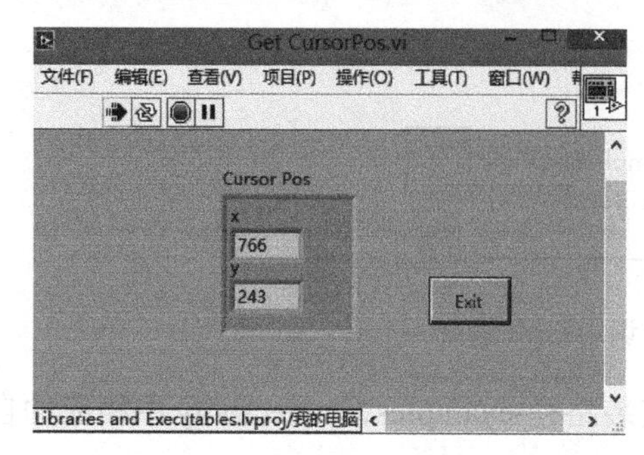

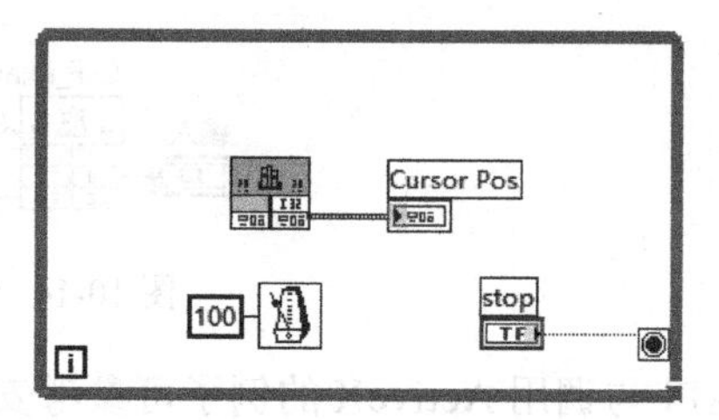

图10-16 获取鼠标位置

由于API采用了C语言的参数传递方式，而C语言的参数传递又与LabVIEW有着不小的差异，以致不少调用API时出现的错误都发生在参数传递时。

10.4 ActiveX

对象链接与嵌入（Object Linking and Embedding，OLE）是一种面向对象的创建构件文档的技术。OLE是在客户应用程序间传输和共享信息的一组综合标准，允许创建带有应用程序链接的混合文档以使用户修改时不必在应用程序间切换的协议。COM从OLE出发，利用这种技术可以开发能重复使用的软件组件COM（Component Object Model，COM），提供了一种更一般的、使一种软件为其他软件提供服务的结构。

ActiveX是Microsoft推出的基于组件对象模型COM的一个技术集的统称。它可实现代码重用，并且与具体的编程语言无关。ActiveX相关函数位于函数→互连接口→ActiveX选板，见图10-17。

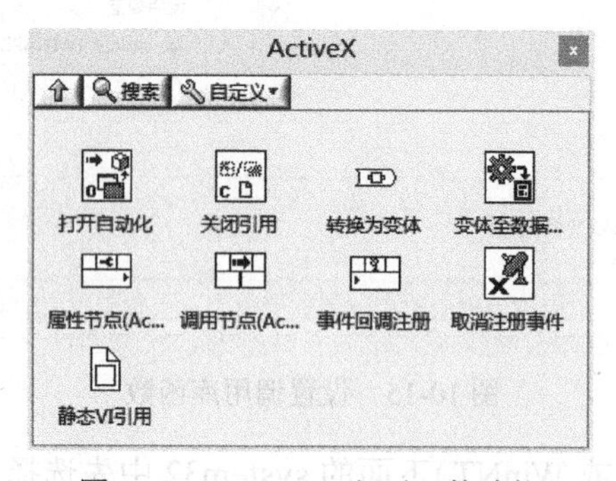

图10-17 ActiveX主要函数功能

10.4.1 ActiveX自动化

ActiveX自动化（Automation）是ActiveX最重要的功能之一，它可以使一个应用程序通过ActiveX操纵另一个应用程序的对象；并可以使一个应用程序提供一些对象及对象的方法和属性来允许另外一个应用程序调用。

LabVIEW 既可以作为 ActiveX 客户端，又可以作为 ActiveX 服务器。作为客户端时，LabVIEW 可以访问现有的 ActiveX 对象来增强 LabVIEW 的功能，如访问 Excel、Web、Access 等；作为服务器时，它允许其他程序访问它提供的 ActiveX 自动化服务，如调用 VI、控制 LabVIEW 等。

ActiveX 主要包括以下函数功能。

- 打开自动化：打开 ActiveX 对象，获得对象的 Reference;
- 关闭引用：关闭 Reference;
- 转换为变体：把 LabVIEW 数据转换为变体型；
- 变体至数据转换：把变体型数据转换为 LabVIEW 数据；
- 属性节点：用于获取或设置 ActiveX 对象的属性；
- 调用节点：用于调用 ActiveX 对象的方法；
- 事件回调注册：处理 ActiveX 对象提供的事件；
- 取消注册事件：关闭事件；
- 静态 VI 引用：保持一个 VI 的静态引用。

若要在 LabVIEW 中操作 ActiveX 对象，首先需要利用“打开自动化”函数来返回一个 ActiveX 对象的自动化引用句柄，然后用“调用节点”函数来调用该句柄以打开 ActiveX 对象，并且在“打开自动化”函数中指定提供对象的类型。

若使用 ActiveX 自动化，则用户不需要调用 ActiveX 容器，其调用过程如下。

在程序框图中放置一个“打开自动化”函数，鼠标右键选择函数图标左上角的“自动化引用”句柄端子创建一个输入控件，然后右击该输入控件，从弹出的快捷菜单中选择“ActiveX 类—浏览”选项，打开“从类型库中选择对象”对话框，如图 10-18 所示。

图 11-18 “从类型库中选择对象”对话框

在对话框中选择“类型库”为“Windows Media Player Version 1.0”，选择“对象”为“IWMPPlayer4”，单击“确定”按钮退出对话框，这样就完成了自动化引用句柄与 Windows Media Player 控件的连接。

用户完成连接后，将打开自动化函数右上角的自动化引用句柄端子与调用节点函数连接，即可完成 Windows Media Player 控件的调用，从而实现所期望的功能，见图 10-19。

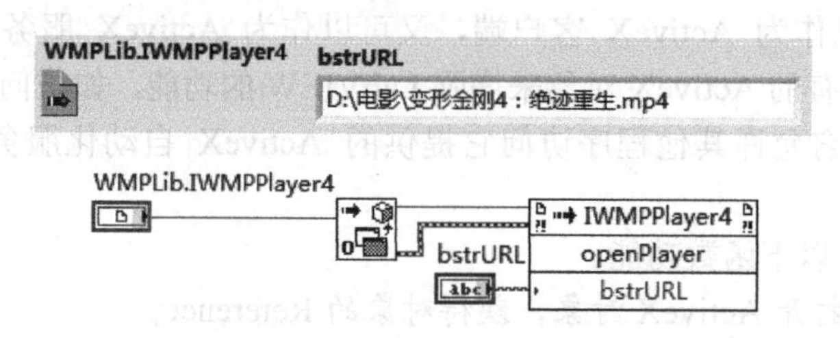

图 10-19 调用媒体播放器功能

10.4.2 ActiveX 容器

利用 LabVIEW 的 ActiveX 容器，可以调用第三方提供的 ActiveX 控件，并访问其属性和方法，从而使程序功能更加丰富，界面更加友好，节省开发时间。在 LabVIEW 中打开一个新的 VI，在前面板控件中选择“.NET 与 ActiveX”，弹出如图 10-20 所示选板。

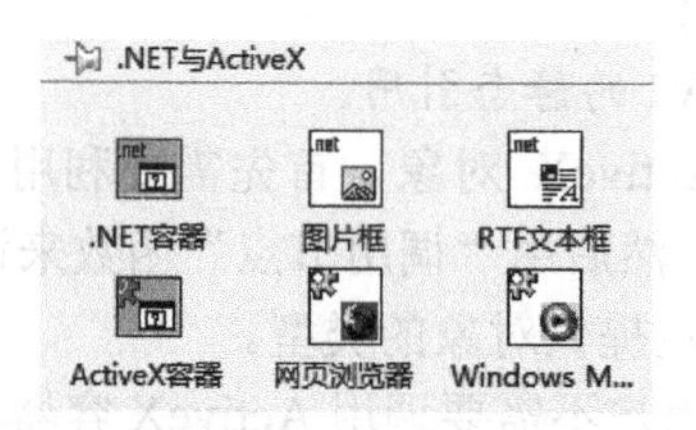

图 10-20 .NET 与 ActiveX

将“ActiveX 容器”函数拖放在前面板后，右击函数图标，从弹出的快捷菜单中选择“插入 ActiveX 对象”，在“选择 ActiveX 对象”对话框内选择创建对象，如“Microsoft Web Browser”控件，见图 10-21。

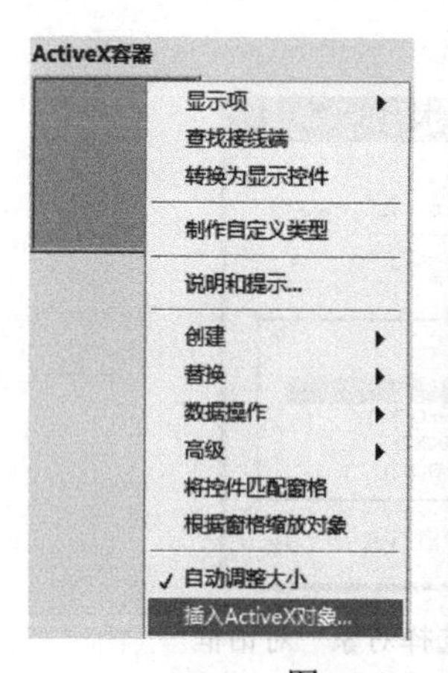

图 10-21 设置 ActiveX 容器

图 10-22 调用节点

切换到程序框图，在 ActiveX→调用节点插入一个调用节点。一旦将控件容器的 Automation 引用连线到调用节点函数，将显示出要访问的 Automation 对象 IWebBrowser2，如图 10-22 所示。现在可以在方法端子上弹出菜单选择“navigate”方法。在 URL 节点上创建输入控件，将创建一个字符串输入。返回前面板输入 URL，运行 VI 可实现打开浏览器的调用功能。

同时，可参考 LabVIEW 范例\examples\Connectivity\ActiveX\ActiveX Event Callback.vi，了解更多功能。

10.5 执行系统命令

LabVIEW 可从 VI 内部执行或启动其他基于 Windows 的应用程序、命令行应用程序、（Windows）批处理文件或（Mac OS X 和 Linux）脚本文件。使用执行系统命令 VI 可在命令字符串中包含执行命令支持的任何参数。相关程序可参考 LabVIEW 自带的实例程序\examples\Connectivity\Libraries and Executables\Command Line Execution.vi，如图 10-23 所示。

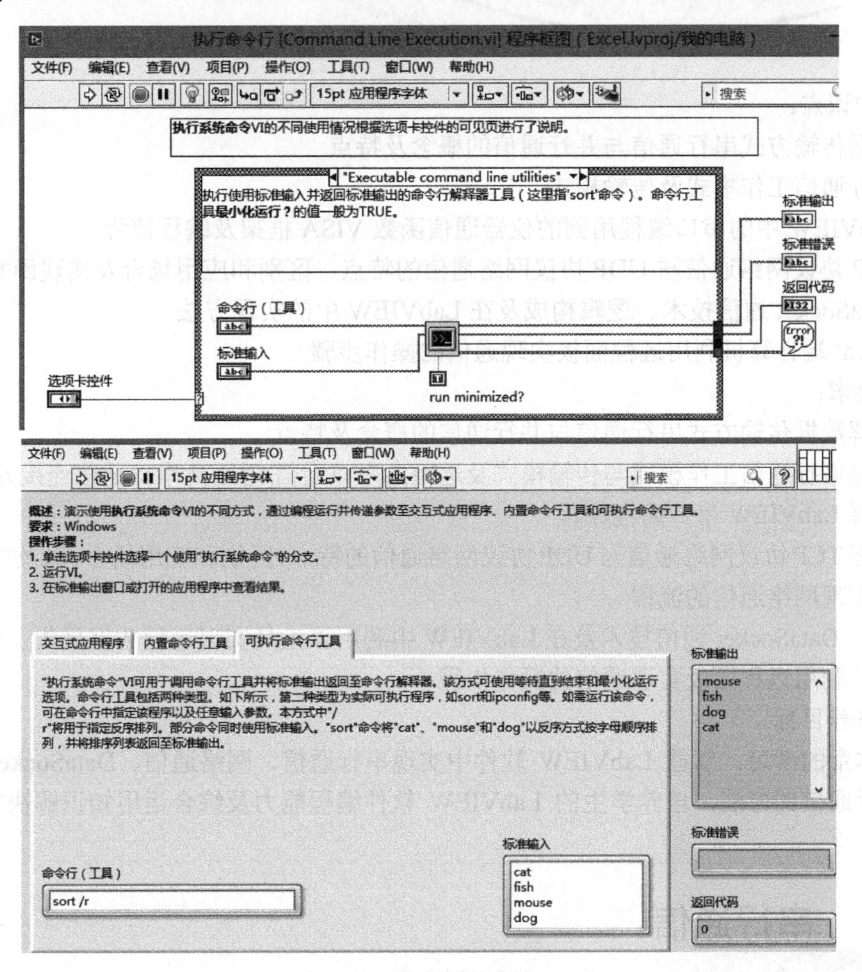

图 10-23 执行系统命令 VI

习题

1. 简述 DLL 与 API 的基本概念。
2. 如何进行 DLL 与 API 的调用？
3. 如何进行可执行文件的调用？
4. 如何用 ActiveX 实现办公自动化？

第11章 通信

本章知识点：

- 数据传输方式串行通信与并行通信的概念及特点
- 串行通信工作模式及传输模式
- LabVIEW 中的串口编程用到的仪器通信函数 VISA 框架及编程流程
- TCP 协议网络通信与 UDP 协议网络通信的特点、区别和应用场合及实现函数
- DataSocket 通信技术、逻辑构成及在 LabVIEW 中的实现方法
- Client 端计算机利用远程面板实现通信的操作步骤

基本要求：

- 了解数据传输方式串行通信与并行通信的概念及特点
- 掌握串行通信工作模式与传输模式及远距离串口通信/近距离串口通信连接方式
- 掌握 LabVIEW 串口编程流程
- 掌握 TCP 协议网络通信与 UDP 协议网络通信的特点、区别和应用场合，以及在 LabVIEW 中实现网络通信的流程
- 熟悉 DataSocket 通信技术及在 LabVIEW 中利用该工具实现远程数据采集及传输
- 了解利用远程面板实现通信的操作步骤

能力培养目标：

通过本章的学习，掌握 LabVIEW 软件中实现串行通信、网络通信、DataSocket 通信及利用远程面板通信的方法，培养学生的 LabVIEW 软件编程能力及综合运用知识解决实际问题的能力。

11.1 串行通信

RS-232 总线是目前仍常用的通信方式，早期的仪器、单片机、PLC 等均使用串口与计算机进行通信，最初多用于数据通信上，但随着工业测控技术的发展，许多测量仪器都带有 RS-232 串口总线接口。

将带有 RS-232 总线接口的仪器作为 I/O 接口设备通过 RS-232 串口总线与计算机组成虚拟仪器系统，目前仍然是虚拟仪器的构成方式之一。它主要适用于速度较低的测试系统，与 GPIB 总线、VXI 总线、PXI 总线相比，其接口简单、使用方便。当今，计算机已更多地采用了 USB 总线和 IEEE1394 总线。尤其是 IEEE1394 总线，它是一种高速串行总线，由它构建的虚拟仪器系统，数据传输速度已经达到 100Mbps。

由串口总线组成虚拟仪器测试系统，其I/O接口设备就是带有RS-232/485接口的测试仪器，通常可以直接与计算机上的串口相连。

1．串口总线在LabVIEW中的实现

VISA是虚拟仪器软件结构体系（Virtual Instrument Software Architecture）的简称。VISA是所有LabVIEW工作平台上控制VXI、GPIB、RS-232及其他种类仪器的单接口程序库。

VISA是组成VXI plug & play系统联盟的35家最大的仪器仪表公司统一采用的标准。采用了VISA标准，就可以不考虑时间及I/O选择项，驱动软件可以相互兼容使用。

使用LabVIEW中的VISA库，可以实现计算机的串口通信。如果安装的是LabVIEW 2014的完整包，则NI-VISA已经自动安装。

NI-VISA关于串口的函数库位于函数选板的仪器I/O→串口中，如图11-1所示。

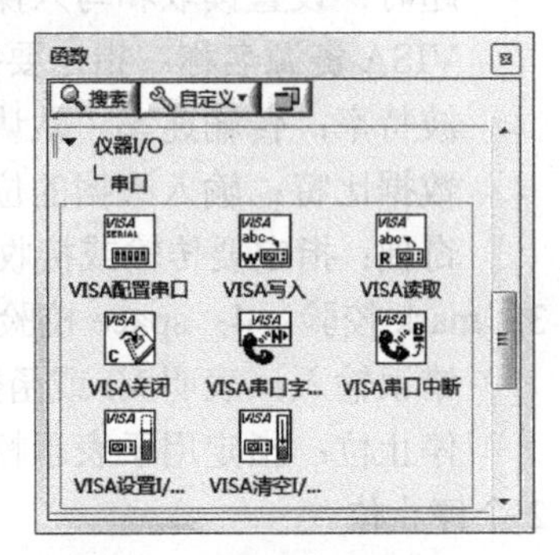

图11-1 串口函数子选板

先看一个串口通信的例子，再来理解串口通信的基本流程。按照图11-2所示编程。

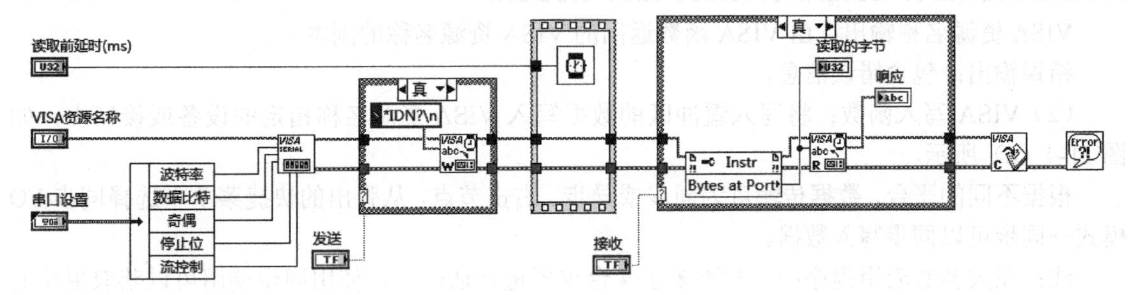

图11-2 串口应用编程

从程序框图中很容易看出对于串口编程的流程：配置窗口→写/读串口→关闭串口。

注：在串口通信中，并不一定要发送字符串，或从端口中读字符串，因此在程序框图中，写串口和读串口的函数都放在一个条件框图中，根据布尔值来判断是否写串口或读串口。

（1）VISA配置串口函数：将VISA资源名称指定的串口按特定设置初始化。通过将数据连线至VISA资源名称输入端，可以确定要使用的多态实例，如图11-3所示。

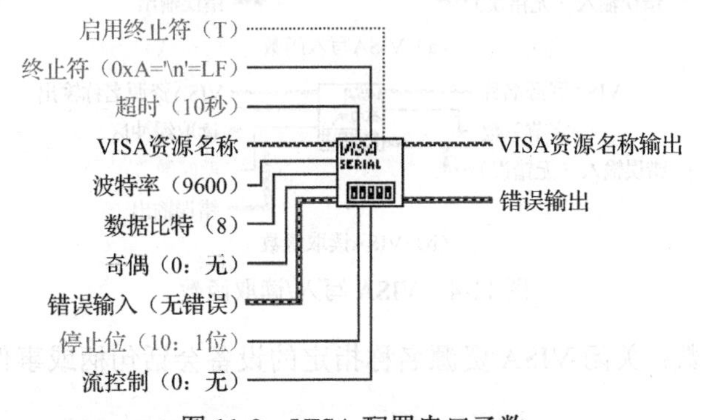

图11-3 VISA配置串口函数

该函数的输入/输出参数如下。

启用终止符：使串行设备做好识别终止符的准备。如值为 TRUE（默认），VI_ATTR_ASRL_END_IN 属性将被设置为识别终止符；如值为 FALSE，VI_ATTR_ASRL_END_IN 属性将被设置为 0（无），且串行设备不识别终止符。

终止符：通过调用终止读取操作。从串行设备读取终止符后读取操作将终止。0xA 是换行符（\n）的十六进制表示。消息字符串的终止符由回车（\r）改为 0xD。

超时：设置读取和写入操作的超时值，以毫秒为单位，默认值为 10000。

VISA 资源名称：指定要打开的资源。该控件也可指定会话句柄和类。

波特率：传输速率。默认值为 9600。

数据比特：输入数据的位数。数据比特的值介于 5 和 8 之间，默认值为 8。

奇偶：指定要传输或接收的每一帧所使用的奇偶校验。0：无校验；1：奇校验；2：偶校验；3：mark 校验；4：space 校验。

错误输入：表明 VI 或函数运行前发生的错误。

停止位：指定用于表示帧结束的停止位的数量。10：1 个停止位；15：1.5 个停止位；20：2 个停止位。

流控制：设置传输机制使用的控制类型。0：无；1：XON/XOFF；2：RTS/CTS；3：XON/XOFF and RTS/CTS;4:DTR/DSR;5:XON/XOFF and DTR/DSR。

VISA 资源名称输出：由 VISA 函数返回的 VISA 资源名称的副本。

错误输出：包含错误信息。

（2）VISA 写入函数：将写入缓冲区的数据写入 VISA 资源名称指定的设备或接口中，如图 11-4（a）所示。

根据不同的平台，数据传输可为同步或异步。右击节点，从弹出的快捷菜单中选择同步 I/O 模式→同步可以同步写入数据。

注：在大多数应用程序中，与不多于 4 台仪器进行通信时，使用同步调用可以获取更快的速度；与不少于 5 台仪器进行通信时，异步操作可使应用程序的速度显著提高。LabVIEW 默认为异步 I/O。

（3）VISA 读取函数：从 VISA 资源名称指定的设备或接口中读取指定数量的字节，并将数据返回至读取缓冲区，如图 11-4（b）所示。

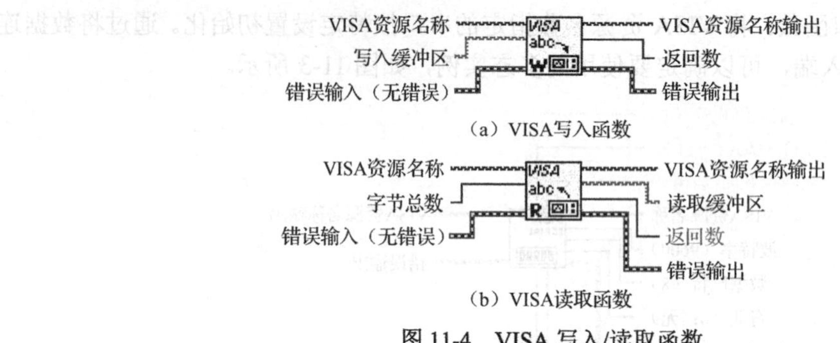

图 11-4　VISA 写入/读取函数

（4）VISA 关闭函数：关闭 VISA 资源名称指定的设备会话句柄或事件对象，如图 11-5（a）所示。

该函数的错误 I/O 很特别。无论前次操作是否产生错误，该函数都将关闭设备会话句柄。打开 VISA 会话句柄并完成操作后，应关闭该会话句柄。该函数可接受各个会话句柄类。

（5）VISA 串口字节数函数：返回指定串口的输入缓冲区的字节数，该 VI 实际上是串口的一个属性节点，如图 11-5（b）所示。

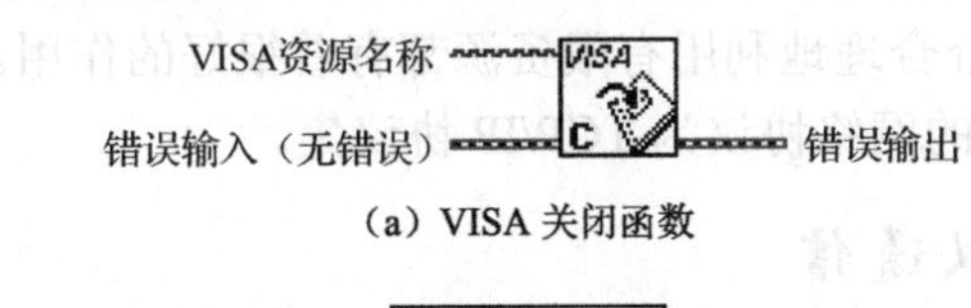

（a）VISA 关闭函数

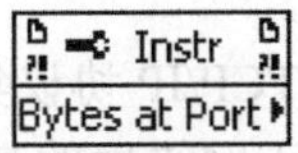

（b）VISA 串口字节数函数

图 11-5 VISA 关闭/串口字节数函数

VISA 串口中断函数：发送指定端口上的中断，如图 11-6 所示。

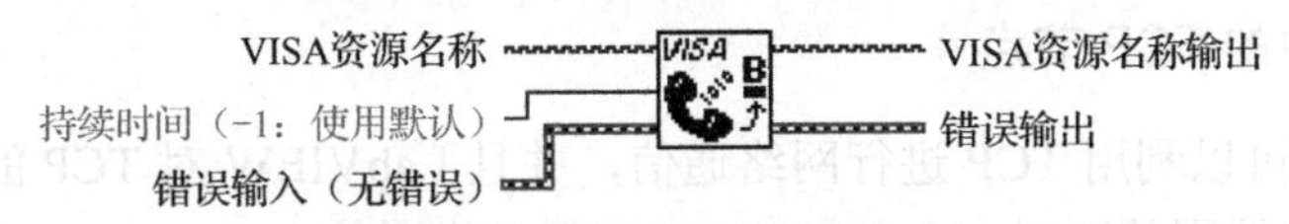

图 11-6 VISA 串口中断函数

（6）VISA 设置 I/O 缓冲区大小函数：设置 I/O 缓冲区大小。如需设置串口缓冲区大小，须先运行 VISA 配置串口 VI，如图 11-7（a）所示。

注：并非所有的串口驱动程序都支持用户自定义缓冲区大小，因此某些 VISA 应用可能无法进行该操作。如应用程序因为性能的关系需要特定大小的缓冲区，而 VISA 应用无法产生该缓冲区，则通过某种形式的握手可避免产生溢出。

（7）VISA 清空 I/O 缓冲区大小函数：清空由屏蔽指定的 I/O 缓冲区，如图 11-7（b）所示。

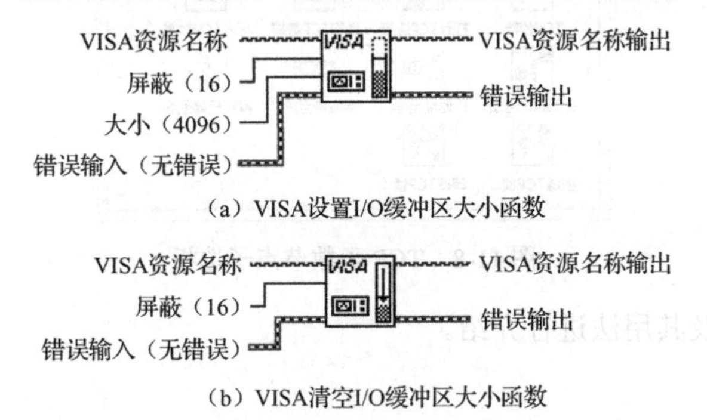

（a）VISA设置I/O缓冲区大小函数

（b）VISA清空I/O缓冲区大小函数

图 11-7 VISA 设置/清空 I/O 缓冲区大小函数

11.2 网络通信

测控方式的网络化是未来测控技术发展的必然趋势。网络测控技术适应于当代科学研究的迅速发展和不断深化所提出的高新测量需求，在工农业生产、国防军工、教育科研、航天航空、能源交通、通信信息、电力工程、医疗与生物工程等领域都将有好的应用前景。

利用网络技术进行网络化测控将成为虚拟仪器技术的发展重点。随着计算机和计算机网络的迅速发展，网络速度不断提高，利用现成的 Internet 网络组建网络测控系统是今后虚拟仪器技术的发展方向。

将虚拟仪器与网络技术结合起来，使虚拟仪器拓展到网络测控应用环境中去，对于丰富测控手段、提高测控效率、充分合理地利用有限资源都有着很好的作用。

Internet 中使用最为广泛的网络协议为 TCP/IP 协议集。

11.2.1 TCP 协议通信

TCP（Transfer Control Protocol）是 TCP/IP 协议集中的隶属于传输层的传输控制协议。IP（Internet Protocol）是 Internet 网络中隶属于网络层的基础协议，由 IP 控制传输的协议单元称为 IP 数据。IP 数据中含有发送方或接收方的 IP 地址。IP 提供可靠的、无连接的、具有时间限制的自动重试机制的数据投递服务，构成了 Internet 网络数据传输的基础。TCP 以此为基础增加了连接管理和确认重发等机制，向更高层的应用程序提供面向连接的、可靠的传输服务。

1. LabVIEW 中的 TCP 节点

在 LabVIEW 中可以利用 TCP 进行网络通信，并且 LabVIEW 对 TCP 的编程进行了高度集成，用户通过简单的编程就可以在 LabVIEW 中实现网络通信。

在 LabVIEW 中，可以采用 TCP 节点，它位于函数（Functions）选板→数据通信→协议→TCP 子选板中，如图 11-8 所示。

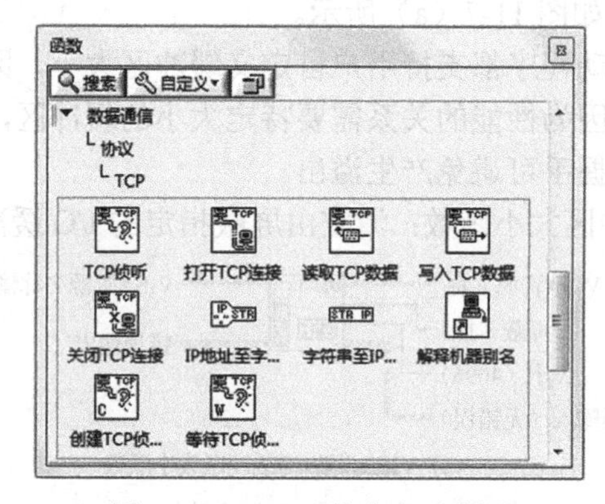

图 11-8 TCP 函数节点子选板

下面对 TCP 节点及其用法进行介绍。

1）TCP 侦听节点

创建一个听者，并在指定的端口上等待 TCP 连接请求。该节点只能在作为服务器的计算机上使用。TCP 侦听节点的节点图标及端口定义如图 11-9 所示。

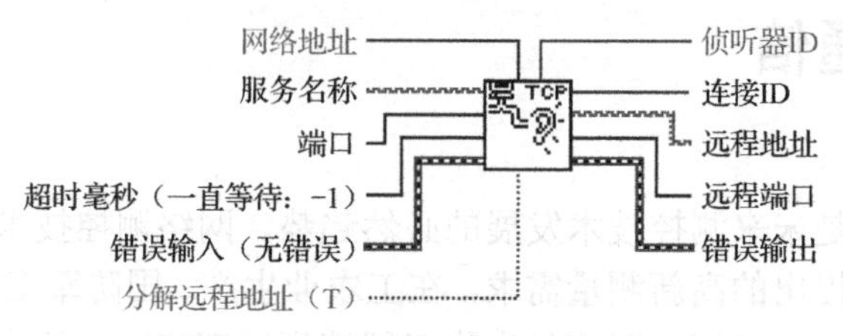

图 11-9 TCP 侦听节点

端口：所要听的、连接的端口号。

超时毫秒：连接所要等待的毫秒数，如果在规定的时间内连接没有建立，该VI将结束并返回一个错误。默认值为-1，表明该VI将无限等待。

连接ID：唯一标识TCP连接的网络连接引用句柄，该连接句柄可用于以后的VI调用中，作为引用连接。

远程地址：与TCP连接协同工作的远程计算机的地址。

远程端口：使用该连接的远程系统的端口号。

2）打开TCP连接节点

用指定的计算机名称和远程端口来打开一个TCP连接。该节点只能在作为客户机的计算机上使用。打开TCP连接节点的节点图标及端口定义如图11-10所示。

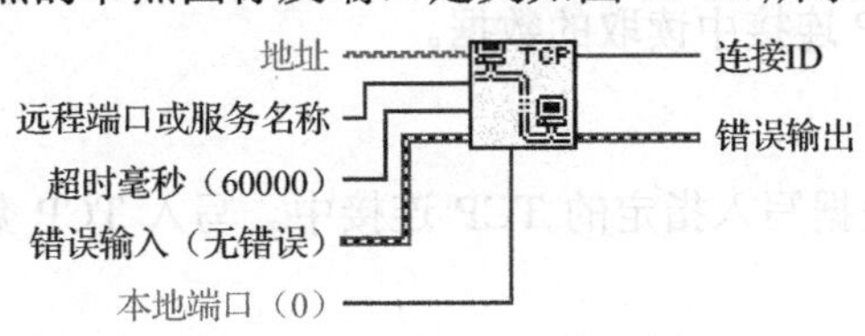

图11-10 打开TCP连接节点

超时毫秒：在函数完成并返回一个错误之前所等待的毫秒数。默认值是60000ms。如果是-1，则表明函数将无限等待。

3）读取TCP数据节点

从指定的TCP连接中读取数据。读取TCP数据节点的节点图标及端口定义如图11-11所示。

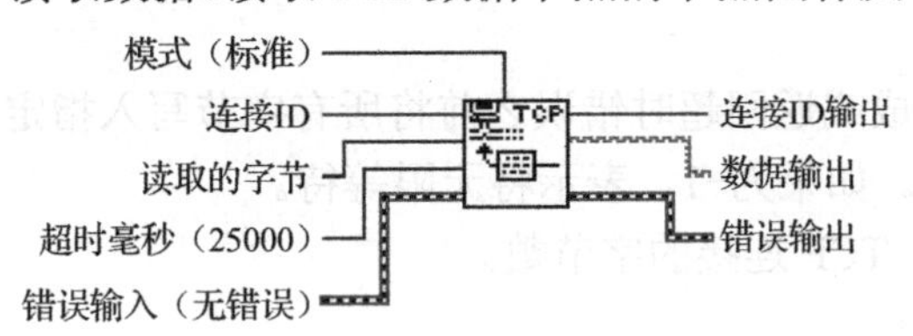

图11-11 读取TCP数据节点

模式：表明读取操作的行为特性。0：标准模式（默认），等待直到设定需要读取的字节全部读出或超时。返回读取的全部字节。如果读取的字节数少于所期望得到的字节数，将返回已经读取到的字节数并报告一个超时错误。缓冲模式，等待直到设定需要读取的字节全部读出或超时。如果读取的字节数少于所期望得到的字节数，则不返回任何字节并报告一个超时错误。CRLF模式，等待直到函数接收到CR（carriage return）和LF（linefeed）或发生超时。返回所接收到的所有字节及CR和LF。如果函数没有接收到CR和LF，则不返回任何字节并报告超时错误。立即模式，只要接收到字节便返回。只有当函数接收不到任何字节时才会发生超时。返回已经读取的字节。如果函数没有接收到任何字节，将返回一个超时错误。

读取的字节：所要读取的字节数。可以使用以下方式来处理信息。

（1）在数据之前放置长度固定的描述数据的信息，例如，可以是一个标识数据类型的数字，或说明数据长度的整型量。客户机和服务器都先接收8个字节（每一个是一个4字节整数），把它们转换成两个整数，使用长度信息决定再次读取的数据包含多少个字节。数据读取完成后，再次重复以上过程。该方法灵活性非常高，但是需要两次读取数据。实际上，如果所有数据是用一个写入函数写入的话，第二次读取操作会立即完成。

（2）使每个数据具有相同的长度。如果所要发送的数据比确定的数据长度短，则按照事先确定的长度发送。这种方式效率非常高，因为它以偶尔发送无用数据为代价，使接收数据只读取一次就完成。

（3）以严格的ASCII码为内容发送数据，每一段数据都以carriage return和linefeed作为结尾。如果读取函数的模式输入端连接了CRLF，那么直到读取到CRLF时函数才结束。对于该方法，如果数据中恰好包含了CRLF，将变得很麻烦，不过在很多Internet协议中，比如POP3、FTP和HTTP，这种方式应用得很普遍。

超时毫秒：以毫秒为单位来确定一段时间，在所选择的读取模式下返回超时错误之前所要等待的最长时间。默认为25000ms。输入-1时表明将无限等待。

连接ID输出：与连接ID的内容相同。

数据输出：包含从TCP连接中读取的数据。

4）写入TCP数据节点

通过数据输入端口将数据写入指定的TCP连接中。写入TCP数据节点的节点图标及端口定义如图11-12所示。

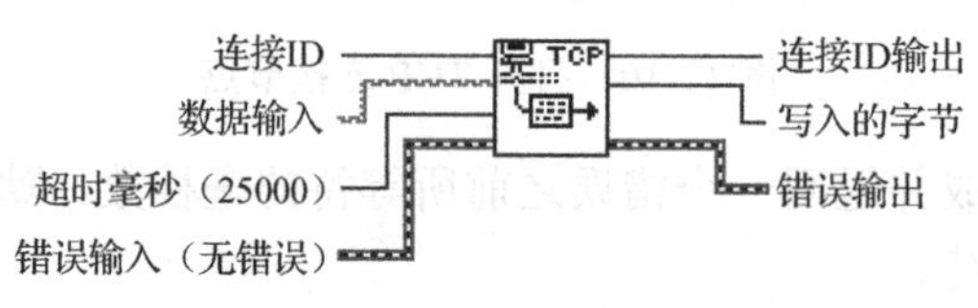

图11-12　写入TCP数据节点

数据输入：包含要写入指定连接的数据。数据操作的方式请参见读取TCP数据节点部分的解释。

超时毫秒：函数在完成或返回超时错误之前将所有字节写入指定设备的一段时间，以毫秒为单位。默认为25000ms。如果为-1，表示将无限等待。

写入的字节：VI写入TCP连接的字节数。

5）关闭TCP连接节点

关闭指定的TCP连接。关闭TCP连接节点的节点图标及端口定义如图11-13所示。

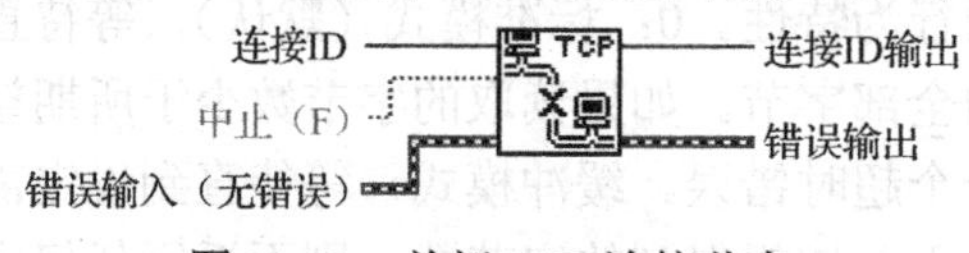

图11-13　关闭TCP连接节点

2．在LabVIEW中利用TCP/IP实现网络通信

本例利用TCP进行双机通信。

采用服务器/客户机模式进行双机通信，是在LabVIEW中进行网络通信的最基本的结构模式。本例由服务器产生一组随机波形，通过局域网送至客户机进行显示。

服务器程序前面板及程序框图如图11-14和图11-15所示。

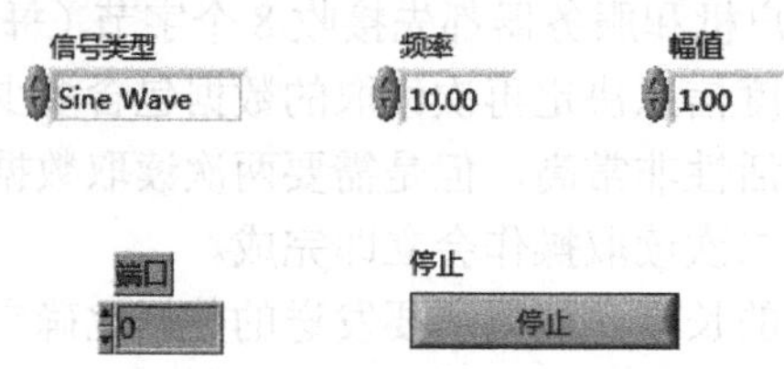

图11-14　TCP通信服务器程序前面板

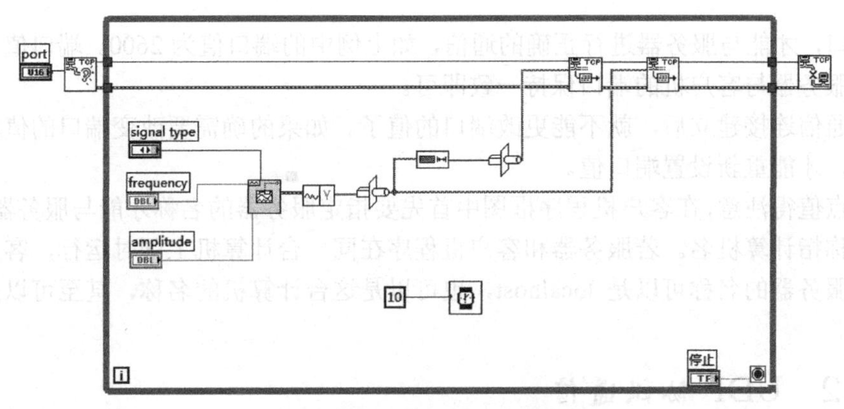

图 11-15 TCP 通信服务器程序框图

在服务器的程序框图中，首先指定网络端口，并用侦听 TCP 节点建立 TCP 侦听器，等待客户机的连接请求，这是初始化的过程。

程序框图中采用两个写入 TCP 数据节点来发送数据：第一个写入 TCP 数据节点发送的是波形数组的长度，第二个写入 TCP 数据节点发送的是波形数组的数据。这种发送方式有利于客户机接收数据。

客户机程序前面板及程序框图如图 11-16 和图 11-17 所示。

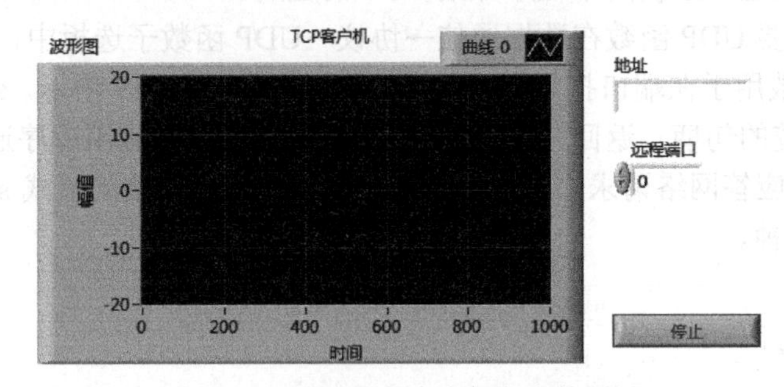

图 11-16 TCP 通信客户机程序前面板

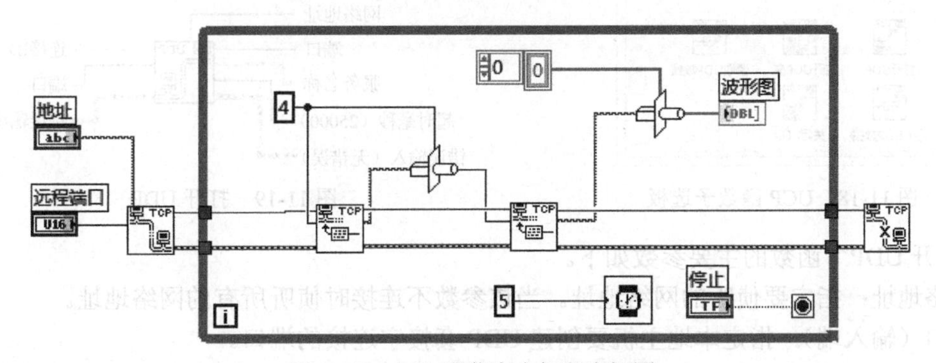

图 11-17 TCP 通信客户机程序框图

与服务器程序框图相对应，客户机程序框图也采用两个读取 TCP 数据节点读取服务器送来的波形数组数据。第一个节点读取波形数组数据的长度，然后第二个节点根据这个长度将波形数组的数据全部读出。这种方法是 TCP/IP 通信中常用的方法，可以有效地发送、接收数据，并保证数据不丢失。建议用户在使用 TCP 节点进行双机通信时采用这种方法。

在用 TCP 节点进行通信时，需要在服务器程序框图中指定网络通信端口号，客户机也要指定相同的端口，才能与服务器进行正确的通信，如上例中的端口值为2600。端口值由用户任意指定，只要服务器与客户机的端口保持一致即可。

在一次通信连接建立后，就不能更改端口的值了。如果的确需要改变端口的值，则必须首先断开连接，才能重新设置端口值。

还有一点值得注意，在客户机程序框图中首先要指定服务器的名称才能与服务器建立连接。服务器的名称指计算机名。若服务器和客户机程序在同一台计算机上同时运行，客户机程序框图中输入的服务器的名称可以是 localhost，也可以是这台计算机的名称，甚至可以是一个空字符串。

11.2.2 UDP 协议通信

UDP（User Datagram Protocol，用户数据报协议）是 TCP/IP 中与 TCP 同层的通信协议，两者的不同点在于，UDP 直接利用 IP 进行 UDP 数据的传输，提供无连接、不可靠的数据投递服务。但是 UDP 在实时数据流传输过程中有独特的优势。

UDP 传输数据前源端和终端不建立连接，因此不需要维护连接状态，包括收发状态，所以一台服务器可同时向多个客户机传输相同的消息。尽管 UDP 传输性能不可靠，但在数据传输的实时性和准确性要求不是很严格的场合下，UDP 仍是广播信息的一个理想协议。

下面通过 UDP 发送和接收两个程序介绍 UDP 的应用。

程序中使用的主要 UDP 函数在数据通信→协议→UDP 函数子选板中，如图 11-18 所示。

“打开 UDP”函数用于在端口打开一个 UDP socket，如图 11-19 所示。socket 通常也称“套接字”，是一个通信链的句柄，返回一个整型的 socket 描述符，应用程序通常通过“套接字”向网络发出请求或者应答网络请求。socket 的类型主要有面向连接的流式 socket 和面向无连接的数据报式 socket 两种。

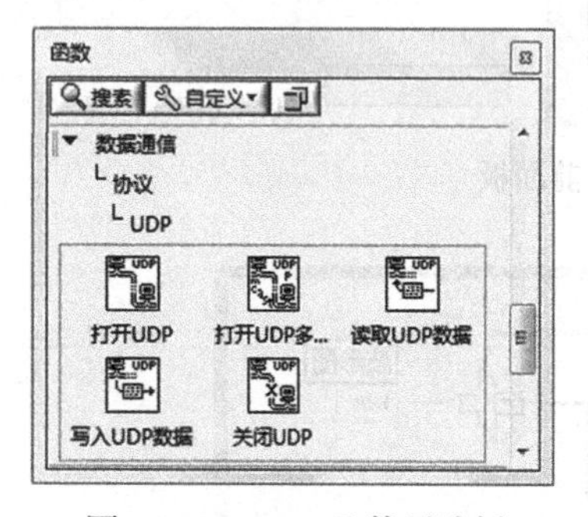

图 11-18 UCP 函数子选板

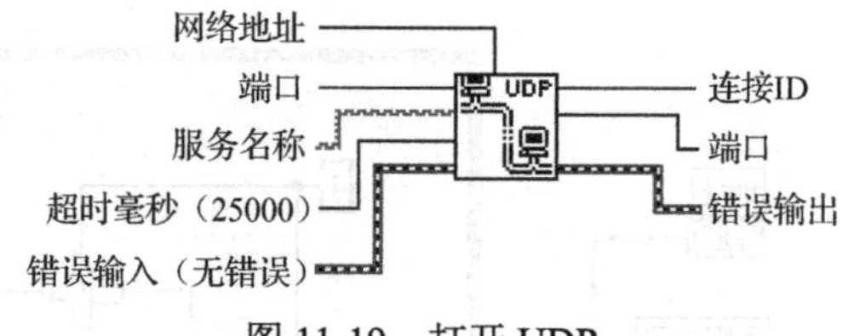

图 11-19 打开 UDP

“打开 UDP”函数的主要参数如下。

网络地址：指定要侦听的网络地址。当该参数不连接时侦听所有的网络地址。

端口（输入端）：指定本地主机要创建 UDP 套接字连接的端口。

连接 ID：网络连接引用句柄，唯一标识 UDP 套接字。后面的节点通过调用该套接字进行连接。

端口（输出端）：返回该函数用到的端口号。如果输入端口号不为零，则输出端口号等于输入端口号；如果输入端口号为零，则动态地选择一个可用的端口号输出。按照互联网号码分配机构 IANA（Internet Assigned Numbers Authority）对 TCP/UDP 公共服务端口的定义，动态端口号的分配范围为 49152～65535。

图11-20所示为使用UDP发送数据的程序框图。程序中通过一个选择函数确定数据包要发送的目标机器。当选择“仅选择远程主机”时，根据“远程主机地址”输入控件中的IP地址将数据包信息发送到指定的那台目标机器中；当选择“广播方式”时，数据包信息可以发送到整个子网中。注意，在每个子网中，IP地址中的主机位全为1时为广播地址，所以在“广播方式”中，连接的IP地址为FFFFFFFF。

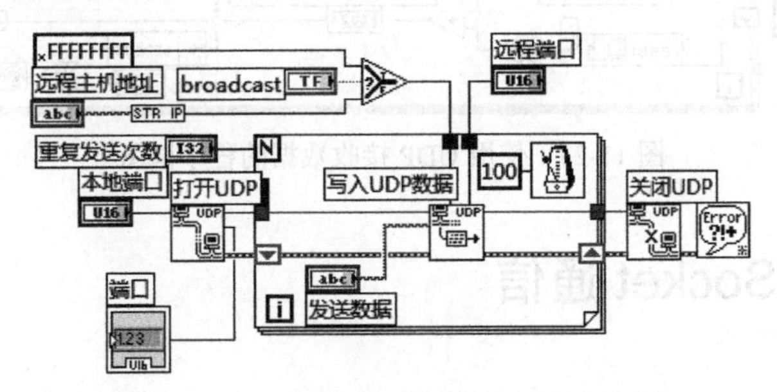

图11-20 使用UDP发送数据的程序框图

“写入UDP数据”函数按照唯一标识UDP套接字的网络连接引用句柄将数据写入UDP网络连接中，如图11-21所示。

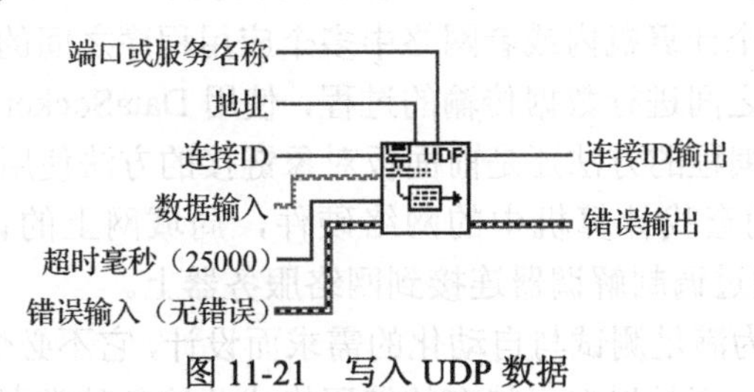

图11-21 写入UDP数据

其主要参数有：

端口或服务名称：数据包发往的远程目标地址的端口。

地址：数据包发往目的计算机的地址。

连接ID输出：返回和连接ID相同的值。

“关闭UDP”函数用于关闭连接ID标识的UDP套接字，如图11-22所示。

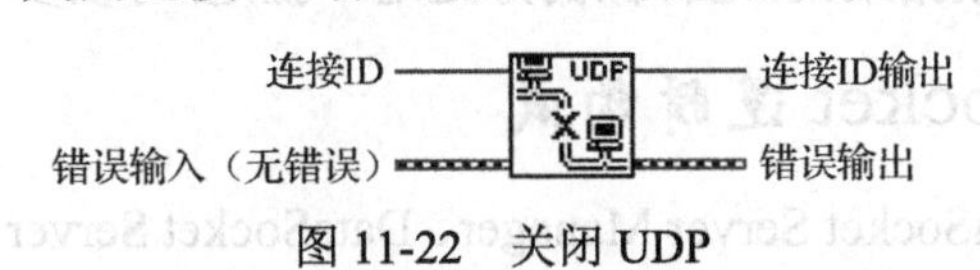

图11-22 关闭UDP

使用UDP接收数据的程序框图如图11-23所示。“读取UDP数据”函数用于读取来自一个UDP套接字的数据报，并将读取的数据通过“数据输出”参数输出。“最大值”参数指定了每次读取的最大字节数，默认值是548。“超值毫秒”参数用于确定等待接收数据时的时间，若在该时间内未收到数据则报错，默认值是25000ms。“地址”参数输出数据报的源地址。“端口”参数输出发送数据报的UDP套接字。

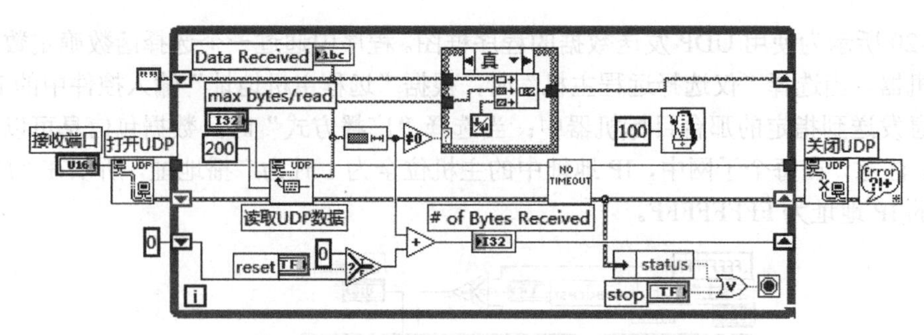

图 11-23 使用 UDP 接收数据的程序框图

11.3 DataSocket 通信

11.3.1 DataSocket 技术

DataSocket 是 NI 公司推出的基于 TCP/IP 协议的新技术，DataSocket 面向测量和网上实时高速数据交换，可用于一个计算机内或者网络中多个应用程序之间的数据交换。它极大地简化了应用程序之间及计算机之间进行数据传输的过程，使用 DataSocket 技术传输数据对于用户来说极为方便。无论是通过编程的方法还是前面板对象链接的方法使用 DataSocket 传输数据，它都可以在程序运行后自动查找计算机中的网络硬件，局域网上的计算机会通过网卡，做过 Internet 设置的计算机会通过调制解调器连接到网络服务器上。

DataSocket 技术专门为满足测试与自动化的需求而设计，它不必像 TCP/IP 编程那样把数据转换为非结构化的字节流，而是以自己特有的编码格式传输各种类型的数据，包括字符串、数字、布尔量及波形等，还可以在现场数据和用户自定义属性之间建立联系一起传输。

DataSocket 为共享与发布现场测试数据提供了方便易用的高性能编程接口。使用 Data Socket 技术实现远程数据采集时，需要在安装有 DAQ 设备的服务器上也运行应用程序，然后将某些需要的数据通过网络发布传输到客户机。这实际上是通过数据共享而非真正意义上的 DAQ 设备共享来实现远程数据采集，这样做的好处之一就是，可以多台客户机同时访问服务器。

11.3.2 DataSocket 逻辑构成

DataSocket 包括了 DataSocket Server Manager、DataSocket Server 和 DataSocket 函数库这几个工具软件，以及 DSTP（DataSocket Transfer Protocol，DataSocket 传输协议）、URL（Uniform Resource Locator，通用资源定位符）和文件格式等技术规范。在 LabVIEW 中，用户可以很方便地使用这些工具来实现远程数据采集。

1. DataSocket Server Manager

DataSocket Server Manager 是一个独立运行的程序，其主要功能就是在本地计算机上设置 DataSocket Server 可连接的客户程序的最大数目和可创建的数据项的最大数目，设置用户和用户组，以及设置用户访问和管理数据项的权限。数据项实际上是 DataSocket Server 上的数据文件，未经授权的用户不能在 DataSocket Server 上创建和读取数据项。

依次选择“开始→程序→National Instruments→DataSocket-DataSocket Server Manager”选

项，即可启动 DataSocket Server Manager，如图 11-24 所示。

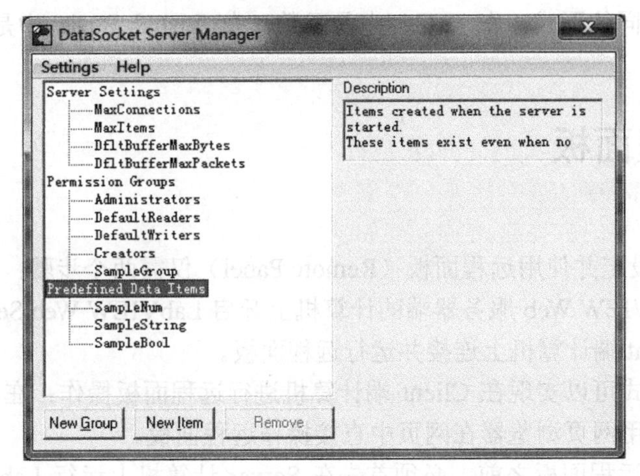

图 11-24　DataSocket Server Manager

其主要参数如下。

（1）Server Settings（服务器设置）：与服务器性能相关的设置。参数 MaxConnections 是指服务器最多可以连接的客户数，其默认值为 50。参数 MaxItems 用于设置服务器最大允许的数据项目的数量。

（2）Permission Groups（许可组）：与安全相关的设置，Groups 是指用一个组名来代表一组计算机名（或 IP 地址）的集合。DataSocket Server 共有 4 个内建组：Administrators、DefaultReaders、DefaultWriters 和 Creators，分别代表管理、读、写和创建数据项目的默认主机设置。SampleGroup 为一个用户定义组。

（3）Predefined Data Items（预定义的数据项目）：预先定义了一些用户可以直接使用的数据项目，并可以设置每个数据项目的数据类型、默认值及访问权限等属性。默认数据项目有 SampleNum、SampleString 和 SampleBool。

2. DataSocket Server

DataSocket Server 也是一个独立运行的程序，主要解决大部分网络通信方面的问题，负责用户程序之间的数据交换。DataSocket Server 需要 TCP/IP 网络协议的支持，但它比 TCP/IP 具有更好的数据传输性能。依次选择“开始→程序→National Instruments→DataSocket→DataSocket Server”选项，即可启动 DataSocket Server，如图 11-25 所示。

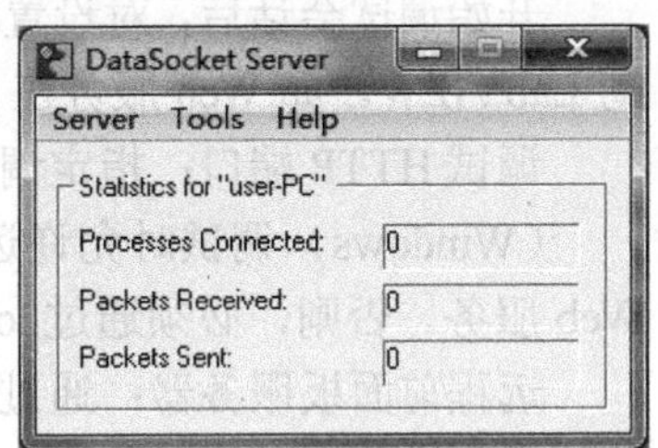

图 11-25　DataSocket Server

其主要参数如下。

（1）Processes Connected：连接到 DataSocket Server 的实际客户端数目。

（2）Packets Received：传输过程中接收到数据包的数目。

（3）Packets Sent：传输过程中发送数据包的数目。

注意：DataSocket Server 的设置不能通过远程或程序进行修改，只能在本地计算机使用 DataSocket Server Manager 进行修改。

3. DataSocket 函数库

DataSocket 函数库用于实现 DataSocket 通信，它包含读取、写入、打开和关闭等函数。

DataSocket 技术可在 C/C++、Visual Basic 和 LabVIEW 等多种开发环境中应用，在不同环境中 DataSocket 函数有不同的形式，在 C/C++中是函数，在 Visual Basic 中是 ActiveX 控件，在 LabVIEW 中则是VI。

11.4 远程面板

在 LabVIEW 中设定并使用远程面板（Remote Panel）仅需两个步骤：

第一步，在 LabVIEW Web 服务器端的计算机上开启 LabVIEW Web Server 服务。

第二步，在 Client 端计算机上连接并运行远程面板。

目前，有两种方式可以实现在 Client 端计算机进行远程面板操作：在 LabVIEW 环境中直接操作远程面板；利用网页浏览器在网页中直接操作远程面板。

在 Client 端使用远程面板之前，必须首先在 Server 计算机上运行 LabVIEW，并配置 Web 服务器。

11.4.1 配置 LabVIEW Web 服务器

在 Web 上发布 LabVIEW 程序有很多种方式，但是不管使用哪种方式，之前都必须在发布程序的计算机上打开 Web 服务器。LabVIEW 的 Web 服务器设置可以满足大多数程序的需要，即打开 Web 服务器，不进行任何设置，就可以完成一般的任务。

选择工具→选项，显示“选项”对话框，在“类别”列表中选择“Web 服务器”，用于启用和配置远程前面板的 Web 服务器。

1）Web 服务器

单击 Web 服务器，配置页面如图 11-26 所示。如需使用LabVIEW Web 服务，必须启用应用程序 Web 服务器。如需配置主应用程序实例的 Web 服务器选项，可通过“选项”对话框打开该页面。在终端的属性对话框中选择“VI 服务器:配置”页，可配置该终端的 Web 服务器选项。

Web 应用服务器：使用本部分启动 NI 基于 Web 的配置和监控。配置 Web 应用服务器，启动 NI 基于 Web 的配置和监控。使用基于浏览器的配置启用应用程序 Web 服务器，提供 Web 服务。

Web 服务本地调试：用来配置调试阶段对 Web 服务的访问。

开始调试会话后，对设置的改动不会立即生效。如 Web 服务就在主机上运行，必须重新启动 LabVIEW。如 Web 服务在 RT 终端上运行，需重启终端。

调试 HTTP 端口：指定调试时 LabVIEW 用来与 Web 服务通信的端口。默认值为 8001。

（Windows）调试时允许远程连接，如选择该选项，允许远程连接的客户端在调试中访问 Web 服务。否则，必须通过 localhost 或 127.0.0.1 连接 Web 服务。该复选框默认为选中。

远程前面板服务器：通过该选项启用远程前面板服务器。

启用远程前面板服务器：启用远程面板 Web 服务器，发布前面板图像。该复选框默认为未勾选。必须重启 LabVIEW 才可应用该选项。所有更改都保存并在下次运行 LabVIEW 时显示。也可使用 Web 服务器：服务器启用属性，通过编程启用 Web 服务器。该属性可立即更改 Web 服务器的状态，无须重启 LabVIEW。通过该属性所做的更改不能在 LabVIEW 对话间保存，也无法在选项对话框的 Web 服务器页中显示。

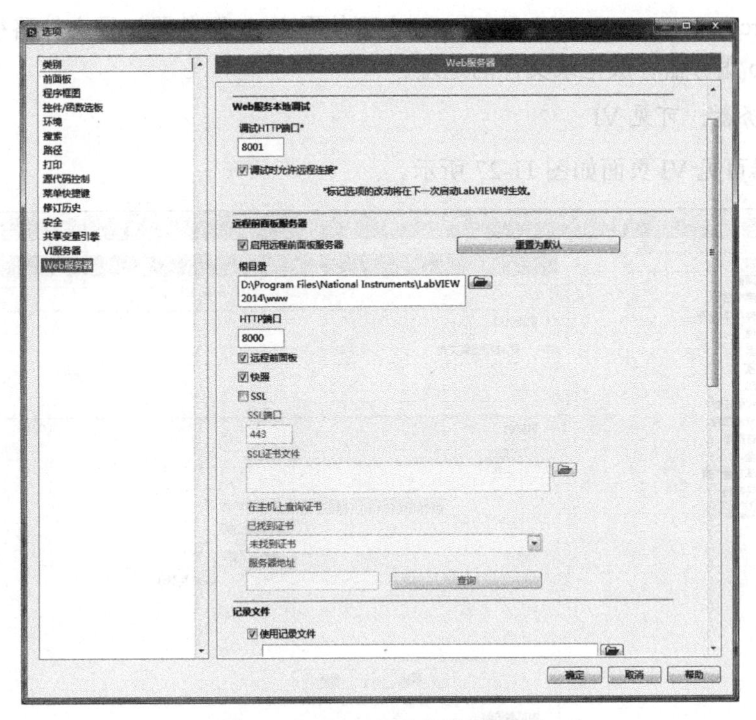

图 11-26　Web 服务器配置页面

重置为默认：重置 Web 服务器：配置页中的所有选项为默认值。

根目录：表明 Web 服务器 HTML 文件所在的目录。默认路径是 LabVIEW\www。也可使用 Web 服务器的根目录路径属性，通过编程指定根目录。

HTTP 端口：表明 Web 服务器用于未加密通信的 TCP/IP 端口。如另一台服务器已使用计算机上 HTTP 端口中指定的端口，或用户没有使用预留端口（如 80）的权限，则可替换 HTTP 端口值为选定的值。

远程前面板：允许远程查看和控制前面板。

快照：显示 Web 服务器当前内存中 VI 前面板的静态图像。

SSL：在 Web 服务器上启用 SSL 支持。

SSL 端口：表明 Web 服务器用于 SSL 加密通信的 TCP/IP 端口。不能在 HTTP 端口指定的端口上启用 SSL。必须使用唯一的端口作为 SSL 端口，进行加密通信。

SSL 证书文件：指定 Web 服务器使用 SSL 加密的证书。可保持该部分为空白，使用默认的 LabVIEW 自签名证书。

已找到证书：列出服务器地址文本框中指定系统的可用证书。

服务器地址：指定包含证书的系统的名称或 IP 地址。例如，输入 localhost 可查看本地系统上的证书。

查询：查询服务器地址文本框中指定系统的可用证书。在检测到的证书列表框中显示找到的证书。

记录文件：通过该选项启用记录文件。

使用记录文件：启用日志文件。该复选框默认为未勾选。也可用Web 服务器：记录启用属性，通过编程启用记录文件。

记录文件路径：表明 LabVIEW 保存 Web 连接信息的文件所在的路径。默认路径是

LabVIEW\resource\webserver\logs\access.log。也可使用 Web 服务器记录文件路径属性，通过编程确定内置 Web 服务器存放记录文件的地址。

2）Web 服务器：可见 VI

Web 服务器可见 VI 页面如图 11-27 所示。

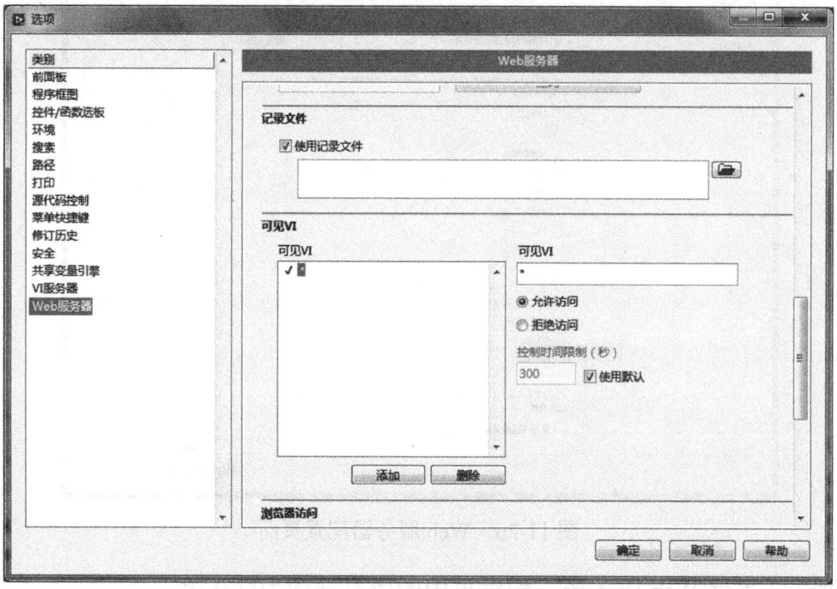

图 11-27　Web 服务器可见 VI 页面

可见 VI（左侧列表框）：列出通过 Web 服务器可见的 VI。如允许访问，项的左侧将出现绿色勾选标志；如拒绝访问，将出现红色的×标志。如项名称旁没有绿色的勾选标志或红色的×标志，则该项存在语法错误。

可见 VI：输入添加至“可见 VI”列表框的 VI。可在输入的 VI 名称或目录路径中使用通配符。如需指定 LabVIEW 项目中的 VI，必须包含项目名称、项目库名称和在 VI 路径中的终端。

例如，MyVI.VI 位于项目 MyProject.lproj 的 My Computer 终端，MyProject.lvproj/My Computer/MyVl.vi 可以作为 VI 的名称。如 VI 属于 MyLibrary 的项目库，将项目库包括在路径中，如 MyProject.lvproj/My Computer/MyLibrary.lvlib:MyVI.VI。如 VI 不是项目或项目库，则输入 V1 名称时无须任何附加信息。

允许访问：允许访问“可见 VI”列表中选定的 VI。该选项默认为选中。

拒绝访问：拒绝访问“可见 VI”列表中选定的 VI。

控制时间限制（秒）：多个客户端等待控制 VI 时，控制远程客户端“可见 VI”列表中 VI 的指定时间限制，以秒为单位，默认为 300s。如已勾选“使用默认”复选框，则无法编辑该区域，默认时间为 300s。

注：直到第二个客户端申请控制 VI 时，LabVIEW 才开始监控第一个客户端对该 VI 的控制时间。如另一个客户端申请控制 VI，LabVIEW 将开始监控当前控制是否达到时间限制。如没有第二个客户端请求控制 VI，第一个客户端永远不会失去对 VI 的控制。

添加：添加新项至“可见 VI”列表框。在“可见 VI”列表框中，新输入项将出现在所选输入项的下方。

删除：从“可见 VI”列表框中删除选中项。

3）Web 服务器：浏览器访问

Web 服务器浏览器访问页面如图 11-28 所示。

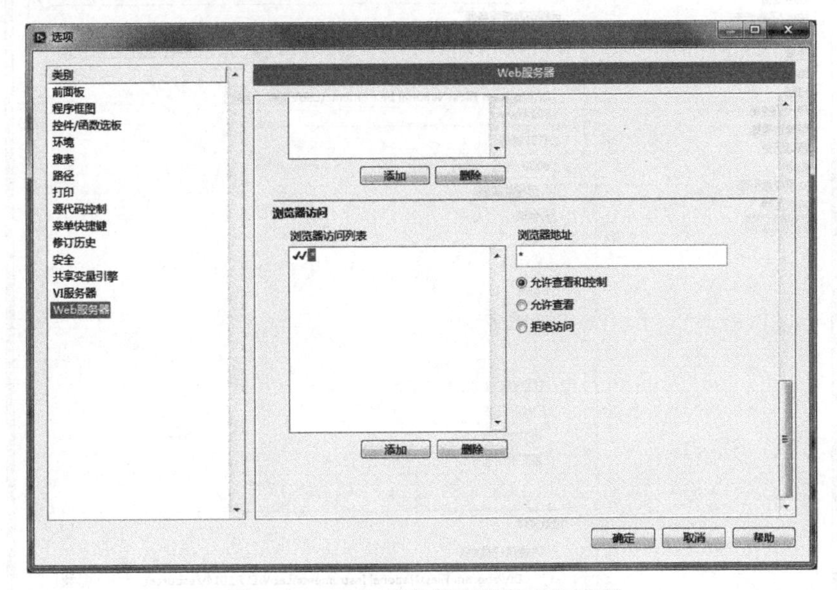

图 11-28　Web 服务器浏览器访问页面

浏览器访问列表：列出允许访问 Web 服务器的浏览器地址。如允许查看和控制前面板，项的左边将出现两个绿色的勾选标志；如只允许查看前面板，将出现一个绿色勾选标志；如拒绝访问，将出现一个红色的×标志。如项名称旁没有绿色的勾选标志或红色的×标志，则该项存在语法错误。

浏览器地址：指定添加至浏览器访问列表的浏览器地址。输入的浏览器地址中可使用通配符。

允许查看和控制：允许通过“浏览器访问列表”所选的浏览器地址访问 Web 服务器，以远程查看和控制 VI。该选项默认为选中。

允许查看：允许通过“浏览器访问列表”选定的浏览器地址访问 Web 服务器，以查看 VI 和文档。

拒绝访问：拒绝通过“浏览器访问列表”选定的浏览器地址访问 Web 服务器。

添加：向“浏览器访问列表”添加新的浏览器地址。新添加的地址出现在“浏览器访问列表”上选中的地址的下方。

删除：在“浏览器访问列表”中移除选中的浏览器地址。

11.4.2　在 LabVIEW 环境中操作远程面板

在 LabVIEW 菜单中选择“工具→选项”，在弹出的对话框中，选择最后一项“Web 服务器”。Web 服务器需要下面 3 个方面的配置：文件路径和网络设置、客户机访问权限设置、VI 访问权限设置，如图 11-29 所示。

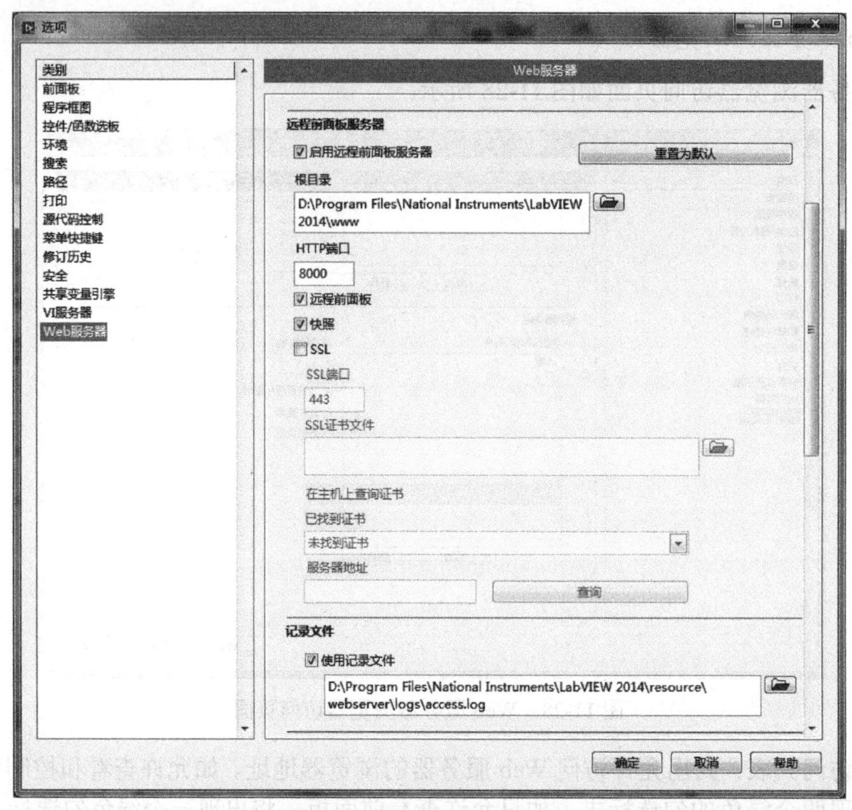

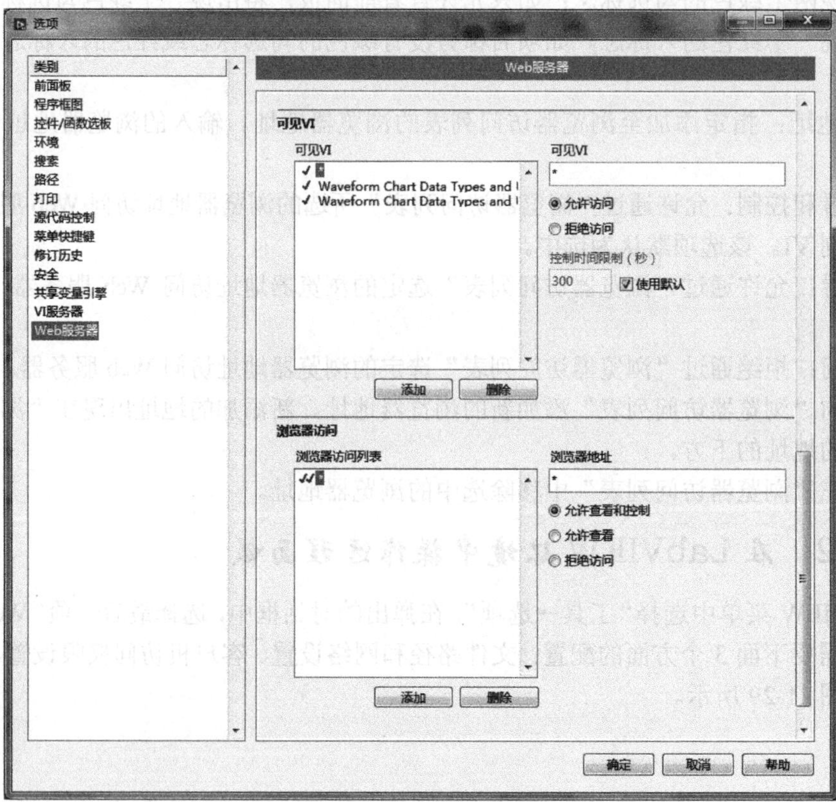

图 11-29 配置 Web 服务器

（1）在 Web 服务器端计算机中打开一个 VI 的前面板窗口（这个必须打开，否则客户端在连接这个 VI 时会出错），这里我们打开一个 LabVIEW 自带的应用程序（Simulation-Tank Level），如图 11-30 所示。

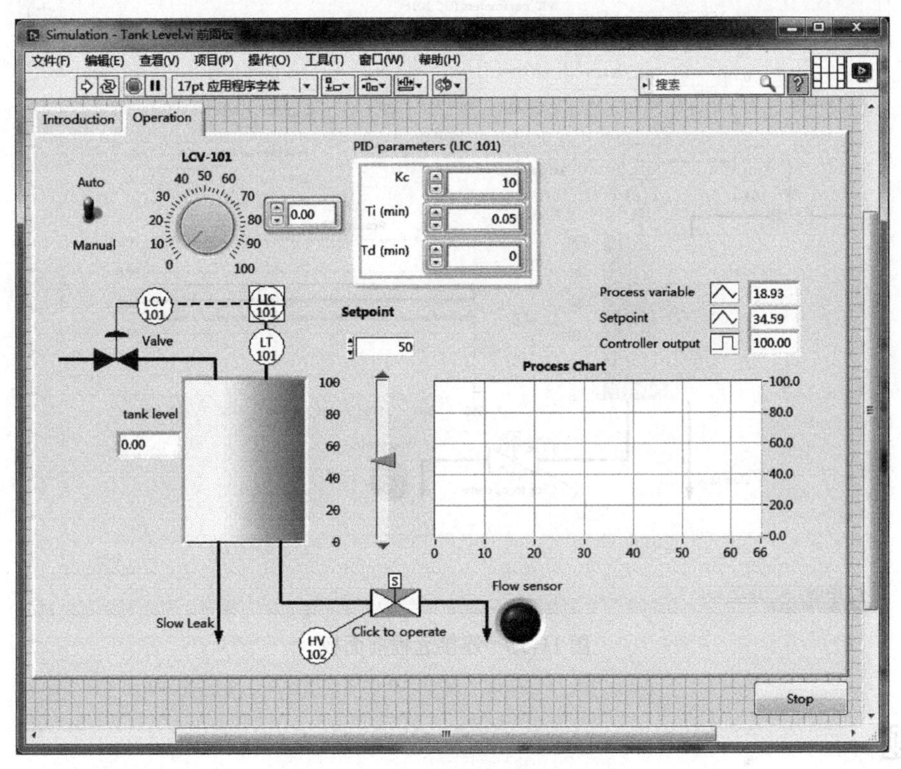

图 11-30　Simulation-Tank Level

（2）客户机访问权限设置。在 Client 端的 LabVIEW 菜单栏中选择“操作→连接远程面板”，打开如图 11-31 所示对话框，在对话框中输入 IP 地址、域名或计算机名、VI 的名称、端口号等。

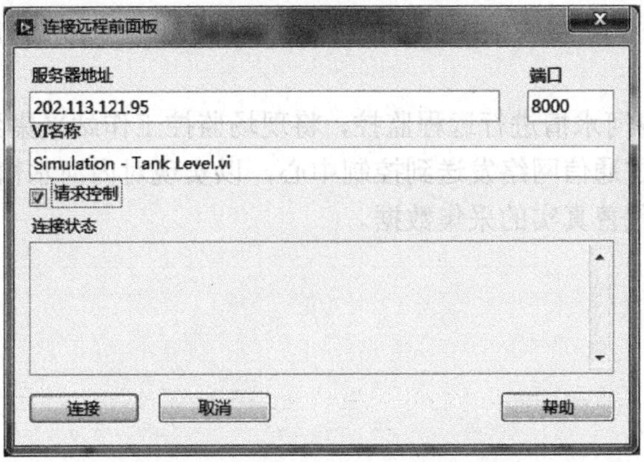

连接远程前面板
服务器地址　202.113.121.95
端口　8000
VI名称　Simulation - Tank Level.vi
请求控制
连接状态
连接　取消　帮助

图 11-31　连接远程前面板配置

（3）单击“连接”按钮，远程前面板就会出现在屏幕上了，如图 11-32 所示。

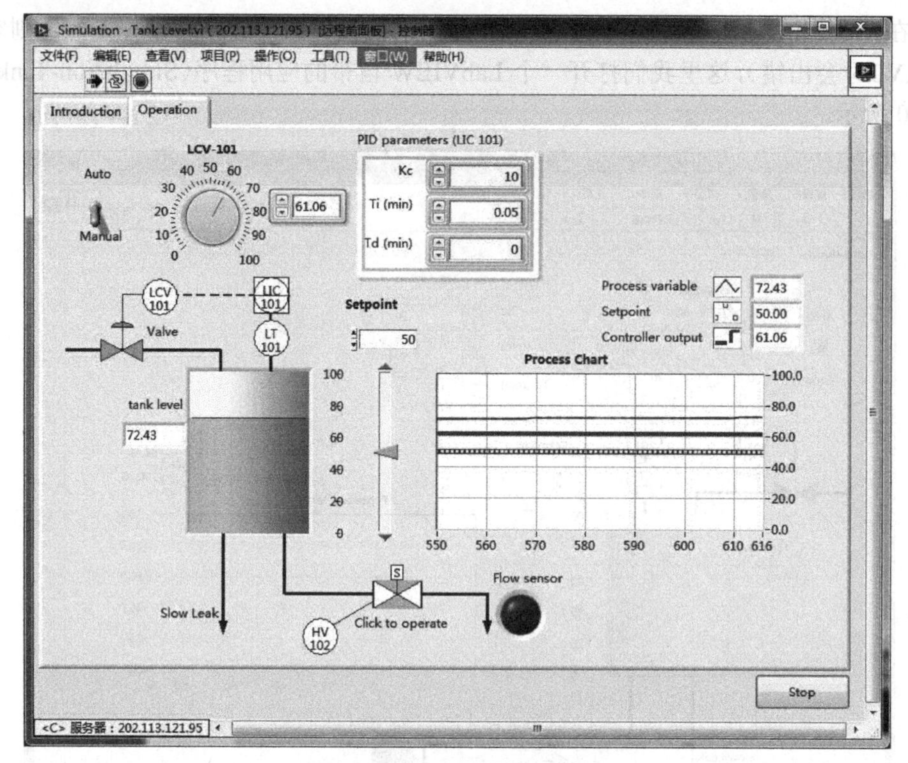

图 11-32 连接远程前面板

习题

1. 简述 LabVIEW 中与仪器通信的方式、特点及其各自的应用场合。

2. 利用 TCP 协议实现双机通信，要求服务器产生正弦波，利用 TCP 协议，通过网络将服务器产生的波形发送至客户机，服务器和客户端都要设计。

3. 设计数据发送端 VI、接收端 VI，并能将接收端信息以 Web 的方式提取显示，实现远程监测的目的。

4. 设计 VI，对一内河水情进行远程监控，将现场监控工作站采集到的内河水位、水流量、闸门开启高度等参数通过通信网络发送到控制中心，以实现对内河水情的实时监控。内河水情数据用随机数产生，以代替真实的采集数据。

第12章

LabVIEW 中进行同步数据传递

本章知识点：

- 通知器的概念及操作函数
- 队列操作方法
- 信号量操作方法

基本要求：

- 学习通知器函数及其使用方法，了解其应用特点
- 掌握队列函数及其使用，理解生产者/消费者模式
- 了解信号量及其函数的使用方法

能力培养目标：

通过本章的学习，掌握 LabVIEW 软件中常用的通知器、队列、信号量等功能的操作方法，实现同步数据传递的功能；在实际的程序设计及数据采集编程中，恰当地使用同步技术，以实现循环间的数据通信，提高 LabVIEW 中数据流编程的能力。

在 LabVIEW 中，变量常用于在并行过程之间传递数据。通知器和队列也是用于在并行过程中传递数据的方法，这两种方法因为能够使数据传输保持同步，所以优于变量。

对于进行通信的并行循环，变量必须使用某种形式并带有全局属性的共享数据。使用全局变量会破坏 LabVIEW 的数据流模式，并允许竞争状态的出现，而且和通过连线传递数据相比，会导致更多的系统开销。图 12-1 中所示的范例对主/从设计模型的实现不是很有效。这个范例使用了一个变量，并因此产生了两个问题，一个是主/从之间没有定时，另一个是该变量可能会导致竞争状态。主循环不能通过信号告知从循环哪些数据是可用的，所以从循环就必须不断地对数据进行轮询以确定数据是否发生改变。

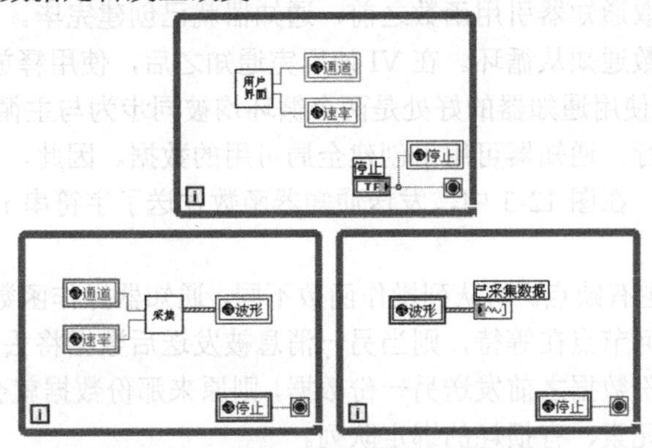

图 12-1　使用全局变量的主/从架构

同步控制技术可以实现在多个 VI 之间或者同一 VI 不同线程之间同步任务和交换数据；实现循环间的数据通信、主/从循环通信。在 LabVIEW 中提供了同步函数选板，包括通知器操作、队列操作、信号量、集合点、事件发生、首次调用函数，如图 12-2 所示。本章主要介绍通知器、队列及信号量的操作方法。

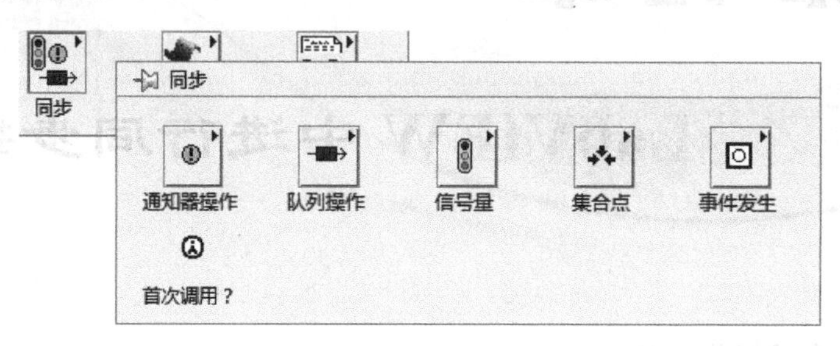

图 12-2　同步函数选板

12.1 通知器操作

通知器通常用于两个相互并行的程序框图之间或同一台计算机中两个不同 VI 之间的同步通信。通知器可以看作数据之间的邮箱，一部分程序框图向邮箱中发送数据，另一部分程序框图从这个邮箱中收取数据。在此特点中，通知器更像一个本地变量或全局变量。但是，程序框图从通知器中获得数据与从变量中获得数据相比，主要不同之处是：程序框图会不停地从变量中读出数据，而当程序框图从通知器读出数据之后，就会处于等待状态，直到通知器中有新的数据时为止。这就避免了无休止的循环检测，从而减少了计算机时间的浪费。需要注意的是，通知器无法用于与其他计算机上的 VI 通信。例如，通知器无法用于网络间的通信或 VI 服务器间的通信。

对主/从设计模型的一个更有效的实现是使用通知器使数据传输保持同步。通知器操作函数用于挂起一个程序框图的执行，直至从程序框图的另一部分或同一应用程序中运行的另一个 VI 收到数据后才继续执行。通知器在发出数据可用的通知时，将同时发送数据。使用通知器将数据从主循环传送到从循环消除了和竞争状态相关的问题。使用通知器还有同步的好处，因为数据可用时，主/从循环都已完成定时，并准备实现一个良好的主/从设计模型。图 12-3 显示了使用通知器的主/从设计模型。

在循环开始使用获取通知器引用函数之前，通知器就已创建完毕。主循环使用发送通知函数以便通过等待通知函数通知从循环。在 VI 使用完通知之后，使用释放通知器引用函数。

在主/从设计模式中使用通知器的好处是两个循环均被同步为与主循环一致，从循环只在主循环发送通知的时候执行。通知器可用于创建全局可用的数据。因此，可以在发送数据的同时附带一个通知器。例如，在图 12-3 中，发送通知器函数发送了字符串 instruction，使用通知器创建有效的代码。

但是，使用通知器也有缺点。与队列操作函数不同，通知器操作函数不缓冲已发送的消息。如消息被发送后没有任何节点在等待，则当另一消息被发送后数据将丢失。也就是说，如果主循环在从循环读取第一份数据之前发送另一份数据，则原来那份数据就会被覆盖并丢失。因此，通知器的执行类似于单元素、有损耗的绑定队列。

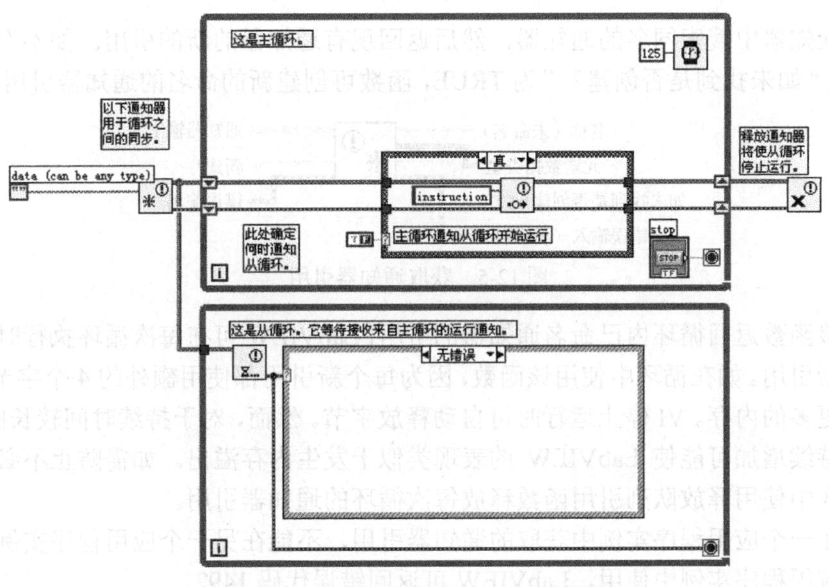

图 12-3　使用通知器的主/从设计模型

12.1.1　通知器概念

一段程序框图在收到来自于其他程序框图或 VI 的通知消息前保持等待状态，而通知消息可以是任何类型的数据，因此可以实现两个相互独立的程序框图之间或同一台计算机中两个不同 VI 之间的同步通信。

通知器不同于局部变量和全局变量，不需轮询。通知器任何时候只能存放一个消息，新消息发出时，旧消息会被丢弃。消息接收者的数目没有限制，新消息发出之前，该消息一直存在于通知器中，在任何时候都可以被任何接收者接收，接收者接收到该消息后并不删除通知器中的消息。

12.1.2　通知器函数

通知器函数如图 12-4 所示，主要包括获取通知器引用、发送通知、取消通知、获取通知器状态、释放通知器引用、等待通知、等待多个通知及高级通知器函数。

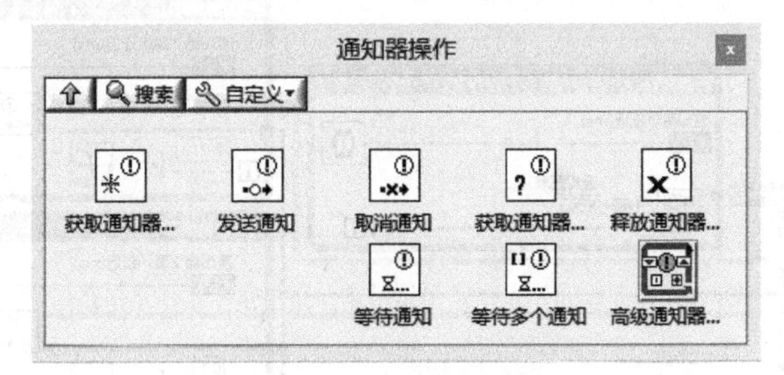

图 12-4　通知器函数

通知流程包括获取通知器引用、发送通知、等待通知。

（1）调用“获取通知器引用”（Obtain Notifier）函数来开始创建通知参数值，使用该函数时必须输入元素的数据类型；获取通知器引用通过已命名的通知器在程序框图的两部分之间或两个 VI 之间传递数据。如未连接“名称”，函数将新建未命名的通知器引用；如连接名称，函数可在现有通知器中搜索同名的通知器，然后返回现有通知器的新的引用。如不存在同名的现有通知器，且“如未找到是否创建？”为 TRUE，函数可创建新的命名的通知器引用，见图 12-5。

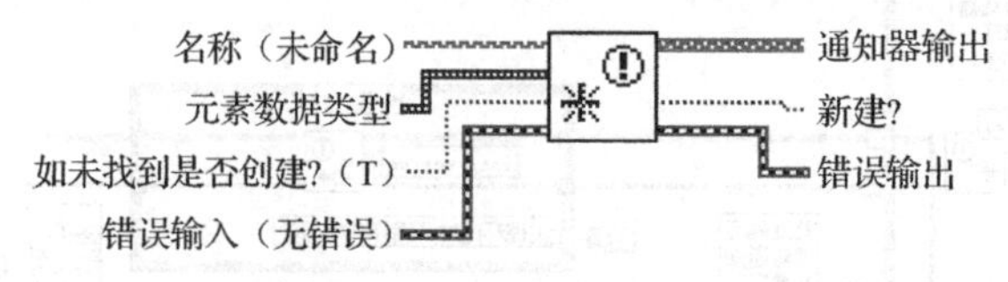

图 12-5　获取通知器引用

如使用该函数返回循环内已命名通知器的引用，LabVIEW 可在每次循环执行时创建该已命名通知器的新引用。如在循环中使用该函数，因为每个新引用都使用额外的 4 个字节，LabVIEW 可逐渐占用更多的内存。VI 停止运行时可自动释放字节。然而，对于持续时间较长的应用程序，内存占用的持续增加可能使 LabVIEW 的表现类似于发生内存溢出。如需防止不必要的内存占用，可在循环中使用释放队列引用函数释放每次循环的通知器引用。

注意：在一个应用程序实例中获取的通知器引用，不能在另一个应用程序实例中使用。如尝试在其他应用程序实例中使用，LabVIEW 可返回错误代码 1492。

（2）通过“发送通知”（Send Notifier）发送信息，向所有在通知器上等待的函数发送消息。所有“等待通知函数”和“等待多个通知函数”将收到通知器的信息，并停止等待，开始继续执行，见图 12-6。

（3）接收方通过“等待通知”（Wait on Notifier）得到发送的信息，等待直至函数收到消息。通知器收到消息后，该函数可继续执行。使用“发送通知”函数向服务器发送消息。如通知器引用无效（例如，另一个函数关闭该通知器引用时），函数可停止等待并返回错误代码 1122。如通知器不包含消息，该函数可等待直至通知器收到消息，见图 12-7。

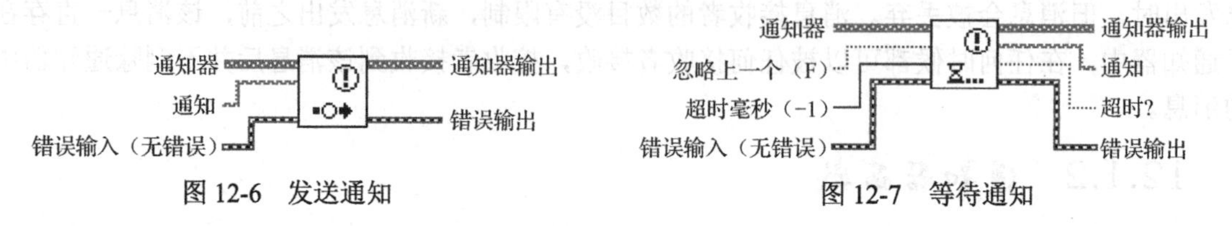

图 12-6　发送通知　　　　图 12-7　等待通知

打开系统自带示例程序 examples\Synchronization\Notifier\Simple Notifier.vi，如图 12-8 所示。

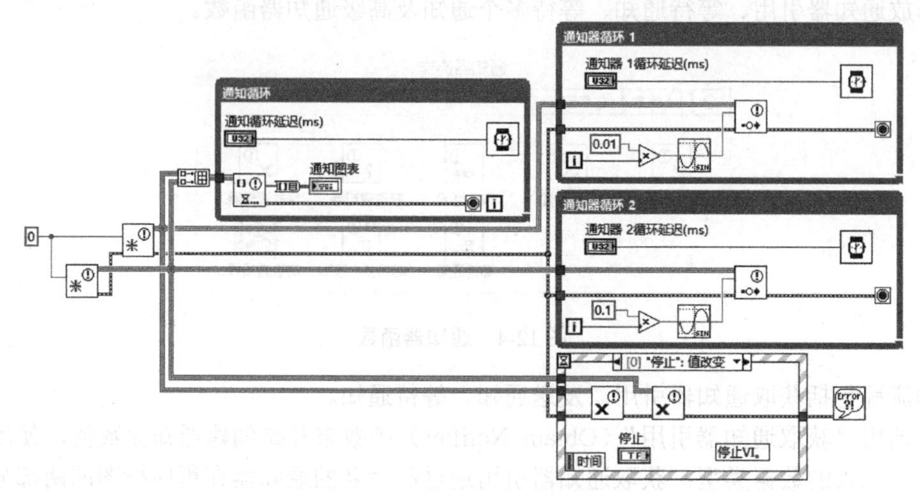

图 12-8　等待多个通知

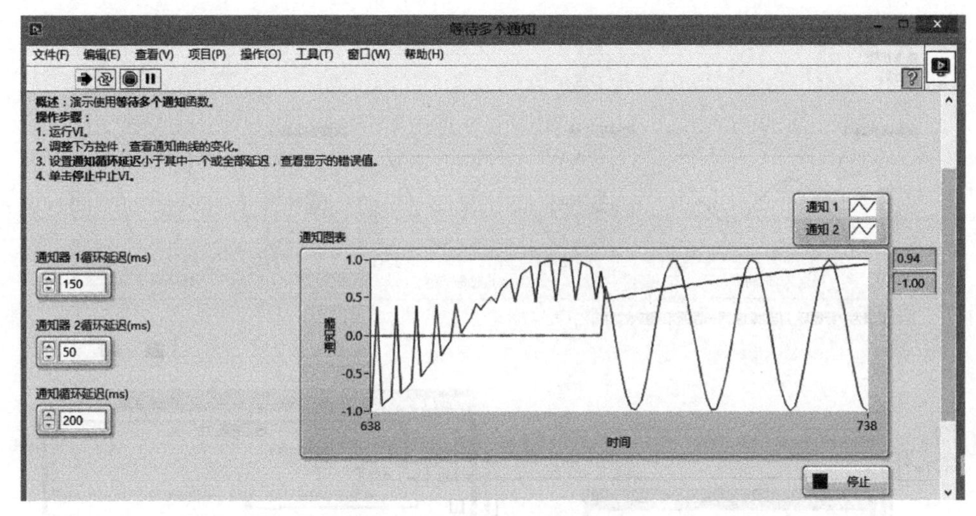

图 12-8　等待多个通知（续）

在通知器循环 1 及 2 中有等待通知函数，通知循环部分 VI 进入通知器中的数据在通知器循环 1、2 中出现。由于两个循环的延迟时间不一样，又通知器没有缓存区，如通知模块进入通知器的数据多，两个子循环 1、2 不能处理上一个数据的话，这次的数据就会丢失。

通知器相当于一个数据传输器，产生数据后进入通知器中，可在其他代码中输出，起到一个变量（全局变量）的作用。与变量的区别在于，当数据没有进入通知器时，引用到该数据的代码不执行，这样就省去了大量的 CPU 资源，只有数据进入了通知器，引用到该数据的代码才开始执行，并且可以起到同步的作用。

创建带有获取通知器引用函数的通知器，使用创建数组将其传输至通知循环内的等待多个通知函数。每个通知器循环生成不同的正弦波并使用发送通知函数发送消息至通知循环。每个循环内部的等待（ms）函数最初被设置为特定的延迟值，因此“通知循环”总具有足够的时间接收两个通知。按下面板上的“停止”按钮时，释放通知器引用函数运行，它使全部通知器引用无效，进而全部循环生成错误并停止执行。设置通知循环延迟小于其中一个或全部延迟，查看显示的错误值。

注：LabVIEW 应用程序越大，用于停止并行循环的机制越复杂。

12.1.3　通知器操作典型实例

使用 LabVIEW 中的通知器（Notifier）节点来进行线程间的数据传输。通知器节点相当于在内存中开辟的一个缓冲区，在数据采集线程中将数据发送到通知器，在其他两个线程中将数据读出进行各自的处理。

使用通知器操作函数的范例见 examples\Synchronization\Notifier\Using a Notifier As a Demultiplexer.vi，如图 12-9 所示。

在图 12-9 所示程序中，数据源循环生成正弦数据，并发送至带有发送通知函数的数据接收器循环。每个数据接收器循环使用等待通知函数接收数据，然后在图表中显示数据（乘以不同的换算系数）。上述“一对多”模式通常称为“多路选择器”。用户单击“停止”时，数据源循环结束执行并调用释放通知器引用函数。这将使通知器引用无效，并导致“数据接收器”循环输出错误并结束执行。

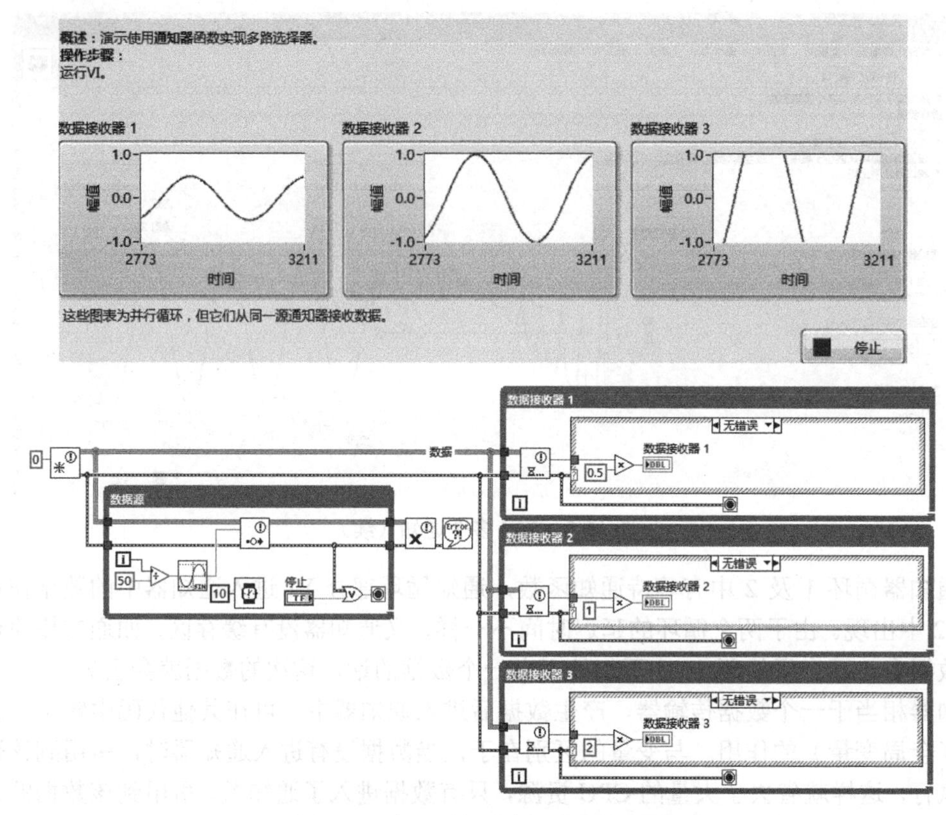

图 12-9 应用通知器实现多路选择器

通知器不能确保每个“等待通知”函数接收到发送的每个值。“数据源”循环中的等待函数为每个“数据接收器”循环提供了接收每个值的机会。如移除延迟，“数据源”循环可能会过快发送新数据至通知器，“数据接收器”可能会丢失值。即通知器为“有损耗”通信机制。如要进行“无损耗”通信，请考虑使用队列。

小结：通知和事件发生有些类似，不需要使用轮询技术，减少了系统开销；通知相比事件发生机制有一定的优势：事件发生不能传递数据，只能触发事件，而通知不仅可以传递数据，还可以通过“取消通知”函数删除信息；通知也有一些不足：没有数据队列，有时会丢失一些事件，因为新的事件会覆盖旧的没有响应的事件。

12.2 队列操作

队列（Queue）是一种先进先出（First In First Out，FIFO）的结构，利用 Queue 技术，可以将一个有序的消息（或数据）从一个应用程序中传递到另一个与之相独立的并行运行的应用程序中。用户可以在下列场合使用队列：一个应用程序等待，直到另一个应用程序为其准备好一些可用的数据为止；或者是需要一个应用程序等待，直到另一个应用程序处理完毕第一个应用程序所提供的数据为止。队列可以将数据全部保存到缓存中，然后出队列时按照 FIFO 依次取出，但如果没有应用程序将这些数据读出，那么这些数据将一直保存在队列缓存中，直到有一个应用程序将其读出并删除为止。如果有两个应用程序都在等待同一个队列中的同一条数据，那么只有动作快的应用程序会收到数据，而动作慢的那个应用程序则不会收到预期的数据，因为这条数据已经被动作快的应用程序读出并删除了。

队列的数据是一对一的，肯定不会丢失，通知是一对多的，有可能会丢失数据。形象来讲，通知器每次都只能得到最近一次的数据信息。通知就像贴在门口的通知一样，大家（代表各线程）都可以看到，但有些人可能不看，有些人没事干则可能会去多看几次，如果不及时去看通知的话则可能会被新通知覆盖，但在新通知到来之前看到的都是旧通知。队列更像是电报，只告诉一个人，别人收不到，这个人如果不收电报则会越积越多，原来的电报也不会丢失。

队列类似于状态机和队列消息处理器，确定事件执行的先后顺序。需要将所有的数据按队列的方式处理时，请使用队列。如果只需要处理当前数据，请使用通知器。队列操作函数用于创建在同一程序框图的不同部分或者不同 VI 之间的数据传递。除了可以存储多份数据（可以缓存数据）之外，队列类似于通知器。

12.2.1 队列函数

队列函数选板如图 12-10 所示。

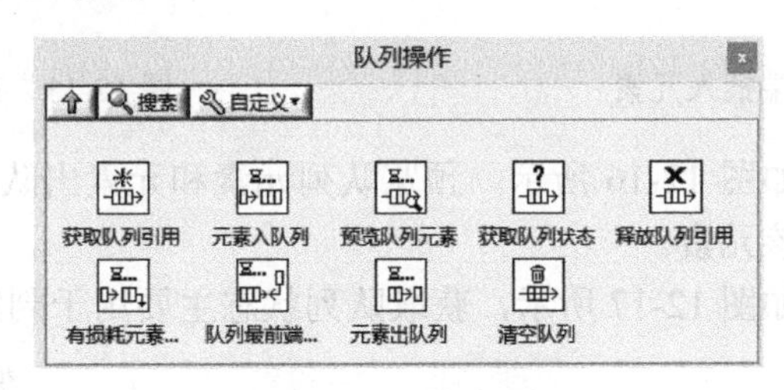

图 12-10 队列选板

对于队列同步技术的操作函数，一般的编程步骤如下。

（1）获取队列引用。如图 12-11 所示，其功能可返回队列的引用。在调用其他队列操作函数时使用该引用，在连接时选择队列数据类型。

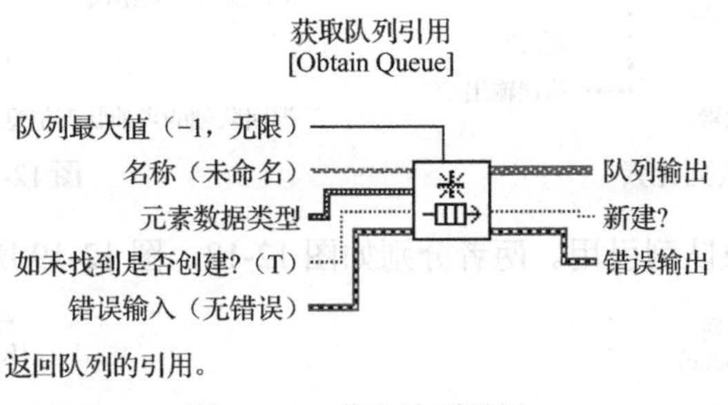

图 12-11 获取队列引用

（2）元素入队列和元素出队列。如图 12-12、图 12-13 所示，函数的作用是将元素入队列和出队列。超时毫秒（-1）端子：如果未连接，默认输入值为-1，表示永不超时，如果队列满，则一直等待直到队列有空位为止；如果连接端子，则新元素等待设定时间后仍无法入队列，将结束本次等待。

（3）队列最前端插入元素和有损耗元素入队列。如图 12-14、图 12-15 所示，函数的作用是将元素插入队列，不过插入队列的方式有所区别。元素入队列、队列最前端插入元素、有损耗元素入队列三者的区别是："元素入队列" 函数采用先入后出次序，而 "队列最前端插入元素" 函数则采用后入先出（FIFO）的原则，类似于堆栈，因此可以使用队列实现堆栈效果，相比数组实现有优势；"元素入队列" 函数如果队列满，则线程等待，直到有空位为止；"有损耗元素入队列”在这种情况下则会自动删除队列前端元素，并在末端插入元素，可以用于实现缓冲区效果。

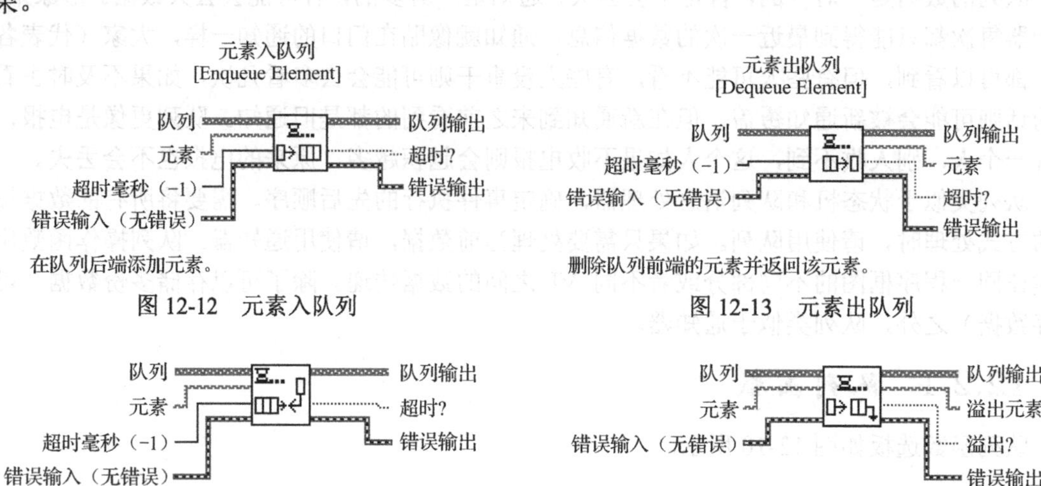

图 12-12　元素入队列

图 12-13　元素出队列

图 12-14　队列最前端插入元素

图 12-15　有损耗元素入队列

（4）预览队列元素。如图 12-16 所示，预览队列元素和元素出队列的区别是：当返回队列前段的元素时，是否删除该元素。

（5）获取队列状态。如图 12-17 所示，获取队列状态主要用于判定队列引用是否有效。

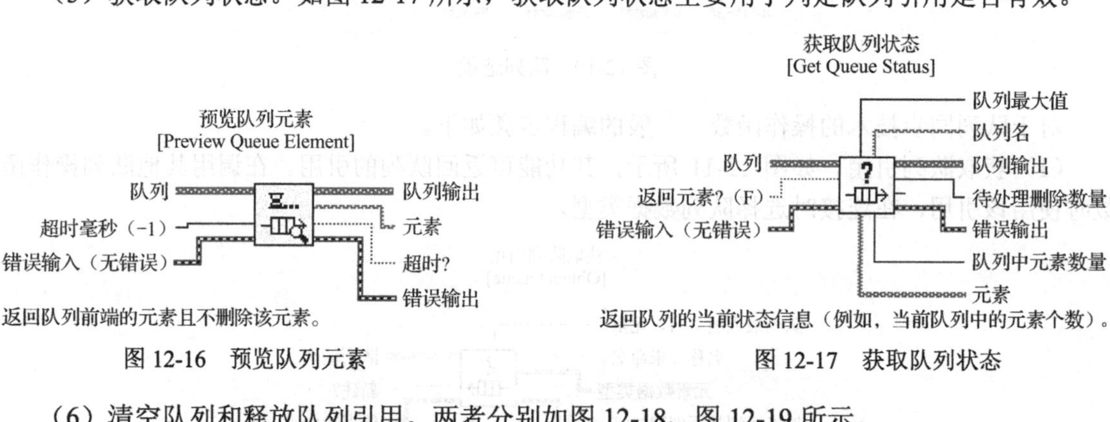

图 12-16　预览队列元素

图 12-17　获取队列状态

（6）清空队列和释放队列引用。两者分别如图 12-18、图 12-19 所示。

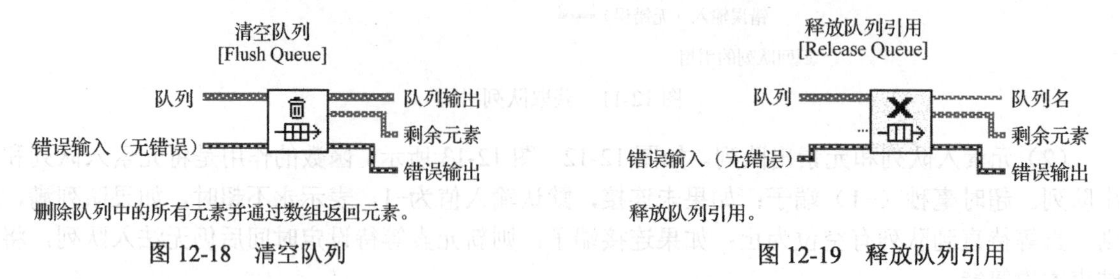

图 12-18　清空队列

图 12-19　释放队列引用

“清空队列”函数：清除队列所有元素，并以数组形式返回元素，用于一次全部读取队列元素。

12.2.2　队列操作应用及实例

如需将数据存储在队列中，单独获取每个元素或将所有元素作为一个数组整体获取，可在各队列操作函数中使用队列引用句柄。右击某个“队列操作”函数的队列输入接线端，从快捷菜单中选择创建→输入控件，可创建该引用句柄控件。队列引用句柄控件被创建时，并不会同时生成一个队列引用。必须使用获取队列引用函数创建一个队列引用。右击前面板上的队列引用句柄控件，从快捷菜单中选择显示图标，可将引用句柄显示为图标。右击前面板上的引用句柄控件，从快捷菜单中选择显示输入控件，可将引用句柄显示为输入控件。该输入控件仅用于显示。可将任意控件拖放到队列引用句柄上，用于指定通知器的数据类型。

队列消息处理器

打开 LabVIEW 自带实例\examples\Synchronization\Queue\Using a Queue As a Multiplexer.vi，见图 12-20。队列的数据源可以是多个，并且可以在一个循环中同时显示。

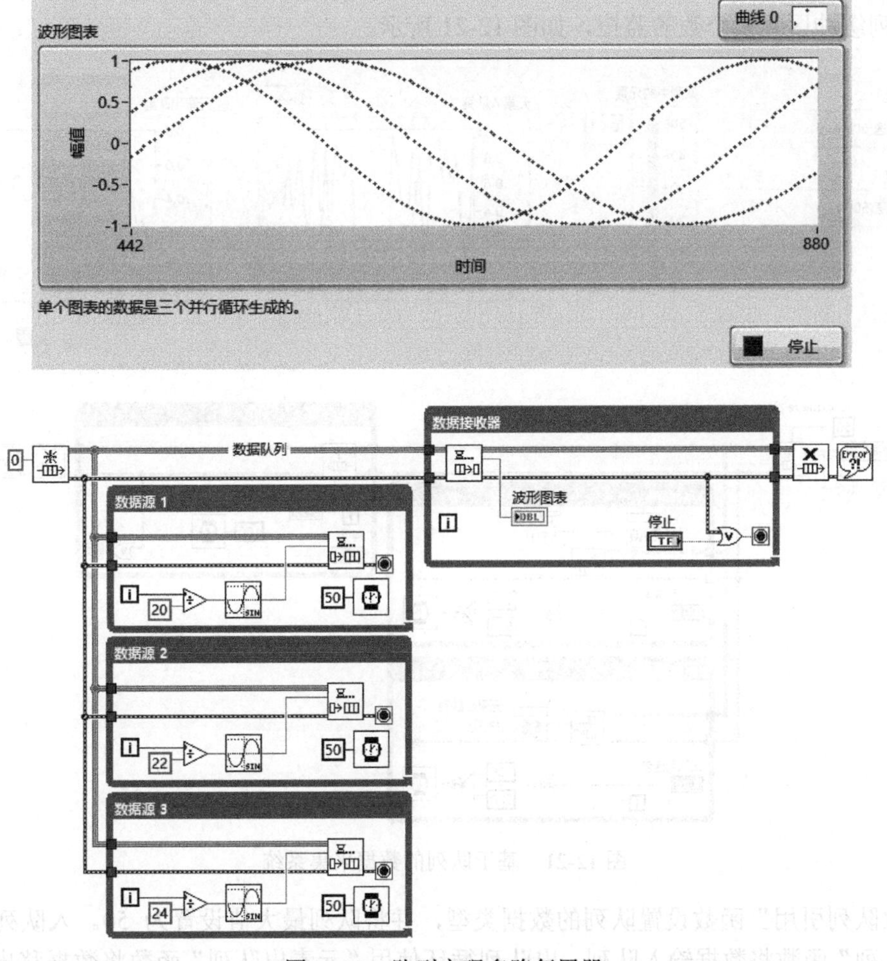

图 12-20　队列实现多路复用器

图 12-20 所示程序中，数据源循环生成正弦数据（彼此间存在少量偏移量），通过“元素入队列”函数发送数据至数据接收器循环。数据接收器循环使用“元素出队列”函数接收全部数据源循环的数据，然后在图表中显示数据。上述“多对一”模式通常称为“多路复用器”。用户单击“停止”时，数据接收器循环结束执行并调用“释放队列引用”函数。这将使队列引用无效，并导致“数据源”循环输出错误并结束执行。

队列确保“数据接收器”循环将接收到每个并行数据源循环的值。“数据源”循环中的等待函数为每个“数据接收器”循环提供了接收每个值的机会。如移除延迟，队列可能会被填满并导致应用程序内存溢出。由于每个队列的值最终被“元素出队列”函数处理，队列被认为是“存在损耗”的通信机制。注意，连线队列最大值至“获取队列引用”函数可设置队列大小限制。

如果入队速度和出队速度（这里速度通过延时控制）相同，则队列中的元素数量为零或一个常数，两个波形基本一致。如果入队速度大于出队速度，则队列的元素在增长，增长到设定的值，这个时候可以看到两个波形出现差别。最后，如果入队慢出队快，则把队列中已有的数据先出队，然后数据持平，一进一出。其实可以把队列看成蓄水池（可以自己设定最大值），有进有出，要控制入队和出队的速度。

在入队列循环中，DAQ 子程序用任意数发生器模拟采集数据，并将数据入队列；在出队列循环中，数据通过队列传输到数据处理模块，并进行显示；在队列状态循环中通过获取队列状态实现队列缓冲区元素个数的监控，如图 12-21 所示。

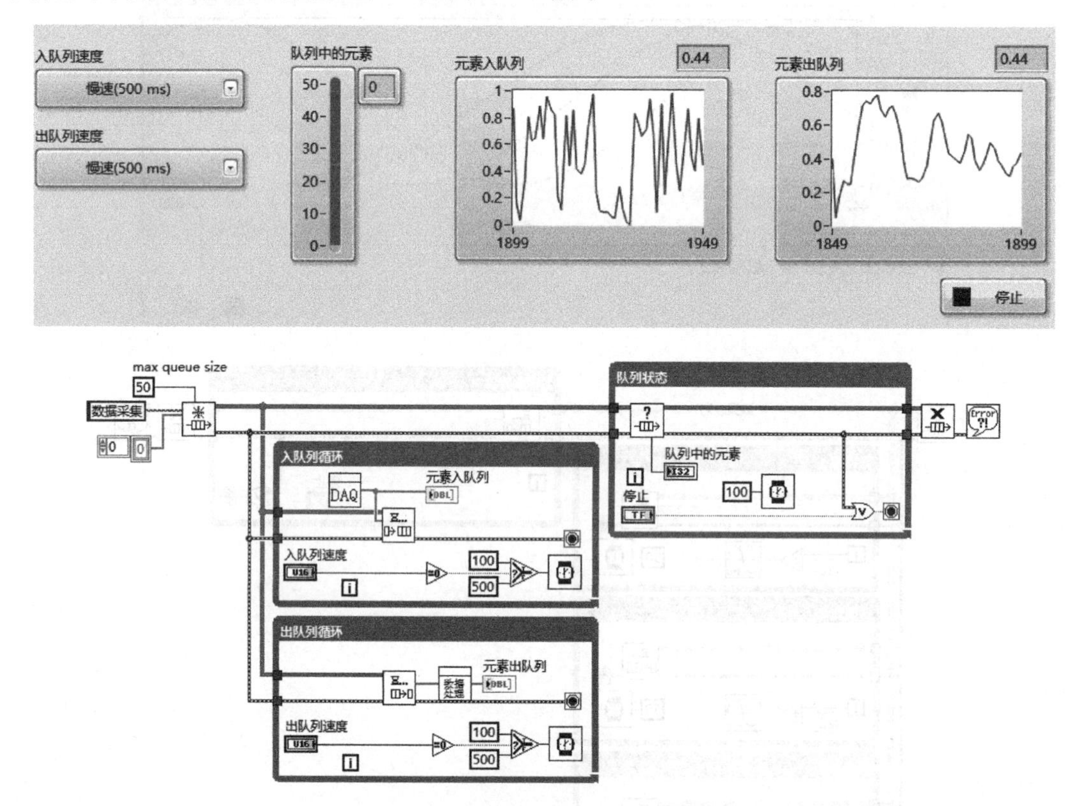

图 12-21　基于队列的数据采集系统

“获取队列引用”函数设置队列的数据类型，并将队列最大值设置为 50。入队列循环使用“元素入队列”函数将数据输入队列。出队列循环使用“元素出队列”函数将数据移出队列。如入队列循环运行速度高于出队列循环，队列将被填满。由于队列固定大小为 50，因此入队列循环必须等待队列空间，才能继续输入队列元素。同理，如出队列循环运行速度高于入队列循环，出队列循环必须等待直至队列中包含元素。队列状态循环通过“获取队列状态”函数显示队列中的当前元素。用户单击“停止”时，队列状态循环停止执行，并调用“释放通知器引用”函数。这将使通知器引用无效，并导致入队列循环和出队列输出错误并结束执行。

对于入队列循环，停止只意味着本循环停止，并不意味着整个程序停止运行了，因为还有两个循环在运行；对于出队列循环，当元素空时会发生超时错误，进而停止本循环；在出队列循环停止后会销毁队列引用，从而导致获取队列状态循环出错，进而停止循环。

12.2.3 生产者/消费者模式

从文件→新建（N）对话框的模板中，在设计模式的子菜单中可选择生产者/消费者模式（数据）。图 12-22 所示程序基于该模式建立。使用生产者/消费者设计模式时，队列传送数据，并使循环保持同步。

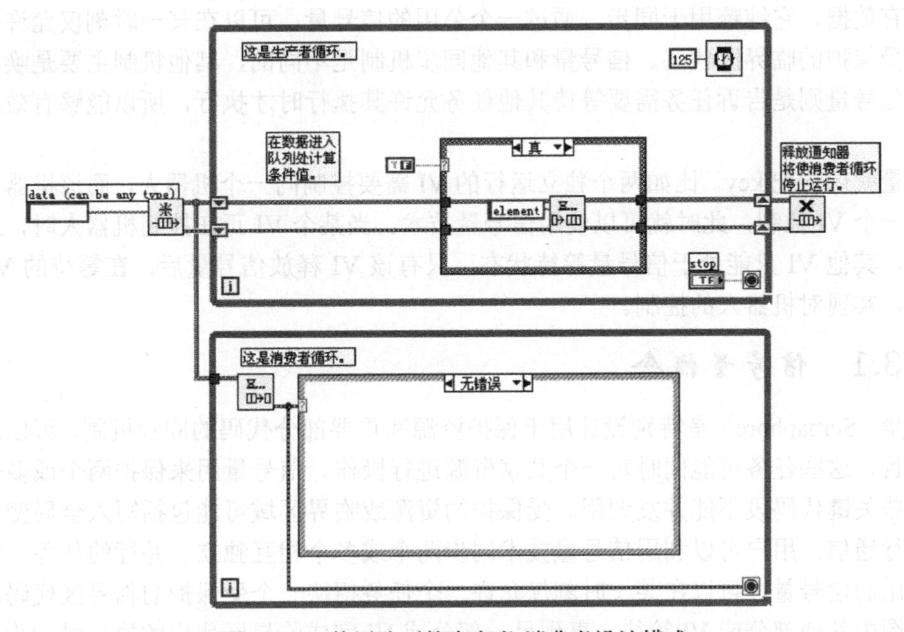

图 12-22 使用队列的生产者/消费者设计模式

这个编程模式用到了队列的函数。首先，从字面上理解，这个模式有生产者和消费者，生产者的职能是生产产品（数据），消费者是使用产品（数据），如果生产者没有生产，则消费者就使用不了产品。

程序分为两个 While 循环，一个循环产生数据并入队，另一个循环读取入队的数据。如果生产者循环没有运行，不会有数据入队列，也不会产生数据。一般在生产者循环中加入时间结构去响应前面板。在循环开始使用“获取队列引用”函数之前，队列就已经创建完毕。生产者循环使用“元素入队列”函数向队列中添加数据。消费者循环使用“元素出队列”函数从队列中移除数据。消费者循环一直到队列中的数据可用时才执行。在 VI 使用完队列后，使用“释放队列引用”函数。队列释放时，“元素出队列”函数会产生一个错误，有效地停止消费者循环。因此，不需要使用一个变量在循环之间共享停止的布尔值。

在生产者/消费者设计模式中使用队列的好处如下。

- 两个循环均被同步为与生产者循环一致。消费者循环只在队列中的数据可用时执行。
- 队列可用于创建全局可用的位于队列中的数据，而且在添加新的数据到队列时，可以消除队列中丢失数据的可能性。
- 使用队列创建有效的代码。轮询不可用于确定何时来自于生产循环的数据是可用的。

队列也可用于在状态机中保存状态请求。在已经学习过的状态机实现中，如果两个状态请求同时发出，可能就会丢失其中一个。队列可以保存第二个状态请求，并在第一个完成后执行它。

12.3 信号量操作

信号量可以锁定和解锁共享资源，即用于限制同时访问一个被保护的共享资源的任务数目。信号量没有数据，它纯粹用于同步。通过一个公用的信号量，可以在某一时刻仅允许一个任务执行一个受保护的临界区代码。信号量和其他同步机制是不同的，其他机制主要是唤醒一个等待任务，信号量则是告诉任务需要等待其他任务允许其执行时才执行，所以能够有效地保护公有资源。

信号量就像一把 key。比如两个独立运行的 VI 需要控制同一个机器人，而该机器人任何时候只能被一个 VI 控制，此时就可以使用信号量技术。当某个 VI 正在控制机器人时，通过锁定该信号量，其他 VI 只能处于信号量等待状态，只有该 VI 释放信号量后，在等待的 VI 才能获得信号量，实现对机器人的控制。

12.3.1 信号量概念

信号量（Semaphore）是特别设计用于保护资源和重要部分代码的同步机制，可以用于限制任务的数目，这些任务可能同时对一个共享资源进行操作。信号量用来保护两个或多个关键代码段，这些关键代码段不能并发调用。受保护的资源或临界区域可能包括写入全局变量或与外部设备进行通信。用户可以利用信号量技术同步两个或多个相互独立、并行的任务。这样，通过一个公用的信号量，可以在某一时刻仅允许一个任务招待一个受保护的临界区代码。如果需要程序框图中其他部分或 VI 等待，直到另一部分或 VI 完成临界区代码的执行时为止。在进入一个关键代码段之前，线程必须获取一个信号量。如果关键代码段中没有任何线程，那么线程会立即进入该框图中的那个部分。一旦该关键代码段完成了，该线程必须释放信号量。其他想进入该关键代码段的线程必须等待直到第一个线程释放信号量。

为了完成这个过程，需要创建一个信号量，然后将获取信号量 VI 及释放信号量 VI 分别放置在每个关键代码段的首末端。确认这些信号量 VI 引用的是初始创建的信号量。这样，就可以防止不同部分的代码相互干扰。

默认情况下，一个信号量一次只允许一个任务进行信号采集。因此，一个任务执行重要代码部分后，其他任务就不能执行各自的重要部分，一直到第一个任务完成为止。正确执行时，就能消除竞争状态的可能性。

12.3.2 信号量函数

信号量函数选板如图 12-23 所示。

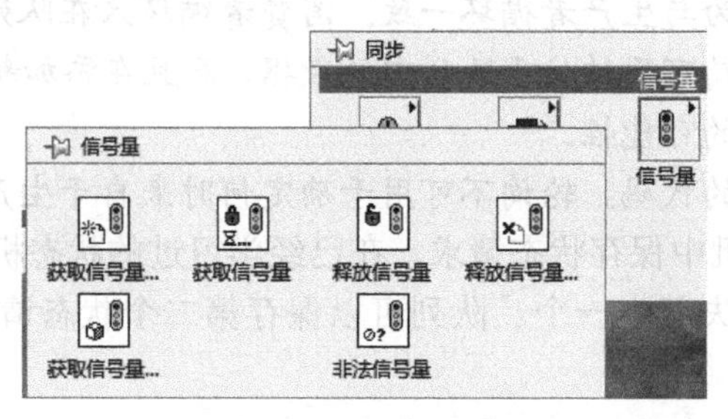

图 12-23 信号量函数选板

（1）获取信号量引用 VI，获取对已有信号量的引用，或创建新的信号量并返回对该信号量的引用。该 VI 和其他信号量 VI 用于在 LabVIEW 中实现信号量的使用。集合点无法用于 LabVIEW 应用程序实例之间的通信。在一个应用程序实例中获取的信号量引用，不能在另一个应用程序实例中使用。

（2）释放信号量引用 VI，释放信号量的引用。所有当前正在等待信号引用的获取信号量 VI 随即超时并返回错误。对于等待该信号量其他引用的“获取信号量”VI 并无影响。如“强制销毁？”的值为 TRUE，则所有的“获取信号量”VI（包括等待该信号量其他引用的“获取信号量”VI）可立即超时并返回错误。

（3）获取信号量 VI，获取访问信号量的权限。如最大数量的任务已获取信号量，则 VI 在超时前等待毫秒超时接线端指定的时间。如等待期间有信号量，则超时为 FALSE。如没有信号量或信号量无效，则超时为 TRUE。例如，即使采集信号量的任务已执行一次采集，毫秒超时计数值也将递增。

（4）释放信号量 VI，释放访问信号量的权限。如“获取信号量”VI 正在等待该 VI 释放的信号量，则“获取信号量”可停止等待并继续执行。

（5）获取信号量状态 VI，返回信号量的当前状态信息。

（6）非法信号量 VI，如信号量不是合法的信号量引用句柄，则返回 TRUE。

12.3.3　信号量操作典型实例

关于使用“获取信号量引用”VI 的范例见图 12-24 所示程序。其来自于 labview\examples\Synchronization\Semaphore 中的 Simple Semaphore VI。

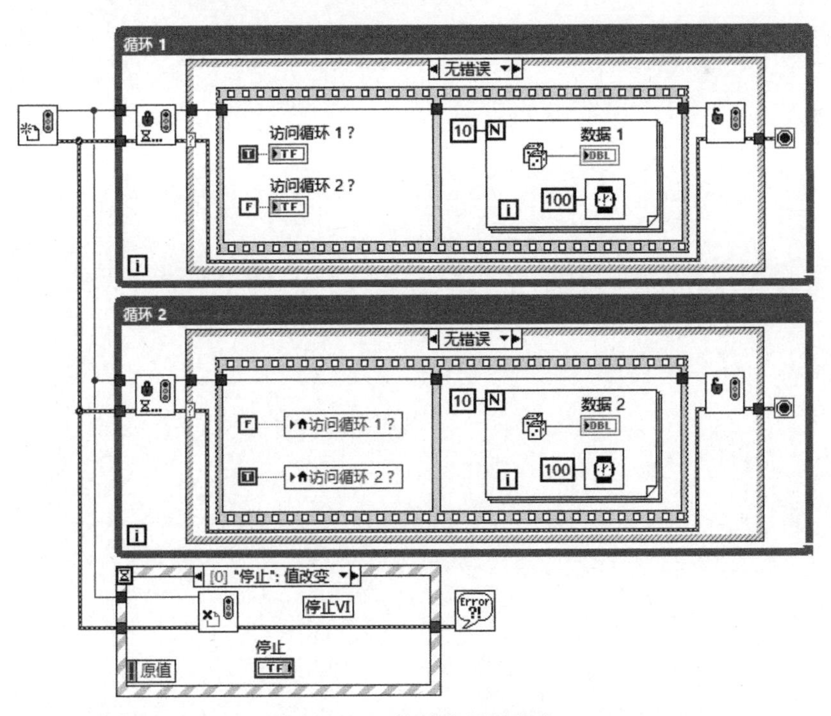

图 12-24　简单信号量程序

“获取信号量引用”VI 生成的引用被传输至循环 1、循环 2 和监控“停止”按钮的事件结构。通过“获取信号量引用”VI，循环轮流访问信号量。循环生成 1s 数据后，它使用“释放信号量引用”VI，允许另一循环获取数据。按下面板上的“停止”按钮时，“释放信号量引用”VI运行，它使全部信号量引用无效，进而全部循环生成错误并停止执行。

运用信号量时应注意以下两点。

（1）可以在应用程序的多个位置获得一个命名信号量的引用，仅需将信号量名称连线至“获取信号量引用”函数的“名称”输入即可。

（2）当准备销毁信号量时，可以调用“释放信号量引用”函数，且保证对一个信号量只能调用一次，即不可多次对同一个信号量进行“释放信号量引用”。如果对一个命名的信号量引用已经释放，那么对所有的使用者来说信号量已经销毁。

习题

1. 分析通知器、队列、信号量、集合点的异同。

2. 对于两个并行的 While 循环，如何采用队列或通知器的方法实现用一个按钮控制两个循环的停止？

第 13 章 LabVIEW 程序发布

本章知识点：

- LabVIEW 程序发布的方法

基本要求：

- 掌握独立应用程序的创建方法
- 掌握安装程序的创建方法
- 掌握打包库的创建发布方法
- 理解压缩文件的创建方法

能力培养目标：

通过本章的学习，掌握 LabVIEW 软件进行程序发布的方法，主要包括独立应用程序的创建、Windows 安装程序的创建方法、打包库发布的创建方法、压缩文件的创建方法，培养并提高学生的 LabVIEW 软件编程能力。

在程序完成之后，程序员往往希望能够以某种合适的方式发布这些 VI。将所开发的程序按照一定的逻辑关系组合成安装包或可执行文件。运行所发布的文件无须 LabVIEW 开发系统，但是必须装有 LabVIEW 运行引擎才能运行独立应用程序和共享库。LabVIEW 项目可转换为独立可执行程序和安装程序应用于其他计算机。完成这样的转换及发布工作需要用到应用程序生成器，只有专业开发版才包含应用程序生成器。本章将着重讨论如何以各种方式发布程序。

13.1 概述

LabVIEW 中可以创建和配置以下各种类型的程序生成规范。

（1）应用程序。为其他用户提供 VI 的可执行版本；用户无须安装 LabVIEW 开发系统也可运行 VI。运行独立应用程序只需要下载安装免费的 LabVIEW 运行引擎。开发者只需提供给用户一个 LabVIEW 应用程序，Windows 应用程序以.exe 为扩展名，Mac OS X 应用程序以.app 为扩展名，而且用户无法查看或编辑 LabVIEW 代码。

（2）安装程序。在 Windows 系统中，如果希望将独立应用程序、共享库或源代码发布给其他用户，则应创建安装程序。Windows 安装程序用于发布通过应用程序生成器创建的独立应用程序、共享库和源代码发布等，并且能够添加许可证、自述文件、版本和公司信息、快捷键、注册表项和 NI 安装程序等，这也是最常见的一种发布方式，包含 LabVIEW 运行引擎的安装程序允许用户在未安装 LabVIEW 的情况下运行应用程序或使用共享库。

（3）.NET 互操作程序集。（Windows）.NET 互操作程序集将一组 VI 打包，可将所开发的 VI 用于 Microsoft .NET Framework。如要通过应用程序生成器创建.NET 互操作程序集，同时必须安装 Microsoft .NET Framework 4.0 或更高的版本。

（4）打包库。使用打包库将多个 LabVIEW 文件打包至一个文件。部署打包库中的 VI 时，只需部署打包库一个文件即可。打包库的顶层文件是一个项目库。打包库包含为特定操作系统编译的一个或多个 VI 层次结构。打包库的扩展名为.lvlibp。

（5）共享库。共享库用于通过文本编程语言调用 VI，如 LabWindows™/CVI™、Microsoft Visual C++和 Microsoft Visual Basic 等。共享库为非 LabVIEW 编程语言提供了访问 LabVIEW 代码的方式。如需与其他开发人员共享所创建 VI 的功能，可使用共享库。其他开发人员可使用共享库但不能编辑或查看该库的程序框图，除非编写者在共享库上启用调试。Windows 共享库以.dll 为扩展名，Mac OS X 共享库以.framework 为扩展名，Linux 共享库以.so 为扩展名。可使用.so，或以 lib 开头，以.so 结尾（可选择在后面添加版本号），这样，其他应用程序也可使用库。

（6）源代码发布。源代码发布是将一系列源文件打包。如果希望发布的 VI 可以被其他 LabVIEW 开发人员使用，用户可通过源代码发布将代码发送给其他开发人员在 LabVIEW 中使用。主要用于二次开发和合作开发。在 VI 设置中可实现添加密码、删除程序框图或应用其他配置等操作。为一个源代码发布的 VI 可选择不同的目标目录，而且 VI 和子 VI 的连接不会因此中断。

（7）Zip 文件。压缩文件用于以单个可移植文件的形式发布多个文件或整套 LabVIEW 项目。一个 Zip 文件包括可发送给用户使用的已经压缩了的多个文件。Zip 文件可用于将已选定的源代码文件发布给其他 LabVIEW 用户使用。如果需要发布仪器驱动程序、多个源文件或者一个完整的 LabVIEW 项目，则可以创建一个 Zip 文件，将包含文件组织结构的所有项目源文件压缩成 Zip 包的形式。

LabVIEW 将以上 7 种方式称为“程序生成规范”，包括了 VI 创建所需的全部设置，如需包含的文件、要创建的目录和对 VI 目录的设置，并统一由“项目浏览器”管理。新建程序生成规范，参见图 13-1 所示，在项目浏览器窗口中右击“程序生成规范”，选择“新建”选项，分别对应着以上 7 种程序生成规范。

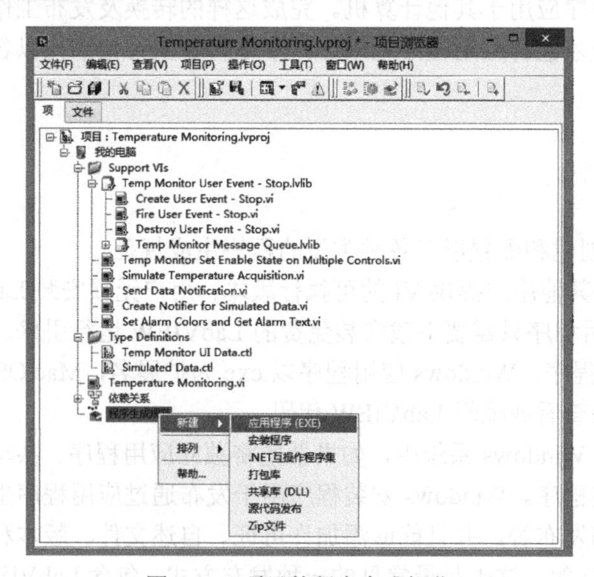

图 13-1　项目的程序生成规范

13.2 使用程序生成规范

在准备生成应用程序之前，需要如下的准备工作。

（1）打开用于生成应用程序的 LabVIEW 项目。项目中包含了开发好的 VI 程序，确保 VI 运行正常。需要注意的是，一些通过文件路径来使用文件的代码在编译成 exe 之后可能会出现文件找不到的错误，尽量将 VI 和子 VI 加载到项目中。必须通过项目而不是单个的 VI 生成应用程序。保存整个项目，确保所有 VI 保存在当前版本的 LabVIEW 中。

（2）验证每个 VI 在“VI 属性”对话框中的设置。如准备发布应用程序，需确保 VI 生成版本在 VI 属性对话框中设置的正确性。例如，为改进生成应用程序的外观，应验证 VI 属性对话框中窗口外观、窗口大小及窗口运行时位置的设置。

（3）验证开发环境中使用的路径在目标计算机上正常工作。如项目动态加载 VI，则使用相对路径，而不是绝对路径，指定 VI 的位置。由于文件层次结构因计算机而异，相对路径可确保路径在开发环境和应用程序运行的目标计算机上正常工作。

（4）验证“当前 VI 路径”函数返回预期的路径。在独立的应用程序或共享库中，“当前 VI 路径”函数返回 VI 在应用程序文件中的路径并将应用程序文件视为一个 LLB。例如，如将 foo.vi 生成为一个应用程序，函数将返回 C:\..\Application.exe\foo.vi，其中 C:\..\Application.exe 表示应用程序的路径及其文件名。

（5）如 VI 中含有 MathScript 节点，则删除脚本中所有不支持的 MathScript 函数。（MathScript RT 模块）LabVIEW 运行引擎不支持部分 MathScript RT 模块函数。如 VI 中含有 MathScript 节点，删除脚本中所有不支持的 MathScript 函数。（MathScript RT 模块，Windows）如 VI 中含有从库类调用函数的 MathScript 节点，则创建或编辑程序生成规范前将 DLL 及头文件添加到项目中。同时，确保在应用程序使用的是这些文件的正确路径。

13.2.1 创建独立应用程序（EXE）

独立应用程序可为其他用户提供 VI 的可执行版本，允许用户运行 VI 而无须安装 LabVIEW 开发系统。Windows 平台的应用程序以.exe 为扩展名，而 Mac OS 平台的应用程序以.app 为扩展名。

独立应用程序要求配置的内容包括源文件。建议配置的内容有：信息、目标、源文件设置。另外，可以加上补充信息，如为确保 LabVIEW 运行引擎可加载所有 VI，在项目属性对话框中，可勾选“从项目项中分离已编译代码”，并设置需要标记的 VI。具体步骤如下。

（1）在项目浏览器的程序生成规范处，右击新建→应用程序（EXE）。

（2）在“信息”中设置目标文件名和目标目录。目标文件名是将来生成的 exe 文件名，该文件位于目标目录中，默认的目标目录会在项目所在目录的上一级目录中新建一个 builds 文件夹，生成的 exe 文件保存到这个目录中，见图 13-2。

（3）选择源文件，选中顶层 VI 单击“添加项”箭头将顶层 VI 添加到“启动 VI”栏中，其他用到的子 VI 和文件可以添加到“始终包括”栏中，如图 13-3 所示。

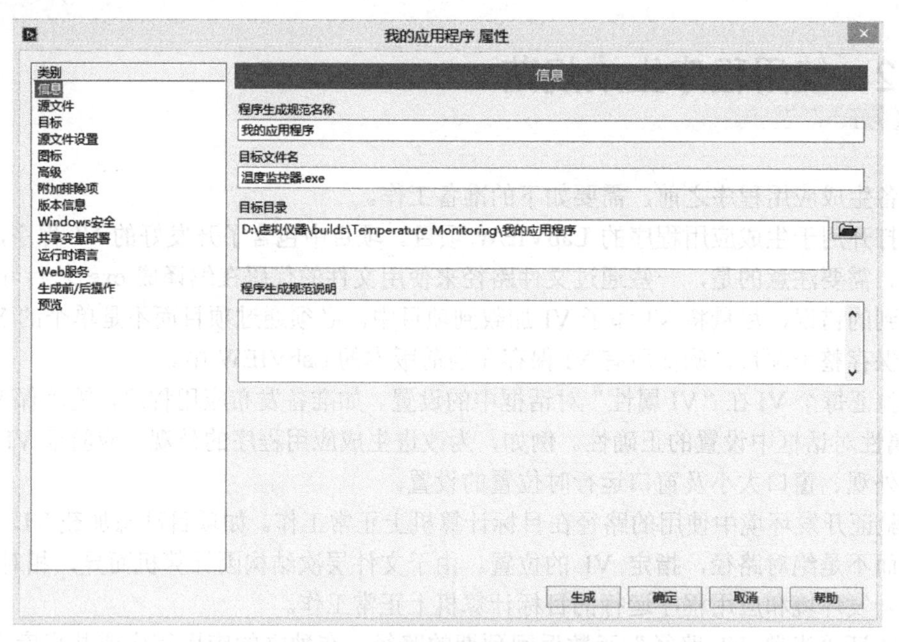

图 13-2　应用程序生成信息设置

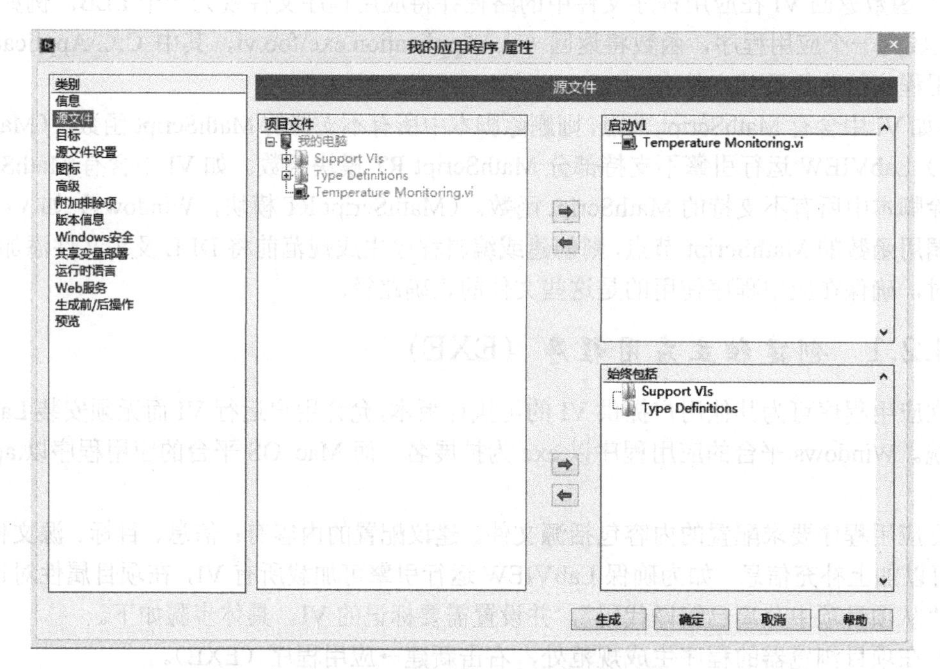

图 13-3　应用程序生成“源文件”设置

（4）图标设置可以使用 LabVIEW 默认图标，也可以选择自己设计一个图标。使用图标编辑器编辑并保存自己设计的图标，取消选中“使用默认 LabVIEW 图标文件”复选框，在弹出的对话框中选择添加刚才保存的图标文件。注意，“图标图像”的类型要与编辑该图标时选择的类型一致，如图 13-4 所示。

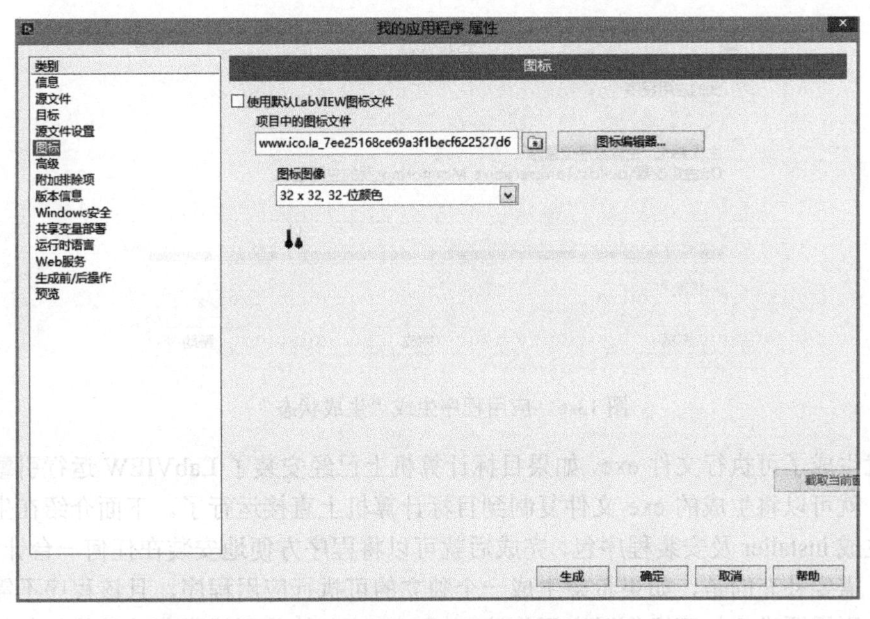

图 13-4　应用程序生成“图标”设置

（5）选择预览→生成预览，可以看到将会生成哪些文件，其中就包括独立可执行应用程序，现在还看不到自定义的图标，只有最后生成以后才可以看到，如图 13-5 所示。

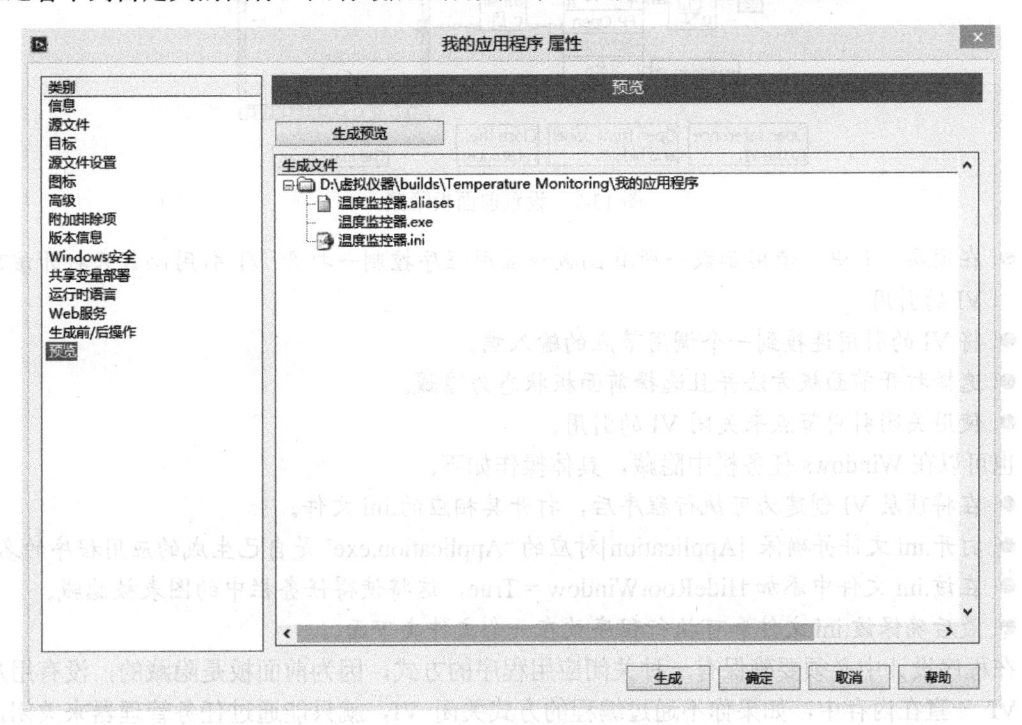

图 13-5　应用程序生成“预览”

（6）最后选择“生成”，LabVIEW 就会弹出生成状态窗口，当生成结束后会提示生成的应用程序所在路径，可以单击“浏览”按钮打开应用程序所在目录，就可以看到带自定义图标的应用程序了；如果单击“完成”按钮，则会关闭生成状态窗口，如图 13-6 所示。

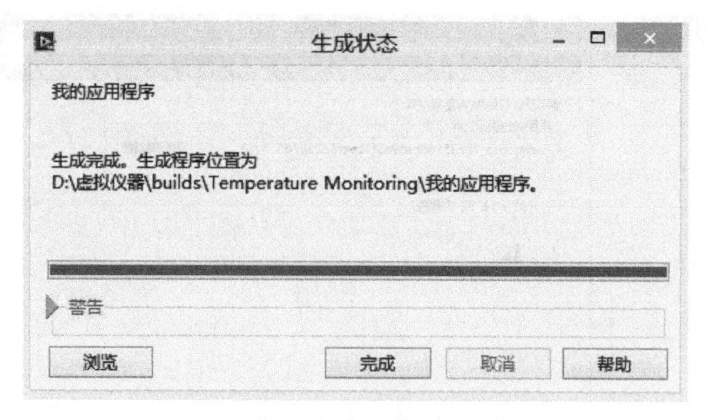

图 13-6　应用程序生成“生成状态”

现在就生成了可执行文件 exe，如果目标计算机上已经安装了 LabVIEW 运行引擎和其他需要的组件，就可以将生成的 exe 文件复制到目标计算机上直接运行了。下面介绍在生成 exe 的基础上再生成 installer 及安装程序包，完成后就可以将程序方便地安装在任何一台计算机上了。

最后，需要补充的是，如果希望生成一个独立的可执行应用程序，且该程序不需要任何的用户交互，则需要进行如下操作以实现将该 LabVIEW VI 的前面板隐藏并且从任务栏中移除图标。具体操作如图 13-7 所示。

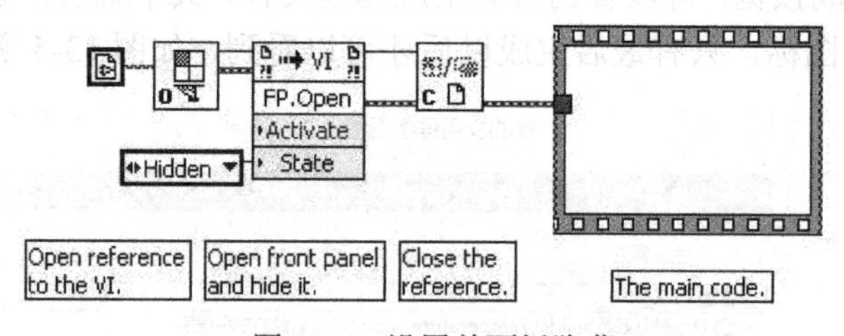

图 13-7　设置前面板隐藏

- 在顶层 VI 中，使用函数→所有函数→应用程序控制→打开 VI 引用函数来打开该顶层 VI 的引用。
- 将 VI 的引用连接到一个调用节点的输入端。
- 选择打开前面板方法并且选择前面板状态为隐藏。
- 使用关闭引用节点来关闭 VI 的引用。

也可以在 Windows 任务栏中隐藏，具体操作如下。

- 在将顶层 VI 创建为可执行程序后，打开其相应的.ini 文件。
- 打开.ini 文件并确保 [Application]对应的“Application.exe”是自己生成的应用程序的名称。
- 在该.ini 文件中添加 HideRootWindow = True，这将使得任务栏中的图表被隐藏。
- 最后确保该.ini 文件和可执行程序放在一个文件夹下面。

在程序设计中必须要确保有一种关闭应用程序的方式，因为前面板是隐藏的，没有用户界面，VI 一直在内存中，如果你不通过编程的方式关闭 VI，就只能通过任务管理器来关闭，可以使用“退出 LabVIEW“函数来编程实现关闭应用程序，通过关闭前面板窗口的方法通常可以达到目的。

13.2.2　创建 Windows 安装程序

使用应用程序生成器可创建 LabVIEW 项目中各文件的安装程序，或创建根据程序生成规范而生成的独立应用程序、共享库及源代码发布的安装程序。创建 Windows 安装程序必须首先创建独立应用程序、共享库或源代码发布。可按照下列步骤配置程序生成规范，创建一个安装程序。

（1）打开用于创建安装程序的项目。必须打开一个已保存的项目以配置安装程序的程序生成规范。

（2）展开“我的电脑”，右击一个程序生成规范，从快捷菜单中选择新建→安装程序。

（3）选择“目标”，修改目标名称，该名称决定了将来安装程序运行结束后可执行文件会释放到哪个文件夹中，如图 13-8 所示。

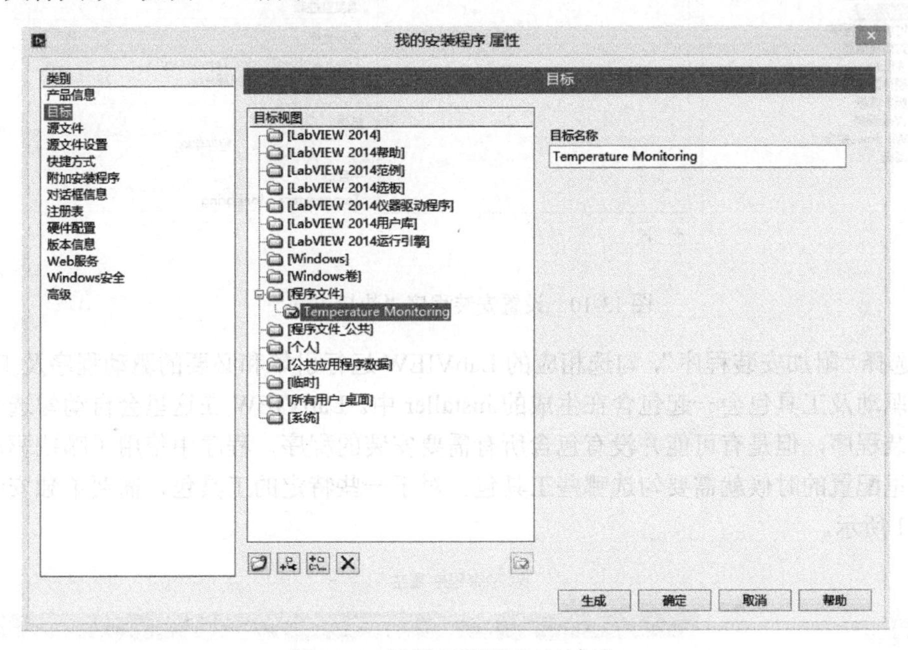

图 13-8 设置安装程序“目标”

（4）选择“源文件”，在项目文件视图中单击选择之前创建的应用程序生成规范，然后单击添加箭头，将应用程序添加到目标文件夹中，在右边“目标视图”中可以看到添加结果，如图 13-9 所示。

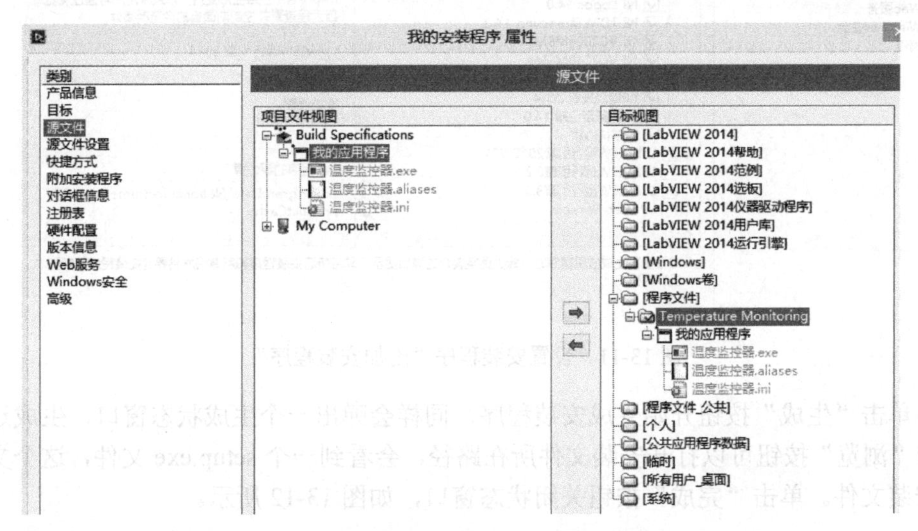

图 13-9 设置安装程序“源文件”

（5）选择“快捷方式”，修改右边的快捷方式名称和子目录名称。快捷方式名称对应着将来在“开始”菜单中看到的快捷方式图标的名称，子目录对应着快捷方式在“开始”菜单中所处的文件夹名称，如图 13-10 所示。

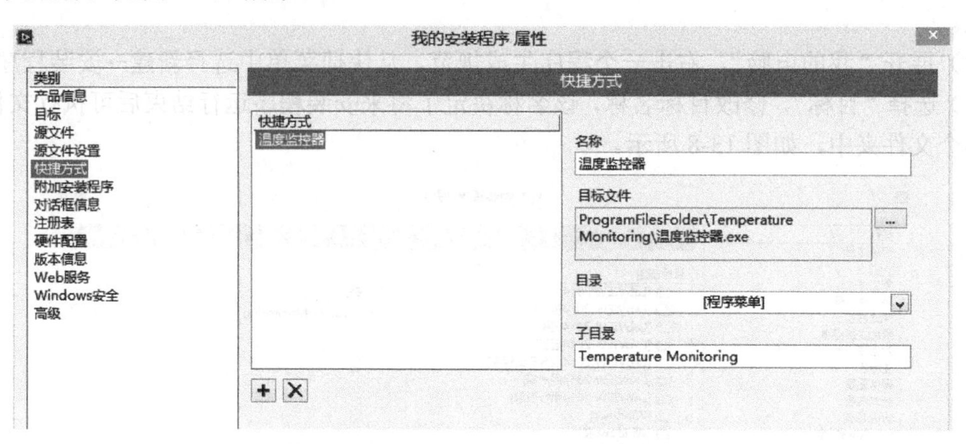

图 13-10　设置安装程序“快捷方式”

（6）选择“附加安装程序”，勾选相应的 LabVIEW 运行引擎和必要的驱动程序及工具包等，之后这些驱动及工具包会一起包含在生成的 installer 中。LabVIEW 在这里会自动勾选一些必要的 NI 安装程序，但是有可能并没有包含所有需要安装的程序，程序中使用了哪些驱动及工具包，在这里配置的时候就需要勾选哪些工具包。对于一些特定的工具包，需要单独安装才行，如图 13-11 所示。

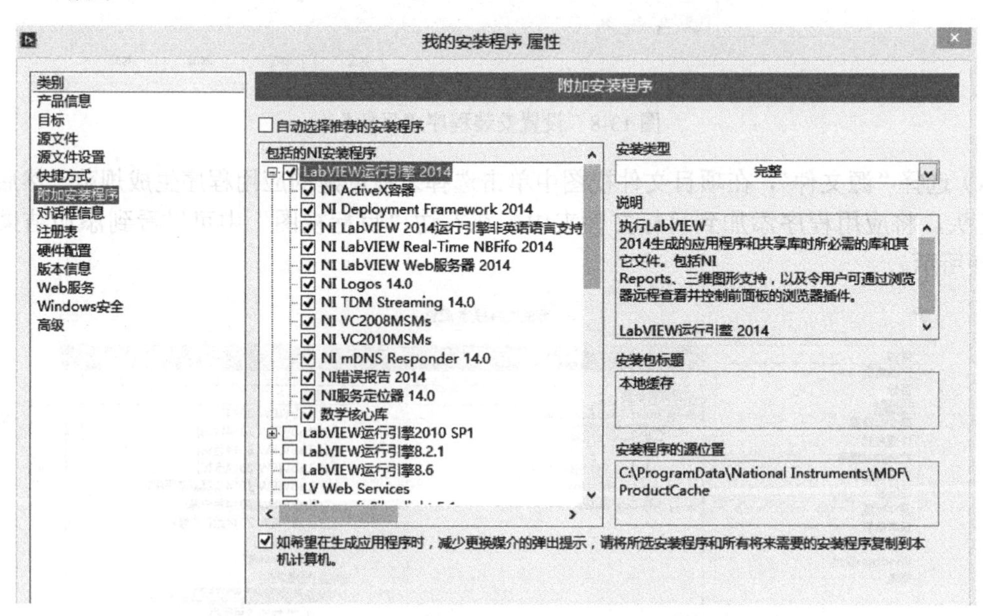

图 13-11　设置安装程序“附加安装程序”

（7）单击“生成”按钮开始生成安装程序，同样会弹出一个生成状态窗口，生成过程完成后，单击“浏览”按钮可以打开安装文件所在路径，会看到一个 setup.exe 文件，这个文件就是最终的安装文件。单击“完成”按钮关闭状态窗口，如图 13-12 所示。

图 13-12 安装程序生成

现在，就可以将打包生成好的安装程序复制到目标计算机上运行了。需要注意的是，复制的时候要将整个文件夹复制到目标计算机上然后再运行 setup.exe，安装过程与普通 Windows 应用程序一样，安装结束后就可以使用了。

13.2.3 创建打包库发布

LabVIEW 打包库是将多个文件打包至一个文件的项目库，文件扩展名为.lvlibp。打包库的顶层文件是一个项目库。默认情况下，打包库的名称与顶层项目库相同。在下列情况下，应在 LabVIEW 项目中生成打包库。

- 生成独立应用程序时，如部分独立应用程序以打包库形式存在，可大幅减少生成程序的时间。因为打包库为预编译文件，生成独立应用程序时无须重新编译，从而节省了生成时间。
- 打包库将多个文件打包在一个文件中，所以部署打包库中的 VI 时需部署的文件更少。
- 调用打包库导出的 VI 可根据内存分配改动而调整，用户无须重新编译调用方 VI。

1. 配置程序生成规范

（1）展开“我的电脑”，右击程序生成规范，从快捷菜单中选择新建→打包库，打开打包库属性对话框。

（2）按照下列步骤，填写打包库属性对话框中信息页的下列选项，见图 13-13。

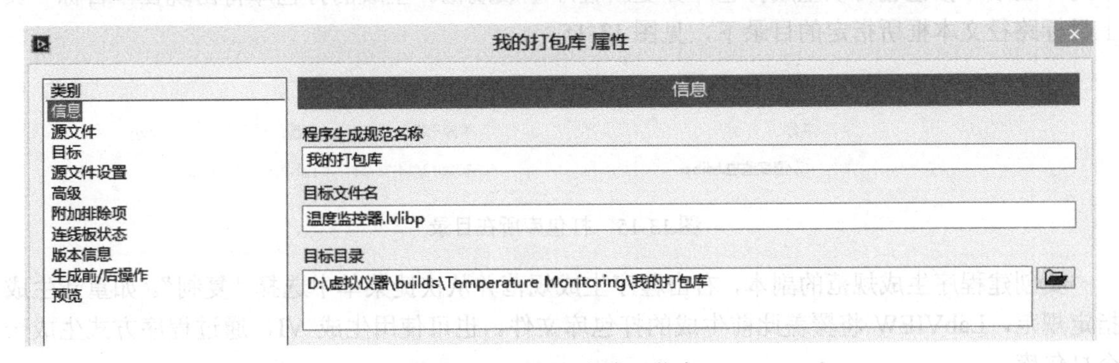

图 13-13 设置打包库“信息”

在“程序生成规范名称”文本框中输入一个程序生成规范的名称。该名称将在项目浏览器窗口中的程序生成规范下显示。项目中程序生成规范的名称必须唯一。在“目标文件名”文本框中输入一个打包库的名称。打包库的扩展名为.lvlibp。在“目标目录”文本框中输入打包库的位置。使用“浏览”按钮，找到并选择一个位置。

（3）填写打包库属性对话框中“源文件”页的“源文件”选项，见图 13-14。

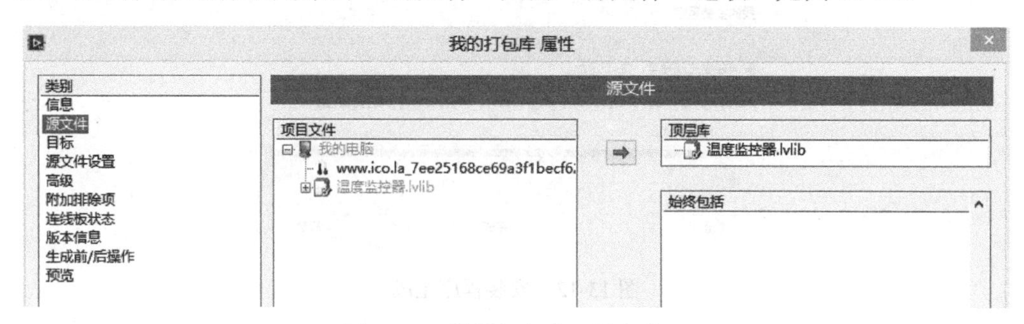

图 13-14　设置打包库“源文件”

在“项目文件”树形目录中，选择一个项目库，定义为打包库的顶层文件。单击“顶层库”列表旁添加项箭头按钮，将选中的 VI 添加至“顶层库”列表。在“项目文件”目录树中，选择要包括在打包库中的文件。单击“始终包括”列表旁的添加项箭头按钮，将选中文件移至“始终包括”列表。可在“项目文件”树形目录中选择多个文件，一次添加多个文件。

（4）在“目标”页配置目标设置、添加目标目录，显示 LabVIEW 是否将文件加到新的项目库中。

（5）在“源文件”设置页编辑打包库中各文件和文件夹的目标及属性。单击“自定义 VI 设置”按钮，打开 VI 属性对话框，修改 VI 设置。

2. 预览和生成打包库

具体步骤如下。

（1）在“预览”页单击“生成预览”按钮以查看打包库的文件。

（2）单击“确定”按钮更新项目中的程序生成规范并关闭对话框。更新的程序生成规范的名称出现在程序生成规范目录下的项目中。创建或更新程序生成规范并不生成打包库。必须完成下一个步骤，创建打包库。

（3）右击打包库的程序生成规范名称，从快捷菜单中选择“生成”。单击打包库属性对话框中的“生成”按钮也可以生成打包库并更新程序生成规范。生成的打包库将出现在“目标”页上目标路径文本框所指定的目录下，见图 13-15。

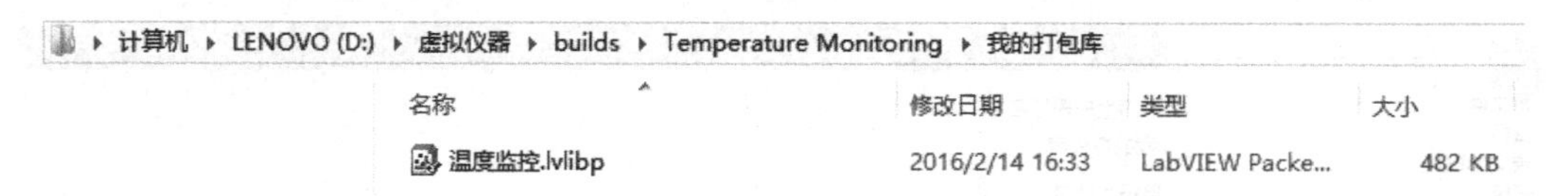

图 13-15　打包库所在目录

要创建程序生成规范的副本，右击程序生成规范并从快捷菜单中选择“复制”。如重新生成指定规范，LabVIEW 将覆盖此前生成的打包库文件。也可使用生成 VI，通过程序方式生成一个打包库。

13.2.4　创建 Zip 压缩文件

压缩文件用于以单个可移植文件的形式发布多个文件或整套 LabVIEW 项目。一个 Zip 文件包括可发送给用户使用的已经压缩了的多个文件。Zip 文件可用于把驱动程序文件或已选定的源代码文件发布给其他 LabVIEW 用户使用。可使用 Zip VI 通过编程创建 Zip 文件。配置 Zip

压缩文件发布，如图 13-16 所示。

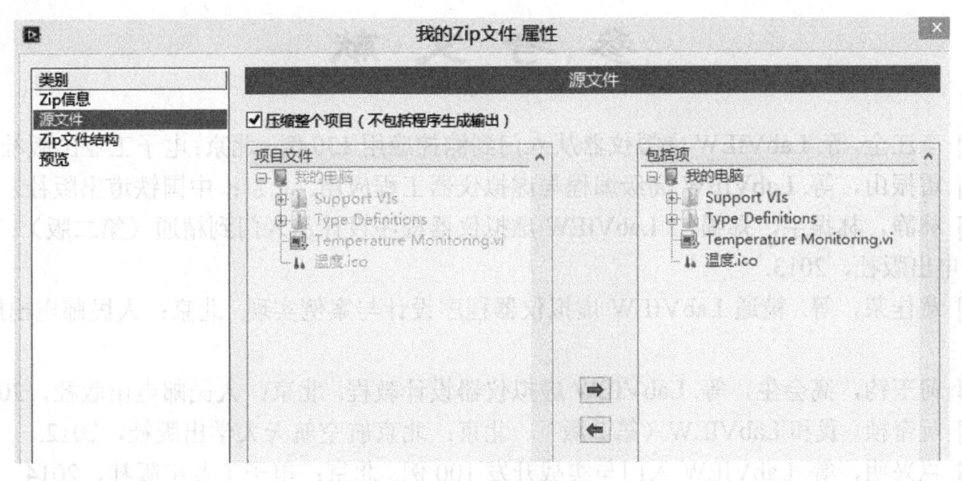

图 13-16 设置源文件

（1）在程序生成规范新建选项中选择“Zip 文件”，在弹出的“我的 Zip 文件 属性”对话框中配置源代码发布相关参数。在“Zip 信息”页设置该配置的名称、目标文件夹和注释。

（2）在“源文件”页设置需要打包的文件，程序员可以打包整个或部分项目文件，本例中选择整个项目文件。

（3）在“Zip 文件结构”页设置指定用于 Zip 文件生成的文件结构，一般使用默认选项即使用共同路径。

（4）创建 Zip 压缩文件，单击“确定”按钮可以保存当前配置，单击“生成”按钮就可以创建 Zip 压缩文件。

习题

1. LabVIEW 程序生成规范有哪几种？哪几种需要专业版开发系统支持？
2. 如何在创建源代码发布时设定权限？
3. 如何创建 LLB？
4. 如何修饰独立应用程序的图标？
5. 创建安装程序前要先创建什么？
6. 创建共享库时，编写的 VI 要注意什么？

参 考 文 献

[1] 李江全，等. LabVIEW 虚拟仪器从入门到测控应用 130 例. 北京：电子工业出版社，2013.

[2] 雷振山，等. LabVIEW 高级编程与虚拟仪器工程应用. 北京：中国铁道出版社，2013.

[3] 林静，林振宇，郑福仁. LabVIEW 虚拟仪器程序设计从入门到精通（第二版）. 北京：人民邮电出版社，2013.

[4] 章佳荣，等. 精通 LabVIEW 虚拟仪器程序设计与案例实现. 北京：人民邮电出版社，2013.

[5] 何玉钧，高会生，等. LabVIEW 虚拟仪器设计教程. 北京：人民邮电出版社，2012.

[6] 阮奇桢. 我和 LabVIEW（第 2 版）. 北京：北京航空航天大学出版社，2012.

[7] 岂兴明，等. LabVIEW 入门与实战开发 100 例. 北京：电子工业出版社，2014.

[8] 周鹏，等. 精通 LabVIEW 信号处理. 北京：清华大学出版社，2013.

[9] 陈树学，刘萱. LabVIEW 宝典. 北京：电子工业出版社，2011.